VOM BRUCH ZUM INTEGRAL
BAND I

mathematische Grundlagen

Rolf Metzger

Kurze allgemeinverständliche Mathematik

BEISPIELE
AUFGABEN
LÖSUNGEN
mit 112 Abbildungen

Achte verbesserte Auflage

Verlag Metzger · 63456 Hanau

Autor

Rolf Metzger
63456 Hanau

Dieses Buch entstand unter der Mitarbeit von

Satz & Layout
Woodstock-Design
55435 Gau-Algesheim

8. Auflage 1999

Verlag Metzger · 63456 Hanau

Printed in Germany

ISBN 3-9800984-0-0

Vorwort

Eine Analyse der für Schule und Beruf geeigneten mathematischen Literatur verlangt nach einem auch für Laien verständlichen Weg zur Mathematik. Im vorliegenden Band " Vom Bruch zum Integral" wird deshalb kein modernerer, doch ein dem Verstehen der Mathematik dienlicherer - und damit besserer - Weg beschritten. Die wichtigsten mathematischen Regeln werden in einer leicht verständlichen Weise behandelt. Die Gliederung erfolgte nach Rechenmethoden. Sie erlaubt auch, das Buch als Nachschlagewerk zu benutzen.

Der Autor verzichtete bewußt auf mathematische Spielereien und Spezialgebiete - letztere sind ohnehin nur für eine verhältnismäßig geringe Zahl von Menschen von Bedeutung. Auch wurde keine hochgeschraubte, nur Mathematikern verständliche Sprache verwandt.

Die Kürze der Darstellung und der minimal gehaltene Umfang - erreicht durch eine geschickte Themenauswahl - ermutigen dazu, die Mathematik in den Griff zu bekommen. Kein Lernender wird von der Fülle des Materials erdrückt.

Das Werk " Vom Bruch zum Integral" besteht aus zwei Bänden (Band I Einführung in die Grundlagen, Band II Einführung in die höhere Mathematik). In beiden Bänden werden nicht nur theoretische Grundlagen aufgezeigt, sondern auch die praktische Anwendung aller behandelten Methoden erläutert. Es werden folglich nicht nur "trockene" Formeln angeboten.

Das vorliegende Werk wurde zum besseren Verständnis mit 159 Abbildungen versehen, es enthält 261 Aufgaben mit anschließenden schrittweisen Lösungswegen. Für den Schüler dient es als schulbegleitendes Werk.

Wir wünschen den Benutzern viel Erfolg.

Verfasser und Verlag.

Inhaltsverzeichnis: Seite

Inhaltsverzeichnis **Seite**

Inhaltsverzeichnis

Inhaltsverzeichnis **Seite**

Inhaltsverzeichnis

Inhaltsverzeichnis **Seite**

Mathematische Zeichen

Zeichen	Sprechweise
a_1 , a_2 , a_n	a eins, a zwei, a n
$=$	gleich
$\neq$	nicht gleich, ungleich
$\sim$	proportional
$<$	kleiner als
$>$	größer als
$\leq$	kleiner oder gleich
$\geq$	größer oder gleich
$i, \sqrt{-1}$	Imaginäre Einheit
%	prozent, von Hundert
‰	promille, von Tausend
$\sphericalangle$, $\llcorner$	Winkel, rechter Winkel
$\overline{AB}$	Strecke A B
$\widehat{AB}$	Strecke Bogen A B
∞	unendlich
$\longrightarrow$	gegen, nähert sich, strebt nach, konvergiert nach
lim	Limes, Grenze
$\underrightarrow{\lim}$	nähert sich dem Grenzwert
π	Pi, Kreiskonstante
$\alpha \beta \gamma \varphi$	Winkelbezeichnungen
$+$	plus
$-$	minus
$\cdot$ x	mal
: / — $\div$	geteilt durch, zu
a^2	a hoch 2
a^n	a hoch n
a^x	a hoch x
$\sqrt{a}$, $\sqrt[2]{a}$	Quadratwurzel aus a
$\sqrt[n]{a}$	n-te Wurzel aus a
n	beliebige Zahl

Zeichen	Sprechweise
(( ))	Klammer auf, Klammer zu
[ ] { }	eckige, geschweifte Klammer auf, zu
log	Logarithmus, allgemein
$^{a}\log$	Logarithmus zur Basis a
lg	Logarithmus zur Basis 10 auch dekadischer oder Briggsscher Logarithmus
ln	natürlicher Logarithmus
sin	Sinus
cos	Cosinus
tan	Tangens
cot	Cotangens
n !	n Fakultät
$\binom{n}{p}$	n über p
Σ	Summe
f(x)	Funktion von x
$f'(x)$	f Strich x, erste Ableitung
$f''(x)$	f zwei Strich x, zweite Ableitung
$f^{(n)}(x)$	f n Strich x, n te Ableitung
Δx	Delta x, Differenz von x
Δy	Delta y, Differenz von y
y'	y Strich 1. Ableitung
y''	y zwei Strich 2. Ableitung
$y^{(n)}$	y n Strich n. Ableitung
d	Differentialzeichen
df(x)	df von x
$\frac{dy}{dx}$	dy nach dx
$\frac{d^2y}{dx^2}$	d zwei y nach dx hoch zwei

Zeichen	**Sprechweise**
$\frac{d^n y}{dx^n}$	dny nach dx hoch n
δ	d partiell
$\int$	Integral
$\int f(x) \cdot dx$	Integral f(x)·dx
$\int_a^b f(x) \cdot dx$	Integral f(x) · dx von a bis b
$F(x) \Big\|_b^a$	F(x) zwischen den Grenzen a und b
arcsin	Arcussinus
arccos	Arcuscosinus
arctan	Arcustangens
arccot	Arcuscotangens
sinh	Hyperbelsinus
cosh	Hyperbelcosinus
tanh	Hyperbeltangens
coth	Hyperbelcotangens
arsinh	Areasinus
arcosh	Areacosinus
artanh	Areatangens
arcoth	Areacotangens

Das griechische Alphabet

Alpha	Α	α	Ny	Ν	ν
Beta	Β	β	Ksi	Ξ	ξ
Gamma	Γ	γ	Omikron	Ο	ο
Delta	Δ	δ	Pi	Π	π
Epsilon	Ε	ε	Rho	Ρ	ρ
Zeta	Ζ	ζ	Sigma	Σ	σ
Eta	Η	η	Tau	Τ	τ
Theta	Θ	ϑ	Ypsilon	Υ	υ
Jota	Ι	ι	Phi	Φ	φ
Kappa	Κ	κ	Chi	Χ	χ
Lambda	Λ	λ	Psi	Ψ	ψ
My	Μ	μ	Omega	Ω	ω

Römische Ziffern

I	für	1	C	für	100
V	für	5	D	für	500
X	für	10	M	für	1000
L	für	50			

Die Zahlen werden von links nach rechts gelesen und addiert.
VII = V+II = 5+2 = **7** , XX = X+X = 10+10 = **20**
Steht eine kleinere Zahl vor einer größeren Zahl, so wird diese subtrahiert.

IV = V-I = 5-1 = **4** , IX = X-I = 10-1 = **9**

XL = L-X = 50-10 = **40**

MCMLXXVII = **1977**

Mathematische Begriffsbestimmungen
Grundrechenoperationen

Addieren

nennt man, Zahlengrößen zusammenzählen. $10 + 2 = 12$, wobei beide Zahlen, 10 und 2, die Summanden sind. Das rechnerische Ergebnis 12 ist die Summe.
Addition (addieren, zusammenzählen)

$10 + 2 = 12$, $a + b = c$

Summand plus Summand gleich Summe.

Subtrahieren

nennt man, eine Zahlengröße von einer anderen Zahlengröße abziehen.

$10 - 2 = 8$, wobei 10 der Minuend und 2 der Subtrahend ist. Das rechnerische Ergebnis 8 ist die Differenz.
Subtraktion (subtrahieren, abziehen)

$10 - 2 = 8$, $a - b = c$

$10 - 8 = 2$, $a - c = b$

Minuend minus Subtrahend gleich Differenz.

Multiplizieren

nennt man, eine Zahlengröße mehrmals addieren. $2 + 2 + 2 + 2 + 2$ ist $2 \cdot 5 = 10$ oder eine Zahlengröße mit einer anderen Zahlengröße malnehmen, wobei 2 der Multiplikand und 5 der Multiplikator ist, beide werden auch Faktoren genannt.

Das rechnerische Ergebnis $2 \cdot 5$ gleich 10 ist ein Produkt.
Multiplikation (multiplizieren, malnehmen)

$2 + 2 + 2 + 2 + 2 = 2 \cdot 5 = 10$

$a + a + a + ...$ gleiche Summanden $a \cdot b = c$

1. Faktor mal 2. Faktor gleich Produkt.

Dividieren

nennt man, eine Zahlengröße durch eine andere Zahlengröße in gleiche Teile teilen.

$10:5 = 2$, $10 = 2 + 2 + 2 + 2 + 2$, wobei man die zu teilende Zahlengröße 10 Divident und die teilende Zahl 5 Divisor nennt. Das rechnerische Ergebnis (10:5 gleich 2) nennt man Quotient. In einer anderen, öfter angewandten Schreibweise als Bruch $\frac{10}{5} = 2$ nennt man die zu teilende Zahlengröße 10 Zähler und die teilende Zahlengröße 5 Nenner.

Das rechnerische Ergebnis $\frac{10}{5}$ gleich 2 nennt man Bruch oder Quotient.

Divison (dividieren, teilen)

$10:5 = 2$, $a:b = c$ $10:2 = 5$, $a:c = b$

Dividend durch Divisor gleich Quotient.

Grundgesetze der Arithmetik

Vertauschungsgesetz (Kommutativgesetz)
für die Addition

$a + b = b + a$, $3 + 2 = 2 + 3$

Summanden sind vertauschbar

für die Multiplikation

$a \cdot b = b \cdot a$, $3 \cdot 2 = 2 \cdot 3$

Faktoren sind vertauschbar

Verknüpfungsgesetz (Assoziativgesetz)
für die Addition

$a + b + c = (a + b) + c$ oder $a + (b + c)$

$3 + 2 + 4 = (3 + 2) + 4$ oder $3 + (2 + 4)$

Bei der Addition mehrerer Summanden

können beliebige von Ihnen zunächst zu Teilsummen zusammengefaßt werden.
für die Multiplikation

$a \cdot b \cdot c = (a \cdot b) \cdot c$ oder $a \cdot (b \cdot c)$

$3 \cdot (2 \cdot 4) = (3 \cdot 2) \cdot 4$ oder $3 \cdot (2 \cdot 4)$

Bei der Multiplikation mehrerer Faktoren können beliebige von ihnen zunächst zu Teilprodukten zusammengefaßt werden.

Verteilungsgesetz (Distributivgesetz)
Verknüpfung von Addition und Multiplikation

$a \cdot (b + c) = a \cdot b + a \cdot c$

$3 \cdot (2 + 4) = 3 \cdot 2 + 3 \cdot 4$

Man multipliziert eine Summe mit einem Faktor, indem man jeden Summanden einzeln mit diesem Faktor multipliziert und die Teilprodukte addiert.

Bruchrechnung

Gleichnamige Brüche (mit gleichem Nenner) werden *addiert* oder *subtrahiert*, indem man ihre Zähler addiert oder subtrahiert.

$\frac{7}{8} + \frac{8}{8} - \frac{3}{8} = \frac{12}{8} = 1\frac{1}{2}$, allgem. $\frac{a}{b} + \frac{b}{b} - \frac{c}{b} = \frac{a + b - c}{b}$

Ungleichnamige Brüche (mit verschiedenem Nenner) werden *addiert* oder *subtrahiert*, indem man den Hauptnenner sucht und jeden Bruch auf den Hauptnenner erweitert, dann die erhaltenen gleichnamigen Brüche addiert oder subtrahiert. Der Hauptnenner ist eine Größe, die durch alle beteiligten Nenner teilbar ist. Er ist auch das kleinste gemeinsame Vielfache.(kgV)

$$\frac{4}{3} + \frac{2}{4} + \frac{1}{6} = \frac{16}{12} + \frac{6}{12} + \frac{2}{12} = \frac{16 + 6 + 2}{12} = \frac{24}{12} = 2$$

Der Hauptnenner ist 12.

Erklärung: Der Nenner 3 vom ersten Bruch muß mit 4 erweitert werden, also werden Zähler und Nenner mit 4 multipliziert. So ensteht der Bruch $\frac{16}{12}$

Mit anderen Brüchen verfährt man nach derselben Methode.

> Man *erweitert* einen Bruch indem man Zähler und Nenner mit der gleichen Zahl multipliziert.

$\frac{4}{3}$ mit 4 erweitert $= \frac{16}{12}$ $\frac{2}{4}$ mit 3 erweitert $= \frac{6}{12}$

> Man *kürzt* einen Bruch indem man Zähler und Nenner durch die gleiche Zahl teilt.

$\frac{16}{12}$ durch 4 gekürzt $= \frac{\cancel{16}^{4}}{\cancel{12}_{3}} = \frac{4}{3}$ $\frac{6}{12}$ durch 3 gekürzt $= \frac{\cancel{6}^{2}}{\cancel{12}_{4}}$

$= \frac{2}{4}$ $\frac{2}{12}$ durch 2 gekürzt $\frac{\cancel{2}^{1}}{\cancel{12}_{6}} = \frac{1}{6}$

> Man *multipliziert* Brüche miteinander, indem man Zähler mit Zähler und Nenner mit Nenner multipliziert.

$$\frac{3}{4} \cdot \frac{2}{5} = \frac{\cancel{6}^{3}}{\cancel{20}_{10}} = \frac{3}{10}$$

> Man *dividiert* einen Bruch durch einen anderen Bruch, indem man ihn mit dem Umkehrbruch multipliziert.

$$\frac{3}{4} : \frac{2}{12} = \frac{3}{4} \cdot \frac{12}{2} = \frac{\cancel{36}^{9}}{\cancel{8}_{2}} = \frac{9}{2} = 4\frac{1}{2}$$

> Man *multipliziert* einen Bruch mit einer Zahl, indem man den Zähler mit dieser Zahl multipliziert.

$$\frac{7}{8} \cdot 3 = \frac{21}{8} = 2\frac{5}{8}$$

Man *dividiert* einen Bruch durch eine Zahl, indem man die Zahl in einen Bruch, (in Eintel) verwandelt und fährt wie beim Dividieren von Brüchen fort, indem man den Bruch mit dem umgekehrten Bruch multipliziert.

$$\frac{6}{8}:5=\frac{6}{8}:\frac{5}{1}=\frac{6}{8}\cdot\frac{1}{5}=\frac{\cancel{6}^{3}}{\cancel{40}_{20}}=\frac{3}{20}$$

Man *dividiert* eine Zahl durch einen Bruch, indem man die Zahl in einen Bruch (in Eintel) verwandelt und wie oben weiterverfährt.

$$3:\frac{4}{7}=\frac{3}{1}:\frac{4}{7}=\frac{3}{1}\cdot\frac{7}{4}=\frac{21}{4}=5\frac{1}{4}$$

Man *multipliziert* oder *dividiert* gemischte Zahlen, indem man sie in Brüche verwandelt und wie Brüche multipliziert oder dividiert.

$$5\frac{2}{3}\cdot 3\frac{3}{4}=\frac{17}{\cancel{3}_{1}}\cdot\frac{\cancel{15}^{5}}{4}=\frac{85}{4}=21\frac{1}{4}$$

Wenn *im Zähler oder Nenner eine Summe* oder *Differenz* steht, kann man *nicht* kürzen, es sei denn sie steht in einer Klammer und gilt deshalb als Faktor.

$$\frac{3+8}{4}=$$ *kann man nicht kürzen !*

$$\frac{3}{4}+\frac{8}{4}=\frac{11}{4}=2\frac{3}{4}$$

$$\frac{\cancel{3}^{1}(x+y)}{\cancel{6}_{2}}=\frac{1(x+y)}{2}=\frac{x+y}{2}$$

Summen, Differenzen, Produkte und Brüche, die Null und Unendlich enthalten.

$1+0=0+1=1$	$a+0=0+a=a$
$1-0=1$	$a-0=a$
$1+\infty=\infty$	$a+\infty=\infty$
$1-\infty=-\infty$	$a-\infty=-\infty$

$0 - 1 = -1$	$0 - a = -a$
$0 + 0 = 0$	
$1 \cdot 0 = 0 \cdot 1 = 0$	$a \cdot 0 = 0 \cdot a = 0$
$0 \cdot 0 = 0$	
$1 : \infty = 0$	$a : \infty = 0$

Die Division ist die umgekehrte Rechenoperation der Multiplikation.

$2 \cdot 4 = 8$ daraus folgt $8 : 2 = 4$

$2 \cdot 0 = 0$ daraus folgt $0 : 2 = 0$

$a \cdot 0 = 0$ daraus folgt $0 : a = 0$

$a : 0 = ?$

$8 : 8 = 1$	$1 \cdot 8 = 8$	
$8 : 1 = 8$	$8 \cdot 1 = 8$	
$8 : 0 = x$	$x \cdot 0 = 0$	die Umkehrung geht nicht.

Die Umkehrung der Multiplikation ist nicht möglich.

$8 : 0 = ?$, $a : 0 =$ nicht definiert, geht nicht.

$0 : 0$, $\infty : \infty$, $0 \cdot \infty$, $\infty - \infty$ sind unbestimmte Ausdrücke, die nicht definiert sind.

Verwandlung von einem Bruch in eine Dezimalzahl und umgekehrt.

Einen Bruch verwandelt man in eine Dezimalzahl, indem man den Zähler durch den Nenner teilt.

$$\frac{3}{5} = 0{,}60$$

Eine Dezimalzahl verwandelt man in einen Bruch, indem man ihn in Einer, Zehntel und Hundertstel u.s.w. aufteilt, ihnen den größten Hauptnenner gibt und dann die Brüche addiert. Wenn möglich kann man noch kürzen.

$$1{,}25 = 1 + \frac{2}{10} + \frac{5}{100} = \frac{100}{100} + \frac{20}{100} + \frac{5}{100} = \frac{\cancel{125}^{5}}{\cancel{100}_{4}} = \frac{5}{4}$$

Klammern

Klammern werden gesetzt, wenn man eine Summe oder Differenz als Ganzes behandeln muß. Man kann sie auflösen oder wegschaffen.

> Wenn vor der Klammer ein + steht, verändert sich in der Klammer nichts. Plus und die Klammer fällt weg. Steht vor der Klammer ein – , dann kann es weggelassen werden, wenn man die Vorzeichen aller Zahlen in der Klammer umkehrt.

Größen ohne Vorzeichen sind immer positiv (+).

$+(18 - x + 2y) = 18 - x + 2y$

$-(18 - x + 2y) = -18 + x - 2y$

Das Vorzeichen vor der Klammer verschwindet dabei. Sind außer den runden Klammern auch eckige Klammern vorhanden, löst man erst die einen und dann die anderen Klammern auf. Man kann dabei sowohl von innen nach außen als auch umgekehrt operieren.

$$5x + 24y - [26x - (13y + 7x) - y]$$
$$= 5x + 24y - [26x - 13y - 7x - y]$$
$$= 5x + 24y - 26x + 13y + 7x + y$$
$$= \underline{\underline{-14x + 38y}}$$

$$(9a - 4c) - [((3b - 4c) + 5a) - 3b]$$
$$= (9a - 4c) - [(3b - 4c + 5a) - 3b]$$
$$= (9a - 4c) - [3b - 4c + 5a - 3b]$$
$$= 9a - \cancel{4c} - \cancel{3b} + \cancel{4c} - 5a + \cancel{3b}$$
$$= \underline{\underline{-4a}}$$

$-(18 \cdot 2x - 2y)$	$-(18 : 2x - 2y)$	$-(18x \cdot 2x - 2y)$
$= -(36x - 2y)$	$= -(9x - 2y)$	$= -(36x^2 - 2y)$
$= \underline{\underline{-36x + 2y}}$	$= \underline{\underline{-9x + 2y}}$	$= \underline{\underline{-36x^2 + 2y}}$

Das Produkt oder der Quotient muß erst gelöst werden, bevor die Klammer aufgelöst werden kann.

Relative Zahlen

Es geht dabei um die Beziehung oder Relation der Zahlen zu Null. Die gleiche Zahl kann im Plusbereich, aber auch im Minusbereich liegen. Ein anschauliches Beispiel liefert die Temperaturskala, auf der es einen Nullpunkt gibt, der als Bezugspunkt dient. Über dem Nullpunkt sind die angezeigten Temperaturen plus, unter dem Nullpunkt sind sie minus.
Bei Additions- und Subtraktionsoperationen heben sich Plus- und Minuswerte auf.
Die folgenden Beispiele machen das deutlich.

$(+3)+(+4)=7$	$+3+4=+7$
$(+4)-(+3)=+1$	$+4-3=+1$
$(-4)+(-3)=-7$	$-4-3=-7$
$(-4)-(-3)=-1$	$-4+3=-1$

Man kann nach der Klammerregel verfahren, indem man die Vorzeichen in der Klammer umkehrt, wenn vor der Klammer ein Minuszeichen steht, das dann verschwindet. Steht ein Pluszeichen vor der Klammer, kann man diese weglassen. Wenn man relative Zahlen multipliziert oder dividiert, gilt die folgende Regel.

Plus mal Plus ist Plus	$+\cdot+=+$
Minus mal Minus ist Plus	$-\cdot-=+$
Plus mal Minus ist Minus	$+\cdot-=-$
Minus mal Plus ist Minus	$-\cdot+=-$

Wenn die Vorzeichen gleich sind, wird das Ergebnis positiv. Sind die Vorzeichen verschieden, wird das Produkt negativ.

Plus durch Plus ist Plus	$+:+=+$
Minus durch Minus ist Plus	$-:-=+$
Plus durch Minus ist Minus	$+:-=-$
Minus durch Plus ist Minus	$-:+=-$

Multiplikation von Klammerausdrücken

Man multipliziert ein Produkt mit einer Zahl, indem man nur einen Faktor mit der Zahl multipliziert.

$(a \cdot b) \cdot c = a \cdot b \cdot c$

Man multipliziert eine Summe oder Differenz mit einer Zahl, indem man jedes Glied mit der Zahl multipliziert.

$(a + b) \cdot c = ac + bc$

> Man multipliziert Klammerausdrücke miteinander, indem man jedes Glied der einen mit jedem Glied der anderen Klammer multipliziert.

$(a + b) \cdot (a + b) = a^2 + 2ab + b^2$

Weitere Beispiele: Binome

$$(a + b) \cdot (a + b) = (a + b)^2 = a^2 + ab + ab + b^2 = \underline{\underline{a^2 + 2ab + b^2}}$$

$$(a - b) \cdot (a - b) = (a - b)^2 = a^2 - ab - ba + b^2 = \underline{\underline{a^2 - 2ab + b^2}}$$

$$(a + b) \cdot (a - b) = a^2 - ab + ab - b^2 = \underline{\underline{a^2 - b^2}}$$

$$\begin{aligned}(a + b)^3 &= (a + b) \cdot (a + b) \cdot (a + b) = \left(a^2 + 2ab + b^2\right) \cdot (a + b)\\ &= a^3 + a^2b + 2a^2b + 2ab^2 + ab^2 + b^3\\ &= \underline{\underline{a^3 + 3a^2b + 3ab^2 + b^3}}\end{aligned}$$

$(a - b)^2$ und $(a + b) \cdot (a - b)$ eignen sich gut für ein Schnellrechnungssystem, wie die folgenen Beispiele zeigen.

$$51 \cdot 51 = (50 + 1) \cdot (50 + 1) = 2500 + 100 + 1 = 2601$$

$$53 \cdot 53 = (50 + 3) \cdot (50 + 3) = 2500 + 300 + 9 = 2809$$

$$48 \cdot 48 = (50 - 2) \cdot (50 - 2) = 2500 - 200 + 4 = 2304$$

$$53 \cdot 47 = (50 + 3) \cdot (50 - 3) = 2500 - 9 = 2491$$

Binomischer Lehrsatz

Unter einem Binom versteht man eine zweigliedrige Zahlengröße, die als Summe und als Differenz vorliegen kann.

$(a+b)$, $(a-b)$, $(a+b)\cdot(a-b)$

Potenzen von Binomen:

$(a+b)^0 = 1$

$(a+b)^1 = a+b$

$(a+b)^2 = (a+b)\cdot(a+b) = a^2 + 2ab + b^2$

$(a+b)^3 = (a+b)^2\cdot(a+b) = a^3 + 3a^2b + 3ab^2 + b^3$

$(a+b)^4 = (a+b)^3\cdot(a+b) = a^4 + 4a^3b + 4ab^3 + b^4$

Bildungsgesetze für: $(a+b)^n$

1.) Die n-te Potenz des Binoms $(a+b)$, also $(a+b)^n$, ergibt eine algebraische Summe von $(n+1)$ Gliedern.

$(a+b)^n$ wenn $n = 2$, dann ist das

$(a+b)^2 = a^2 + 2ab + b^2$, $n+1 = 2+1$ ist 3 Glieder.

2.) Jedes dieser Glieder ist ein Produkt aus einem Zahlenkoeffizienten, dem Binomialkoeffizienten und je einer Potenz von a und b.

$a^2 + 2ab + b^2$ der Binominalkoeffizient ist 2

Die Binomialkoeffizienten können mit Hilfe des Pascalschen Dreiecks, besonders bei höheren Potenzen, bestimmt werden. Das stellt ein wesentliche Vereinfachung gegenüber der Möglichkeit dar, die Binomen wie oben auszumultiplizieren.

3.) Die Summe der Exponenten, sowohl bei a als auch bei b, ist gleich n.

$n = 2$, $a^2 + 2ab + b^2$, a^2 , a^1 *sind 2 Exponenten*

$n = 4$, $a^4 + 4a^3b + 6a^2b^2 + 4ab^3 + b^4$

a^4, a^3, a^2, a^1 *sind 4 Exponenten*

b^1, b^2, b^3, b^4 *sind 4 Exponenten*

4.) Die Exponenten von a beginnen beim 1. Glied mit n und fallen von Glied zu Glied um 1 bis zu 0. Die Exponenten von a fallen.Die Exponenten von b beginnen beim 1. Glied mit Null und steigen von Glied zu Glied um 1 bis zu n. Die Exponenten von b steigen.

Pascalsches Dreieck zur Bestimmung der Binomialkoeffizienten.

$n = 0$	1
$n = 1$	1 1
$n = 2$	1 2 1
$n = 3$	1 3 3 1
$n = 4$	1 4 6 4 1 u.s.w.

Im Pascalschen Dreieck sind die Binomialkoeffizienten der Gliederreihen mit steigender Potenzen untereinander systematisch angeordnet, wobei die Gliederreihen immer länger werden und damit ein Dreieck entsteht. Von oben nach unten gesehen, ist ein Binomialkoeffizient der folgenden Gliederreihe immer die Summe der beiden Binomialkoeffizienten darüber. So können wir das Pascalsche Dreieck weiterführen und die Binomialkoeffizienten von weiteren Gliederreihen ablesen. Wenn wir jetzt noch die oben unter 4.) erwähnte Gesetzmäßigkeit, in der die fallenden und steigenden Potenzen von a und b gezeigt wurden, befolgen, können wir weitere Gliederreihen aufstellen. Binomialkoeffizient ist B.

$n = 4$, B ist 1 4 6 4 1

$$a^4 + 4a^3b + 6a^2b^2 + 4ab^3 + b^4$$

Zerlegung in Faktoren

Wenn man eine Summe oder Differenz in Faktoren zerlegen will, muß man eine Größe suchen, die mit den anderen Faktoren multipliziert wieder diese Summe oder Differenz ergibt. Man nennt das auch eine Größe oder Zahl ausklammern.

> Zerlegung in Faktoren ist die Umkehrung der Multiplikation von Klammerausdrücken.

Beispiele:

$a^2 + ab = a \cdot a + ab = a \cdot (a+b)$

$ax + bx = x \cdot (a+b)$

$ax - bx = x \cdot (a-b)$

$x - nx = x \cdot (1-n)$

$8a + 8b = 8 \cdot (a+b)$

$12a - 18b = 6 \cdot (2a - 3b)$

$ab - b = b \cdot (a-1)$

$a + ab = a \cdot (1+b)$

$a^2x - b^2x = x \cdot (a^2 - b^2)$

$ax - 2ay + 3az = a \cdot (x - 2y + 3z)$

$a \cdot (x+y) - b \cdot (x+y) = (x+y) \cdot (a-b)$

$$ab - bc - a + c = ab - a - bc + c = a \cdot (b-1) - c \cdot (b-1)$$
$$= (a-c) \cdot (b-1)$$

$$2ax - 3by - 2bx + 3ay = 2ax + 3ay - 3by - 2bx$$
$$= a \cdot (2x + 3y) - b \cdot (3y + 2x)$$
$$= (2x + 3y) \cdot (a - b)$$

$$a^2 + 2ab + b^2 = a^2 + ab + ba + b^2 = a \cdot (a+b) + b \cdot (a+b)$$
$$= (a+b) \cdot (a+b)$$

$$a^2 - 2ab + b^2 = a^2 - ab - ba + b^2 = a \cdot (a-b) - b \cdot (a-b)$$
$$= (a-b) \cdot (a-b)$$

$$a^2 - b^2 = a \cdot a - b \cdot b = -ab + ab = a \cdot (-b) + b \cdot (+a)$$
$$= (a+b) \cdot (a-b)$$

$$10ax - 14ay - 15bx + 21by = 2a(5x - 7y) - 3b(5x - 7y)$$
$$= \underline{\underline{(5x - 7y) \cdot (2a - 3b)}}$$

Bruchrechnung mit mehrgliedrigen Ausdrücken

$$\frac{a}{b}+\frac{c}{d}=\frac{ad+bc}{bd}$$ *Der Hauptnenner ist bd*

Man muß dabei a um d und c um b erweitern

Weitere Beispiele:

1.) $$\frac{1}{a}+\frac{1}{b}-\frac{1}{c}=\frac{1bc}{abc}+\frac{1ac}{abc}-\frac{1ab}{abc}=\underline{\underline{\frac{bc+ac-ab}{abc}}}$$

2.) $$\frac{x+y}{2}-\frac{x-y}{2}=\frac{x+y-(x-y)}{2}=\frac{x+y-x+y}{2}=\frac{2y}{2}=\underline{\underline{y}}$$

3.) $$\frac{a-b}{2x}-\frac{a+b}{5x}=\frac{5\cdot(a-b)-2\cdot(a+b)}{10x^2}=\underline{\underline{\frac{3a-7b}{10x^2}}}$$

4.) $$\left(\frac{4x}{y}-\frac{5z}{n}\right)\cdot 2ny=\frac{8nx\cancel{y}}{\cancel{y}}-\frac{10\cancel{n}yz}{\cancel{n}}=\underline{\underline{8xn-10yz}}$$

5.) $$\left(\frac{2a}{3b}-\frac{3b}{4c}+\frac{4c}{5a}\right)\cdot 60abc=\frac{\overset{40}{\cancel{120}}a^2\cancel{bc}}{{}_1\cancel{3b}}-\frac{\overset{45}{\cancel{180}}b^2a\cancel{c}}{{}_1\cancel{4c}}+\frac{\overset{48}{\cancel{240}}\cancel{a}bc^2}{{}_1\cancel{5a}}$$
$$=\underline{\underline{40a^2c-45b^2a+48bc^2}}$$

6.) $$\left(\frac{4a}{5x}-\frac{3b}{7y}\right):12ab=\frac{4a}{5x}\cdot\frac{1}{12ab}-\frac{3b}{7y}\cdot\frac{1}{12ab}$$
$$=\frac{\overset{1}{\cancel{4a}}}{\underset{15}{\cancel{60a}}bx}-\frac{\overset{1}{\cancel{3b}}}{\underset{28}{\cancel{84}}a\cancel{b}y}=\underline{\underline{\frac{1}{15bx}-\frac{1}{28ay}}}$$

7.) $$\frac{\overset{1}{\cancel{8}}(a+b)}{\underset{1}{\cancel{15}}\cancel{(x-y)}}\cdot\frac{\overset{3}{\cancel{45}}\cancel{(x-y)}}{\underset{2}{\cancel{16}}(a-b)}=\frac{3\cancel{(x-y)}\cdot(a+b)}{2\cancel{(x-y)}\cdot(a-b)}=\underline{\underline{\frac{3\cdot(a+b)}{2\cdot(a-b)}}}$$

Dualrechnen, Zweiersystem

Als Dualsystem oder Zweiersystem bezeichnet man ein Stellenwertsystem auf der Grundlage der Zahl 2, zum Unterschied des Zehnersystems, wobei die Zahl 10 die Grundlage darstellt.

Im Zehnersystem werden

zehn Einer zu einem Zehner,
zehn Zehner zu einem Hunderter,
zehn Hunderter zu einem Tausender u.s.w.;

zusammengefaßt.

Im Dualsystem werden

zwei Einer zu einem Zweier,
zwei Zweier zu einem Vierer,
zwei Vierer zu einem Achter,
zwei Achter zu einem Sechzehner u.s.w.;

zusammengefaßt.

Die Stellenwerte des Zweiersystems sind also 1,2,4,8,16,32,64,128 u.s.w.

als Potenz geschrieben: $2^0, 2^1, 2^2, 2^3, 2^4, 2^5, 2^6, 2^7$

Für das Zehnersystem benötigt man zur Darstellung aller Zahlen 10 Ziffern 0,1,2,3,4,5,6,7,8,9,- wogegen man beim Zweiersystem nur zwei Ziffern benötigt.

0 für Null, wenn die Stelle nicht besetzt ist, und 1 für die Besetzung der Stellen.

Dezimalzahlen, die den Stellenwerten des Dualsystems entsprechen.

1	⟶	1
2	⟶	10
4	⟶	100
8	⟶	1000
16	⟶	10000 u.s.w.

Beispiele der Übertragung der Dezimalzahlen in das Dualsystem.

	16er	8er	4er	2er	1er
1					1
2				1	0
3				1	1
4			1	0	0
5			1	0	1
6			1	1	0
7			1	1	1
8		1	0	0	0
9		1	0	0	1
10		1	0	1	0
11		1	0	1	1
12		1	1	0	0
25	1	1	0	0	1
27	1	1	0	1	1
29	1	1	1	0	1

Übertragung der Dualzahl in eine Dezimalzahl

1 1 0 0 1

$= 1 \cdot 1 = 1$

$= 0 \cdot 2 = 0$

$= 0 \cdot 4 = 0$

$= 1 \cdot 8 = 8$

$= 1 \cdot 16 = \underline{16}$

$\underline{\underline{25}}$

Übertragung des Zehnersystems in Dualsystem

Zahl	Stellenwert	Dualzahl	
25	=1 ·16er	= 1	
	=1 · 8er	= 1	
	=0 · 4er	= 0	
	=0 · 2er	= 0	
	=1 · 1er	= 1	25 = $\underline{\underline{11001}}$

50 = 1· 32er, 1· 16er, 0 · 8er, 0 · 4er, 1· 2er, 0 · 1er 50 = $\underline{\underline{110010}}$

Die Grundrechnungsarten im Dualsystem

Die aufeinanderfolgenden Stellenwertfaktoren (Potenzen von 2) stehen im Verhältnis 2 : 1

Addition

$0 + 0 = 0$ Keine Stellenbesetzung plus keine Stellenbesetzung ist keine Stellenbesetzung also 0.

$0 + 1 = 1$ Keine Stellenbesetzung plus eine Stellenbesetzung ist eine Stellenbesetzung also 1.

$1 + 1 = 10$ Eine Stellenbesetzung plus eine Stellenbesetzung ist im gleichen Stellenwert keine Stellenbesetzung, aber im nächst höheren Stellenwert eine Stellenbesetzung.

21	10101	25	11001
+23	+10111	−20	−10100
44	101100	5	101

Subtraktion $1 - 0 = 1$, $0 - 0 = 0$, $1 - 1 = 0$

$10 - 1 = 1$ In diesem Fall muß man vom nächst höheren Stellenwert eine Stelle nehmen.

Multiplikation

$0 \cdot 1 = 0$	$101 \cdot 111$	$5 \cdot 7 = 35$	$111 \cdot 101$
$1 \cdot 0 = 0$	101	$7 \cdot 5 = 35$	111
$1 \cdot 1 = 1$	+101		+1110
	+101		100011
	100011		

$5 \cdot 7$ oberste Reihe zerlegt ist $1 \cdot 1 = 1$, $1 \cdot 0 = 0$, $1 \cdot 1 = 1$, dann nächste Reihe.

Division

$72 : 9 = 8$	$144 : 12 = 12$
$1001000 : 1001 = 1000$	$10010000 : 1100 = 1100$
−1001	−1100
1000	110000

Der Divisor geht bei 72:9 , 1 mal hinein = 1 Rest 1 dazu 0 herunter geht 0 mal = 0, dazu die nächste 0 herunter geht 0 mal = 0.

Gleichungen mit einer Unbekannten

Das Gleichheitszeichen = sagt aus, daß die beiden Seiten einer Gleichung wertgleich sind. Wenn man eine Unbekannte ermitteln will, muß man durch Umsetzung der einzelnen Größen die Unbekannte nach den mathematischen Regeln alleine auf eine Seite der Gleichung bringen und dann die andere Seite der Gleichung ausrechnen. Da die Seiten gleich sind, ist damit die Unbekannte ermittelt.
Um den Gleichgewichtszustand auf einer Waage zu erhalten, müssen auf beiden Waagschalen die gleichen Gewichte wirken.
Beispiele an einer Waage.
Wenn man auf beiden Seiten zu 50 g noch 5 g zulegt, bleibt die Waage im Gleichgewicht.
Wenn man auf beiden Seiten 5 g wegnimmt, bleibt die Waage im Gleichgewicht.

Waage im Gleichgewicht

$$50 - 5 = 45 \;---\; 50 - 5 = 45$$

Wenn man das Gewicht auf beiden Seiten verdoppelt, bleibt die Waage im Gleichgewicht.

$$50 \cdot 2 = 100 \;---\; 50 \cdot 2 = 100$$

Wenn man das Gewicht auf beiden Seiten der Waage halbiert, bleibt die Waage im Gleichgewicht.

$$50 : 2 = 25 \;---\; 50 : 2 = 25$$

Das bedeutet auf eine mathematische Gleichung übertragen, daß man *gleiche Rechenoperationen auf beiden Seiten einer Gleichung durchführen kann.*

Beispiele des Austauschs von Gewichten von einer Seite auf die andere Seite der Waage.

$$45 + 5 \;---\; 45 + 5$$
$$45 \;---\; 45 + 5 - 5$$
$$45 - 5 \;---\; 45 \quad - 5$$

$$10 \cdot 5 \;---\; 10 \cdot 5$$
$$10 \;---\; 10 \cdot 5 : 5$$

$$\begin{array}{l} 50:5 - - - 50:5 \\ 50 \;|\; - - - 50:5 \cdot 5 \end{array}$$

Es wird durch diese Beispiele klar, daß beim Wechsel einer Größe auf die andere Seite der Gleichung sich das Vorzeichen ändern muß.
Aus Plus + wird Minus -. Aus Minus - wird Plus +. Sind in einer Gleichung Faktoren oder Zähler von Brüchen, so werden sie auf der anderen Seite der Gleichung Divisor oder Nenner.
Aus einem Zähler oder Faktor wird ein Nenner oder Divisor.
Aus einem Nenner oder Divisor wird ein Zähler oder Faktor.
Die Vorzeichen + oder - von Zählern und Nennern, die auf die andere Seite einer Gleichung wechseln, bleiben bei dieser Rechenoperation erhalten. Man kann beide Seiten der Gleichung um die selbe Zahl vermehren oder vermindern, man kann beide Seiten der Gleichung mit der gleichen Zahl multiplizieren, dividieren, potenzieren, radizieren oder logarithmieren.
Man kann allen Gliedern auf beiden Seiten der Gleichung das entgegengesetzte Vorzeichen geben. Ein Summand der einen Seite wird Subtrahend der anderen Seite und umgekehrt, ein Faktor der einen Seite wird Divisor (Nenner) der anderen Seite und umgekehrt.
Ein Potenzexponent der einen Seite wird Wurzelexponent der anderen Seite.
Es ist aber darauf zu achten, daß sich die Rechenoperationen auf die *ganze* Seite der Gleichung beziehen.

Beispiele:

$$\begin{aligned} x - 3 &= 12 \\ x &= 12 + 3 \\ x &= \underline{\underline{15}} \end{aligned}$$

$$\begin{aligned} 12x &= 3x + 72 \\ 12x - 3x &= 72 \\ 9x &= 72 \\ x &= \frac{72}{9} \\ x &= \underline{\underline{8}} \end{aligned}$$

Es folgen Beispiele mit der Erläuterung der einzelnen Lösungsschritte.

1.) $100 - 10x = 19 - x$

1. Schritt. Man bringt die Größen mit der Unbekannten x auf die eine Seite der Gleichung (linke Seite) und ordnet unter Beachtung des Vorzeichenwechsels.

$+x - 10x = +19 - 100$

2. Schritt. Man subtrahiert auf beiden Seiten.

$-9x = -81$

3. Schritt. Man kehrt auf beiden Seiten die Vorzeichen um.

$9x = 81$

4. Schritt. Der Faktor 9 wird auf der anderen Seite zum Nenner.

$x = \frac{81}{9}$

5. Schritt. x steht jetzt auf der linken Seite isoliert, und auf der rechten Seite wird der Bruch aufgelöst (dividiert).

$x = 9$

$100 - 10x = 19 - x$

$-x - 10x = +19 - 100$

$-9x = -81$

$9x = 81$

$x = \frac{81}{9}$

$x = \underline{\underline{9}}$

2.) $3x + (7 - x) = 11$

1. Schritt. Man löst die Klammer nach der Klammerregel auf. *Klammerregel Seite 11.*

$3x + 7 - x = 11$

2. Schritt. Man bringt die x-Werte auf die linke Seite und die Werte ohne x auf die rechte Seite der Gleichung.

$3x - x = 11 - 7$

3. Schritt. Man subtrahiert auf beiden Seiten.

$2x = 4$

4. Schritt. Der Faktor 2 vor x auf der linken Seite wird Nenner auf der rechten Seite der Gleichung.

$x = \frac{4}{2}$

5. Schritt. Die rechte Seite wird dividiert und damit gelöst.

$x = 2$

$$3x + (7 - x) = 11 \qquad 2x = 4$$
$$3x + 7 - x = 11 \qquad x = \frac{4}{2}$$
$$3x - x = 11 - 7 \qquad x = \underline{\underline{2}}$$

3.) $$\frac{x}{5} + 8 = 13$$

1. Schritt. Man setzt die 8 auf die rechte Seite, weil man dann den Bruch auf der linken Seite beseitigen kann, indem man den Nenner 5 als Faktor auf die rechte Seite bringen kann, aber auch, um x auf der linken Seite zu isolieren.

$$\frac{x}{5} = 13 - 8$$

2. Schritt. Der Nenner des Bruches auf der linken Seite wird Faktor der Differenz auf der rechten Seite, die man entweder vorher subtrahiert oder in Klammer setzt, damit gesichert ist, daß jede Zahl mit dem Faktor 5 multipliziert wird. *Multiplikation von Klammerausdrücken auf Seite 13.*

$$x = (13 - 8) \cdot 5$$

3. Schritt. Die Klammer auf der rechten Seite wird ausmultipliziert.

$$x = 65 - 40$$

4. Schritt. Auf der rechten Seite wird die Gleichung subtrahiert. $x = 25$

$$\frac{x}{5} + 8 = 13 \qquad x = (13 - 8) \cdot 5$$
$$\frac{x}{5} = 13 - 8 \qquad x = 65 - 40$$
$$x = \underline{\underline{25}}$$

4.) $$\frac{5x - 1}{7} : \frac{19 - x}{4} = \frac{1}{2}$$

1. Schritt. Man dividiert die Brüche auf der linken Seite, indem man mit dem umgekehrten Bruch multipliziert. *Bruchrechnung auf Seite 7.* Summen und Differenzen müssen dabei in Klammern gesetzt werden.

$$\frac{(5x-1)\cdot 4}{7\cdot(19-x)}=\frac{1}{2}$$

2. Schritt. Man multipliziert die linke Seite aus.

$$\frac{20x-4}{133-7x}=\frac{1}{2}$$

3. Schritt. Der Nenner $133-7x$ wird auf der rechten Seite zum Faktor $(133-7x)$. Der Nenner 2 wird auf der linken Seite zum Faktor.

$(20x-4)\cdot 2 = 1\cdot(133-7x)$.Die Nenner sind beseitigt.

4. Schritt. Beide Seiten werden ausmultipliziert.

$$40x-8=133-7x$$

5. Schritt. Es wird geordnet. Die x-Werte werden auf die linke Seite gebracht.

$$40x+7x=133+8$$

6. Schritt. Auf beiden Seiten werden die Größen addiert.

$$47x=141$$

7. Schritt. Der Faktor vor x auf der linken Seite kommt als Nenner auf die rechte Seite, x ist jetzt isoliert.

$$x=\frac{141}{47}$$

8. Schritt. Die rechte Seite wird dividiert.

$$x=\underline{\underline{3}}$$

5.) $$\frac{4x+1}{3}+\frac{7x+5}{8}=7x-\frac{9x+1}{2}$$

1.Schritt. Die Brüche werden auf beiden Seiten gleichnamig gemacht, so daß auf der linken Seite im Nenner 24 und auf der rechten Seite im Nenner eine 2 entsteht. Man kann auch alle Brüche auf einen Nenner bringen, bekommt dann aber größere Zahlen. *Bruchrechnung Seite 7.*

$$\frac{8\cdot(4x+1)+3\cdot(7x+5)}{24}=\frac{14x-(9x+1)}{2}$$

2. Schritt. Die notwendiger Weise entstandenen Klammern

werden ausmultipliziert, dann werden die Größen addiert oder subtrahiert.

$$\frac{53x+23}{24} = \frac{5x-1}{2}$$

3. Schritt. Die beiden Seiten der Gleichung werden auf einen Nenner gebracht.

$$\frac{53x+23}{24} = \frac{(5x-1)\cdot 12}{24}$$

4. Schritt. Die beiden Seiten werden mit dem Hauptnenner multipliziert, das heißt der Nenner kann auf beiden Seiten wegfallen.

$$\frac{53x+23}{24} = \frac{60x-12}{24}\ ,\ 53x+23 = 60x-12$$

5. Schritt. Die Gleichung wird geordnet, x kommt dabei auf die linke Seite.

$$53x-60x = -12-23$$

6. Schritt. Alle Vorzeichen der Gleichung werden umgekehrt, dann auf der linken Seite subtrahiert und auf der rechten Seite addiert.

$$-53x+60x = 12+23\ ,\ 7x = 35$$

7. Schritt. Der Faktor 7 auf der linken Seite wird auf der rechten Seite zum Nenner.

$$x = \frac{35}{7}$$

8. Schritt. Auf der rechten Seite wird dividiert.

$$x = \underline{\underline{5}}$$

Die Beispiele 1 bis 5 ohne die Erläuterung der einzelnen Lösungsschritte.

1.) $100-10x = 19-x$

$+x-10x = +19-100$

$-9x = -81$

$9x = 81$

$x = \frac{81}{9}\ ,\ x = \underline{\underline{9}}$

2.) $3x+(7-x) = 11$

$3x+7-x = 11$

$3x-x = 11-7$

$2x = 4$

$x = \frac{4}{2}\ ,\ x = \underline{\underline{2}}$

3.) $\frac{x}{5} + 8 = 13$

$\frac{x}{5} = 13 - 8$

$x = (13 - 8) \cdot 5$

$x = 65 - 40$

$x = \underline{\underline{25}}$

4.) $\frac{5x - 1}{7} : \frac{19 - x}{4} = \frac{1}{2}$

$\frac{(5x - 1) \cdot 4}{7 \cdot (19 - x)} = \frac{1}{2}$

$\frac{20x - 4}{133 - 7x} = \frac{1}{2}$

$(20x - 4) \cdot 2 = 1 \cdot (133 - 7x)$

$40x - 8 = 133 - 7x$

$40x - 7x = 133 + 8$

$47x = 141 \, , \; x = \frac{141}{7} \, , x = \underline{\underline{3}}$

5.) $\frac{4x + 1}{3} + \frac{7x + 5}{8} = 7x - \frac{9x + 1}{2}$

$\frac{8 \cdot (4x + 1) + 3 \cdot (7x + 5)}{24} = \frac{14x - (9x + 1)}{2}$

$\frac{53x + 23}{24} = \frac{5x - 1}{2}$

$\frac{53x + 23}{24} = \frac{(5x - 1) \cdot 12}{24}$

$53x - 23 = 60x - 12$

$53x - 60x = -12 - 23$

$-53x + 60x = 12 + 23$

$7x = 35$

$x = \frac{35}{7}$

$x = \underline{\underline{5}}$

6.) $15 : -x = 3$

$\frac{15}{-x} = 3$

$15 = 3 \cdot (-x)$

$15 = -3x$

$+3x = -15$

$x = \frac{-15}{3} \, , \; x = \underline{\underline{-5}}$

7.) $2x = \frac{7x - 6}{4} + 3$

$2x - 3 = \frac{7x - 6}{4}$

$(2x - 3) \cdot 4 = 7x - 6$

$8x - 12 = 7x - 6$

$8x - 7x = -6 + 12$

$x = \underline{\underline{6}}$

Weitere Beispiele ohne Zwischenerläuterungen folgen.

8.)
$$5x + 16 - 11x = 4x - 4$$
$$5x - 11x - 4x = -4 - 16$$
$$-10x = -20$$
$$x = \frac{-20}{-10}$$
$$x = \underline{\underline{2}}$$

9.)
$$4x + 6 + 8x = 3x + 78$$
$$4x - 3x + 8x = 78 - 6$$
$$9x = 72$$
$$x = \frac{72}{9}$$
$$x = \underline{\underline{8}}$$

10.)
$$5x - (3 + 2x) = 9$$
$$5x - 3 - 2x = 9$$
$$5x - 2x = 9 + 3$$
$$3x = 12$$
$$x = \frac{12}{3}$$
$$x = \underline{\underline{4}}$$

11.)
$$3 \cdot (x - 2) - 7 = 8$$
$$3x - 6 - 7 = 8$$
$$3x = 8 + 6 + 7$$
$$3x = 21$$
$$x = \frac{21}{3}$$
$$x = \underline{\underline{7}}$$

12.)
$$4(10 - 2x) - 3(x - 5) = 0$$
$$40 - 8x - (3x - 15) = 0$$
$$40 - 8x - 3x + 15 = 0$$
$$-8x - 3x = -40 - 15$$
$$-11x = -55$$
$$11x = 55$$
$$x = \frac{55}{11}$$
$$x = \underline{\underline{5}}$$

13.)
$$ax + bx = c$$
$$x(a + b) = c$$
$$x = \underline{\underline{\frac{c}{a + b}}}$$

14.)
$$ax + bx = a + b$$
$$x(a + b) = a + b$$
$$x = \frac{a + b}{a + b}\ ,\ x = \underline{\underline{1}}$$

15.)
$$8 \cdot (3x - 2) - 7x - 5 \cdot (12 - 3x) = 13x$$
$$24x - 16 - 7x - 60 + 15x = 13x$$
$$24x - 7x + 15x - 13x = 16 + 60$$
$$19x = 76$$
$$x = \frac{76}{19}\ ,\ x = \underline{\underline{4}}$$

16.)
$$\frac{x}{a} + b = c$$
$$\frac{x}{a} = c - b$$
$$x = \underline{\underline{(c - b) \cdot a}}$$

17.)
$$\frac{a + b}{x} - \frac{a - b}{x} = b$$
$$(a + b) - (a - b) = bx$$
$$\cancel{a} + b - \cancel{a} + b = bx$$
$$2b = bx$$
$$\frac{2\cancel{b}}{\cancel{b}} = x$$
$$x = \underline{\underline{2}}$$

20.) $ax - bx = a^2 - b^2$

$(a-b)x = a^2 - b^2$

$x(a-b) = (a+b)\cdot(a-b)$

$x = \frac{(a+b)\cdot\cancel{(a-b)}}{\cancel{(a-b)}}$, $x = \underline{\underline{a+b}}$

21.) $cd + 3x = cf - 2x$

$3x + 2x = cf - cd$

$5x = c(f-d)$

$x = \underline{\underline{\frac{c\cdot(f-d)}{5}}}$

22.) $ax + b = a - bx$

$ax + bx = a - b$

$x(a+b) = a - b$

$x = \underline{\underline{\frac{a-b}{a+b}}}$

23.) $nx - mn = mn - mx$

$nx + mx = mn + mn$

$x\cdot(n+m) = mn + mn$

$x = \underline{\underline{\frac{2mn}{n+m}}}$

24.) $x - nx = (1-n)^2$

$x(1-n) = (1-n)\cdot(1-n)$

$x = \frac{(1-n)\cdot\cancel{(1-n)}}{\cancel{(1-n)}}$

$x = \underline{\underline{1-n}}$

25.) $rx + sx = r^2 - s^2$

$x(r+s) = (r+s)\cdot(r-s)$

$x = \frac{\cancel{(r+s)}\cdot(r-s)}{\cancel{(r+s)}}$

$x = \underline{\underline{r-s}}$

26.) $a^2x - 6(a+b) = b^2x$

$a^2x - b^2x = 6(a+b)$

$x(a^2 - b^2) = 6(a+b)$

$x = \frac{6(a+b)}{a^2 - b^2}$

$x = \frac{6\cancel{(a+b)}}{\cancel{(a+b)}\cdot(a-b)}$, $x = \underline{\underline{\frac{6}{a-b}}}$

27.) $\frac{a-b}{b-a} = \frac{1\cdot(a-b)}{-1\cdot(a-b)}$

$\frac{(a-b)\cdot -1\cdot(a-b)}{(b-a)\cdot 1\cdot(a-b)} =$

$\frac{\cancel{(a-b)}\cdot\cancel{(-a+b)}}{\cancel{(b-a)}\cdot\cancel{(a-b)}} = \underline{\underline{1}}$

18.) $\frac{1}{2}x + \frac{1}{3}x = 5$ *Hauptnenner 6*

$\frac{3x+2x}{6} = 5$

$3x + 2x = 5\cdot 6$

$5x = 30$, $x = \frac{30}{5}$, $x = \underline{\underline{6}}$

19.) $\frac{x}{7} = 4$

$x = 4\cdot 7$

$x = \underline{\underline{28}}$

Eine andere, weitaus kompliziertere Methode zur Lösung von Gleichungen, die zum gleichen Ergebnis führt, soll hier, da sie an den Schulen angewandt wird, gezeigt werden.

Aufgabe 1-5 auf der Seite 23 in dieser Methode.

1.) $100 - 10x = 19 - x \quad / -100$

Um die Größe 100 auf die rechte Seite der Gleichung zu bringen, wird ein Schrägstrich gesetzt, hinter dem -100 vermerkt wird. Das bedeutet, daß beide Seiten der Gleichung mit -100 subtrahiert werden.

$$\cancel{100} - \cancel{100} - 10x = 19 - x - 100$$
$$-10x = 19 - x - 100 \quad / +x$$

Um x auf die linke Seite der Gleichung zu bringen, werden beide Seiten mit $+x$ addiert.

$$-10x + x = 19 - x + x - 100$$
$$-9x = 19 - 100$$
$$-9x = -81 \quad /:9$$

Um den Faktor 9 auf die rechte Seite der Gleichung zu bringen, wird die Gleichung auf beiden Seiten durch 9 dividiert.

$$\frac{\cancel{9}x}{\cancel{9}} = \frac{\cancel{81}^{9}}{\cancel{9}_{1}}, \quad x = \underline{\underline{9}}$$

2.) $3x + (7 - x) = 11$

Die Klammer wird aufgelöst.

$$3x + 7 - x = 11 \quad / -7$$

Auf beiden Seiten der Gleichung wird 7 subtrahiert.

$$3x + 7 - 7 - x = 11 - 7$$
$$3x - x = 11 - 7$$
$$2x = 4 \quad /:2$$

Die Gleichung wird auf beiden Seiten durch 2 dividiert.

$$\frac{\cancel{2}x}{\cancel{2}} = \frac{\cancel{4}^{2}}{\cancel{2}_{1}}, \quad x = \underline{\underline{2}}$$

3.) $\frac{x}{5} + 8 = 13 \quad / -8$

Von beiden Seiten der Gleichung werden 8 subtrahiert.

$\frac{x}{5} + \cancel{8} - \cancel{8} = 13 - 8 \quad , \quad \frac{x}{5} = 5 \quad / \cdot 5$

Beide Seiten müssen mit 5 multipliziert werden.

$\frac{x}{\cancel{5}} \cdot \cancel{5} = 5 \cdot 5 \quad , \quad x = \underline{\underline{25}}$

4.) $\frac{5x - 1}{7} : \frac{19 - x}{4} = \frac{1}{2}$

Man verfährt wie bei Aufgabe 4 Seite 24 Schritt 1 und 2.

Schritt 1 $\frac{(5x - 1) \cdot 4}{7 \cdot (19 - x)} = \frac{1}{2}$

Schritt 2 $\frac{20x - 4}{133 - 7x} = \frac{1}{2} \quad / \cdot (133 - 7x)$

Beide Seiten der Gleichung werden mit $(133 - 7x)$ multipliziert.

$$\frac{(20x - 4) \cdot \cancel{(133 - 7x)}}{\cancel{(133 - 7x)}} = \frac{1 \cdot (133 - 7x)}{2}$$

$20x - 4 = \frac{133 - 7x}{2} \quad / \cdot 2$

Beide Seiten werden mit 2 multipliziert.

$(20x - 4) \cdot 2 = \frac{(133 - 7x) \cdot \cancel{2}}{\cancel{2}}$

$(20x - 4) \cdot 2 = 133 - 7x$

$40x - 8 = 133 - 7x \quad / +7x$

Zu beiden Seiten 7x addieren.

$40x + 7x - 8 = 133 - \cancel{7x} + \cancel{7x}$

$47x - 8 = 133 \quad / +8$

Zu beiden Seiten 8 addieren.

$47x - \cancel{8} + \cancel{8} = 133 + 8 \quad , \quad 47x = 141 \quad / : 47$

Beide Seiten durch 47 dividieren.

$$\frac{\not{47}x}{\not{47}} = \frac{141}{47} \quad , \quad x = \frac{141}{47} \quad , \quad x = \underline{\underline{3}}$$

5.) $$\frac{4x+1}{3} + \frac{7x+5}{8} = 7x - \frac{9x+1}{2}$$

1. bis 4. Schritt wie Lösung Aufgabe 5 Seite 25

5. Schritt.

$$53x + 23 = 60x - 12 \quad / -23$$

Auf beiden Seiten der Gleichung wird 23 subtrahiert.

$$53x + \not{23} - \not{23} = 60x - 12 - 23$$

$$53x = 60x - 35 \quad / -60x$$

Auf beiden Seiten der Gleichung werden 60x subtrahiert.

$$53x - 60x = 60x - 60x - 35$$

$$53x - 60x = -35$$

$$-7x = -35 \quad / : -7$$

Beide Seiten der Gleichung werden durch −7 geteilt.

$$\frac{\not{-7}x}{\not{-7}} = \frac{\not{-35}}{\not{-7}} = 5 \quad , \quad x = \underline{\underline{5}}$$

Lösen von Textaufgaben mit einer Unbekannten

Man beantwortet die in der Aufgabe gestellte Frage vorläufig durch die unbekannte Zahl x.
Die in der Aufgabe vorkommenden Größen werden durch die Unbekannte bezeichnet und in mathematische Beziehung gesetzt. Durch Gleichstellung der auf diese Weise bestimmten Größen findet man die Gleichung.

Beispiel:

Die Summe zweier Zahlen ist 152. Multipliziert man den sechsten Teil der ersten Zahl mit 5, so erhält man 24 mehr als die zweite Zahl beträgt. Wie heißen die beiden Zahlen?

Erste Zahl $= x$, zweite Zahl $= 152 - x$

$$\frac{x}{6} \cdot 5 = 152 - x + 24$$

$$5x = (152 - x + 24) \cdot 6$$

$$5x = 912 - 6x + 144$$

$$5x + 6x = 912 + 144$$

$$11x = 1056$$

$$x = \frac{1056}{11}$$

$$x = \underline{\underline{96}}$$

Probe: $152 - 96 = 56$

$$\frac{x}{6} \cdot 5 = 152 - x + 24$$

$$\frac{96}{6} \cdot 5 = 152 - 96 + 24$$

$$\frac{\cancel{96}^{16}}{\cancel{6}_{1}} \cdot 5 = 80$$

$$80 = 80$$

Weitere Beispiele:

1.) Ein Vater hinterläßt seinen 3 Kindern 51000 DM. Er bestimmt, daß jedes jüngere Kind 3000 DM mehr haben soll als das nächst ältere. Wieviel erhält jeder?

1. Kind $= x$
2. Kind $= x + 3000$
3. Kind $= x + 6000$

$$x + x + 3000 + x + 6000 = 51000$$

$$3x = 51000 - 3000 - 6000$$

$$3x = 42000$$

$$x = \frac{42000}{3} = 14000$$

Das älteste Kind bekommt	14000 DM
Das mittlere Kind bekommt	17000 DM
Das jüngste Kind bekommt	20000 DM

2.) Unter 3 Knaben wurde eine Anzahl Nüsse verteilt. Fritz erhielt 1/5, Otto die Hälfte des Restes weniger 10, Franz bekam den Rest, der 50 Stück betrug. Wieviel Nüsse wurden verteilt ?

Fritz $\frac{1}{5}x$, Otto $\frac{2}{5}x-10$, Franz 50

$\frac{1x}{5}+\frac{2x}{5}-10+50=x$, $\frac{1x}{5}+\frac{2x}{5}=x+10-509x$

$\frac{3x}{5}=x-50+10$, $3x=(x-40)\cdot 5$

$3x=5x-200$, $-2x=-200$, $x=\frac{-200}{-2}$, $x=\underline{\underline{100}}$

Es wurden 100 Nüsse verteilt.

3.) 2 Fußgänger gehen sich von 2 Orten entgegen, die 30 km entfernt sind. Wann werden sie sich treffen, wenn der eine in der Stunde 4 km, der andere 5 km zurücklegt?

A in 1h 4km   4x km
B in 1h 5km   5x km

$4x+5x=30$, $9x=30$, $x=\frac{\cancel{30}^{10}}{\cancel{9}_{3}}=\frac{10}{3}=\underline{\underline{3\frac{1}{3}h}}$

Nach 3h 20′ treffen sie sich.

Probe: 3h 20′ mal 4 km $=12+\frac{4}{3}$ km

3h 20′ mal 5 km $=15+\frac{5}{3}$ km

$$12+\frac{4}{3}+15+\frac{5}{3}=\frac{36+4}{3}+\frac{45+5}{3}=\frac{40+50}{3}=\frac{90}{3}=30\text{ km}$$

4.) In einer Gesellschaft von Herren und Damen verhielt sich die Anzahl der Herren zur Anzahl der Damen wie 5:6. Nachdem 5 Herren und 4 Damen gegangen waren, war das Verhältnis noch 4:5. Wieviele Herren und Damen zählte die Gesellschaft? 5x Herren, 6x Damen.

$(5x-5):(6x-4)=4:5$

$\frac{(5x-5)}{(6x-4)}=\frac{4}{5}$, $(5x-5)\cdot 5=(6x-4)\cdot 4$

$25x-25=24x-16$

$25x-24x=25-16$, $x=\underline{\underline{9}}$

5x Herren = 45 , 6x Damen = 54

Die Gesellschaft hatte 99 Personen.

5.) Um welche Zahl muß man 702 vermindern, um das Doppelte der Zahl zu erhalten?

$702-x=2x$, $-2x-x=-702$, $-3x=-702$

$x=\frac{-702}{-3}=234$, $x=\underline{\underline{234}}$, $702-234=\underline{\underline{468}}$

$468:2=\underline{\underline{234}}$

6.) Welche Zahl muß man von 875 subtrahieren, um ebenso viel zu erhalten, als wenn man 787 zu der Zahl addiert?

$875-x=787+x$, $-x-x=787-875$, $-2x=-88$

$x=\frac{-88}{-2}$, $x=\underline{\underline{44}}$, $875-44=787+44$

$\underline{\underline{831}}=\underline{\underline{831}}$

7.) A hat 327 DM, B 237 DM. Wieviel muß B dem A abgeben, daß A dreimal so viel hat, als dem B noch bleiben?

$3(237-x)=327+x$, $711-3x=327+x$

$-3x-x=327-711$, $-4x=-384$, $4x=384$

$x=\frac{384}{4}=96$, $x=\underline{\underline{96}}$

$3\cdot(237-96)=327+96$

$\underline{\underline{423}}=\underline{\underline{423}}$

8.) A und B haben zusammen 98 DM. A verlor beim Spiel 1/5, B 1/6 seines Geldes und beide behielten gleich viel übrig. Wieviel hatte jeder vor dem Spiel? $A=x$, $B=98-x$

$$x - \frac{x}{5} = (98 - x) - \frac{(98 - x)}{6}$$

$$\frac{5x - x}{5} = \frac{6 \cdot (98 - x) - (98 - x)}{6} \quad , \quad \frac{4x}{5} = \frac{588 - 6x - 98 + x}{6}$$

$$6 \cdot 4x = (588 - 6x - 98 + x) \cdot 5 \quad , \quad 24x = (490 - 5x) \cdot 5$$

$$24x = 2450 - 25x \quad , \quad 24x + 25x = 2450 \quad , \quad 49x = 2450$$

$$x = \frac{2450}{49} \quad , \quad x = \underline{\underline{50}}$$

A hatte vor dem Spiel 50 DM
B hatte vor dem Spiel 48 DM

9.) Auf einem Getreidespeicher lagerten 2774 Zentner Getreide, und zwar 2,5 mal so viel Roggen als Weizen, und 3,333 mal so viel Weizen als Hafer. Wieviel Getreide ist das von jeder Art? 2774 z Gesamtgetreidemenge, Hafer $= x$,

$$\text{Weizen} = 3\frac{1}{3}x \quad , \quad \text{Roggen} = 3\frac{1}{3} \cdot 2\frac{1}{2}x$$

$$x + 3\frac{1}{3}x + 3\frac{1}{3} \cdot 2\frac{1}{2}x = 2774$$

$$x + \frac{10}{3}x + \frac{10}{3} \cdot \frac{5}{2}x = 2774 \quad , \quad \frac{3x + 10x}{3} + \frac{50x}{6} = 2774$$

$$\frac{2(3x + 10x)}{6} + \frac{50x}{6} = 2774$$

$$6x + 20x + 50x = 2774 \cdot 6 \quad , \quad 76x = 16644$$

$$x = \frac{16644}{76} = 219 \quad , \quad x = \underline{\underline{219 \text{ z Hafer}}}$$

Probe:
1825
730
219
$\underline{\underline{2774}}$

$$\frac{10x}{3} = \underline{\underline{730 \text{ z Weizen}}} \quad , \quad \frac{50x}{6} = \underline{\underline{1825 \text{ z Roggen}}}$$

10.) Wieviel Jahre muß ein Kapital auf Zinsen stehen, daß es sich mit den einfachen Zinsen bei 5 % verdoppelt?

? Jahre $= x$, 1 Jahr ist $100 + 5 \cdot 1 = 105$

$$100 + 5x = 200 \quad , \quad 5x = 200 - 100 \quad , \quad 5x = 100$$

$$x = \frac{100}{5} \quad , \quad x = \underline{\underline{20}}$$

In 20 Jahren verdoppelt sich das Kapital bei 5 %.

11.) Jemand hat 700 er und 900 er Silber. Er will aber 2 kg 850er Legierung haben. Wieviel muß er von jeder Art nehmen?

700 ter Legierung $= x$, $\frac{700}{1000} = 0{,}7$, $\frac{900}{1000} = 0{,}9$

$$(2000 - x) \cdot 0{,}9 + x \cdot 0{,}7 = 2000 \cdot 0{,}85$$

$$1800 - 0{,}9x + 0{,}7x = 1700$$

$$-0{,}9x + 0{,}7x = 1700 - 1800$$

$$-0{,}2x = -100$$

$x = \frac{-100}{-0{,}2} = 500$, $x =$ 500 g 700 er Legierung.

2000 g – 500 g = 1500 g 900 er Legierung.

Probe: 500 g · 0,7 = 350 g Silber
1500 g · 0,9 = 1350 g Silber
2000 g · 0,85 = 1700 g Silber

12.) Jemand hat 1kg 900 er Silber. Wieviel Kupfer muß er hinzusetzen, daß er 800 er Silber bekommt? x = Kupfermenge

$$1000 \cdot 900 = 800 \cdot (1000 + x)$$

$900000 = 800000 + 800x$, $-800x = 800000 - 900000$

$800x = 100000$, $\frac{x = 100000}{800} = 125$, $x =$ 125 g Kupfer

Probe: 1000 · 0,900 = 900 g Silber
1125 · 0,800 = 900 g Silber

13.) Jemand hat ein Kapital zu 4 % auf Zinsen. Die Zinsen betragen so viel unter 2522 DM als das Kapital darüber. Wieviel sind Kapital und Zinsen?

Kapital $K = x$, Zinsen $z = \frac{x \cdot 4}{100}$

$x = 2522 + \frac{x \cdot 4}{100}$, $x = \frac{252200}{100} + \frac{x \cdot 4}{100}$

$x = \frac{252200 + 4x}{100}$, $100x = 252200 + 4x$

$$100x - 4x = 252200$$

$96x = 252200$

$x = \frac{252200}{96} = 2627,08$, $K = \underline{\underline{2627,08\text{ DM}}}$

$z = \frac{2627,08 \cdot 4}{100}$, $z = \frac{10508,32}{100} = 105,08$

$z = \underline{\underline{105,08\text{ DM}}}$

Probe: $2522 + 105,08 = 2627,08$

14.) Mit wieviel % muß ein Kapital auf Zinsen stehen, daß es sich mit den einfachen Zinsen in 30 Jahren verdoppelt?

$x = \%$ Zinsen.

$100 + 30x = 200$, $30x = 200 - 100$, $30x = 100$

$x = \frac{100}{30} = 3\frac{1}{3}$, $x = \underline{\underline{3\frac{1}{3}\,\%}}$

Probe: K 100 DM in 30 Jahren zu $3\frac{1}{3}\,\%$

$3\frac{1}{3} \cdot 30 = \frac{10}{3} \cdot 30 = \frac{300}{3} = 100$

15.) Jemand hat ein Kapital zu 4 % auf Zinsen stehen. Der Zinssatz ging herunter; er erhielt nur noch $3\frac{1}{2}\,\%$. Dadurch verlor er jährlich 150 DM. Wie groß war sein Kapital?

K = x, Zinsdifferenz 0,5 %

$\frac{0,5x}{100} = 150$, $0,5x = 150 \cdot 100$, $0,5x = 15000$

$x = \frac{15000}{0,5} = 30000$, $K = \underline{\underline{30000\ \text{DM}}}$

$\frac{0,5 \cdot 30000}{100} = \frac{15000}{100} = 150$

16.) Ein Mann hinterließ ein Vermögen von 40000 DM, das sich die Frau, zwei Söhne und drei Töchter teilen sollen. Jede Tochter sollte um die Hälfte mehr erhalten als ein Sohn, die Mutter so viel als ein Sohn und eine Tochter zusammen und noch 4000 DM. Wieviel erhielt jeder?

Sohn $= x$, Tochter $= 1,5x$, Mutter $= 1,5x + 1x + 4000$

$$2x + 3 \cdot 1{,}5x + x + 1{,}5x + 4000 = 40000$$

$$2x + 4{,}5x + x + 1{,}5x = 40000 - 4000 \;, \quad 9x = 36000$$

$$x = \frac{36000}{9} = 4000 \quad , \quad x = \underline{\underline{4000}}$$

2 Söhne erhalten	je 4000 DM	=	8000 DM
3 Töchter erhalten	je 6000 DM	=	18000 DM
Die Mutter erhält	14000 DM	=	14000 DM
	zusammen		40000 DM

17.) Ein Kaufmann gewinnt bei einer Ware 25 %, wenn er pro kg zu 1 DM verkauft. Wie hoch muß er das kg verkaufen, wenn er 30 % gewinnen will? x = zunächst der Grundpreis. Dann wird dieser Grundpreis in die nächste Gleichung eingesetzt.

$$x + \frac{25x}{100} = 1 \quad , \quad \frac{100x}{100} + \frac{25x}{100} = 1$$

$$\frac{100x + 25x}{100} = 1 \quad , \quad 125x = 100 \quad , \quad x = \frac{100}{125} = \underline{\underline{0{,}8}}$$

Grundpreis $x = 0{,}8$ DM

$$0{,}8 + \frac{30 \cdot 0{,}8}{100} = x \quad , \quad \frac{100 \cdot 0{,}8}{100} + \frac{30 \cdot 0{,}8}{100} = x$$

$$\frac{80 + 24}{100} = x \quad , \quad 104 = 100x \quad , \quad 100x = 104$$

$$x = \frac{104}{100} = \underline{\underline{1{,}04}}$$

Verkaufspreis mit 30 % Gewinn ist 1,04 DM.

Probe: $0{,}8 + 0{,}8 \cdot 0{,}25 = 1{,}0$

$0{,}8 + 0{,}8 \cdot 0{,}30 = 1{,}04$

18.) In einer Stadt mußte jeder Hausbesitzer den 10. Teil der einzunehmenden Miete als Mietsteuer zahlen. Die Steuer wurde später auf den 8. Teil der Miete erhöht. Um wieviel mußte jeder seine Miete steigern, um bei der erhöhten Steuer keine Einnahmeverluste zu haben?

x = Miete nach der Erhöhung.

$$\left(1-\frac{1}{10}\right)+\frac{1}{8}=x, \frac{40-4+5}{40}=x\ ,\ 41=40x$$

$$40x=41\ ,\ x=\frac{41}{40}=1{,}025\ ,\ \underline{\underline{x=1{,}025}}\ \text{also}$$

0,025 größer als 1,0 das sind 2,5 %
Die Mieten müssen um *2,5% erhöht* werden.

$$\text{Probe: } 1-\frac{1}{10}=\frac{10-1}{10}=\frac{9}{10}=0{,}9$$

$$1{,}025-\frac{1}{8}=\frac{8\cdot 1{,}025-1}{8}=\frac{8{,}2-1}{8}=\frac{7{,}2}{8}=0{,}9$$

19.) Jemand will aus einer Zahl die Quadratwurzel suchen. Beim ersten Versuch war das Quadrat der angenommenen Wurzel um 27 zu klein; als er die Wurzel um 2 größer wählte, war das Quadrat um 33 zu groß. Wie hieß die Zahl?

Die Angaben des ersten Versuchs x^2+27 sind gleich dem zweiten Versuch $(x+2)^2-33$.

$$x^2+27=(x+2)^2-33\ ,\ x^2+27=x^2+2x+2x+4-33$$

$$x^2-x^2-4x=-27+4-33\ ,\ -4x=-60+4$$

$$-4x=-56\ ,\ 4x=56$$

$$x=\frac{56}{4}\ ,\ \underline{\underline{x=14}}\quad \text{angenommen}$$

$$14^2+27=223\ ,\ (14+2)^2-33=223$$

$$\sqrt{223}=14{,}933$$

Die Zahl hieß 223

Probe: $14{,}9331842^2=223$

$14^2=196=27$ zu wenig , $16^2=256=33$ zu viel.

20.) Jemand will ein quadratförmiges Ackerstück regelmäßig mit Bäumen bepflanzen. Nach seiner ersten Überschlagsrechnung blieben im 145 Bäume übrig; als er einen Baum mehr in die Seite setzte, hatte er 8 Bäume zu wenig. Wieviel Bäume hatte er?

Erster Überschlag $x^2 + 145$

Zweiter Überschlag $(x+1)^2 - 8$

$$x^2 + 145 = (x+1)^2 - 8$$

$$x^2 + 145 = x^2 + x + x + 1 - 8$$

$$x^2 - x^2 - 2x = -145 + 1 - 8 \quad , \quad -2x = -152 \quad , \quad 2x = 152$$

$$x = \frac{152}{2} \quad , \quad x = 76$$

$$76^2 = 5776 + 145 = 5921 \quad , \quad 77^2 = 5929 - 8 = \underline{\underline{5921}}$$

Er hatte 5921 Bäume.

21.) Die Quersumme einer zweizifferigen Zahl ist 12. Subtrahiert man 18 von derselben, so erhält man eine zweizifferige Zahl mit denselben Ziffern in umgekehrter Ordnung. Wie hießt die Zahl?

Die vordere Ziffer ist x, die Hintere ist $12 - x$

$$x + (12 - x) = 12$$

$$10x + (12 - x) - 18 = 10 \cdot (12 - x) + x$$

$$10x + 12 - x - 18 = 120 - 10x + x$$

$$10x - x + 10x - x = -12 + 18 + 120$$

$$20x - 2x = 6 + 120 \quad , \quad 18x = 126$$

$$x = \frac{126}{18} = 7 \quad , \quad x = \underline{\underline{7}} \quad \text{vordere Ziffer}$$

$$7 + x = 12$$

$$x = 12 - 7 \quad , \quad x = \underline{\underline{5}} \quad \text{hintere Ziffer}$$

Die Zahl heißt 75

Probe : $75 - 18 = 57$

57 ist die umgekehrte Reihenfolge von 75.

Zinsrechnung

Es ist überall auf der Welt üblich, daß für ein geliehenes Kapital ein festgelegter Betrag, genannt Zinsen, bezahlt werden muß. Die Zinsen werden in % des Kapitals, das ist der Zinssatz, angegeben. Die Zinsen sind aber auch noch von der Laufzeit des Darlehens (geliehenes Kapital) abhängig.
Für die Berechnung der verschiedenen Größen wie Kapital K, Zinsen z, Zeit t und Prozentsatz p gibt es eine Zinsformel, mit der man jede Größe ermitteln kann, wenn die anderen Größen gegeben sind. Die Zinsen gelten für ein Jahr.

Zinsformel $z = \frac{K \cdot p \cdot t}{100}$

Aufgabe: Wie hoch sind die jährlichen und die Gesamtzinsen, wenn das Kapital 10000 DM, der Zinssatz 5 % und die Laufzeit 3 Jahre ist? Die hier gegebenen Werte werden in die Zinsformel eingesetzt.

$$z = \frac{K \cdot p \cdot t}{100}, \quad z = \frac{100\cancel{00} \cdot 5 \cdot 3}{1\cancel{00}} = 100 \cdot 5 \cdot 3 = 1500 \text{ DM}$$

Die zu zahlenden Zinsen sind für 3 Jahre $\underline{\underline{1500 \text{ DM}}}$

jährlich $\underline{\underline{500 \text{ DM}}}$.

Wenn aber die anderen Größen wie K, p oder t gesucht werden, muß man die Zinsformel wie bei einer Gleichung mit einer Unbekannten nach der gesuchten Größe auflösen. Dann kann man die gegebenen Größen einsetzen.

Beispiele:
Kapital K wird gesucht.

$$z = \frac{K \cdot p \cdot t}{100}, \quad \frac{z}{K} = \frac{p \cdot t}{100}$$ *damit K nach oben kommt werden beide Seiten umgekehrt.*

$$\frac{K}{z} = \frac{100}{p \cdot t}, \quad K = \frac{z \cdot 100}{p \cdot t} \quad \text{eingesetzt} \quad K = \frac{\cancel{1}500 \cdot 100}{5 \cdot \cancel{3}_1},$$

$$K = \frac{50000}{5}, \quad K = \underline{\underline{10000 \text{ DM}}}$$

Prozentsatz p wird gesucht

$$z = \frac{K \cdot p \cdot t}{100} \quad , \quad \frac{z}{p} = \frac{K \cdot t}{100} \quad , \quad \frac{p}{z} = \frac{100}{K \cdot t} \quad , \quad p = \frac{z \cdot 100}{K \cdot t}$$

$$p = \frac{\cancel{1}500 \cdot 1\cancel{00}}{100\cancel{00} \cdot \cancel{3}_1} = \frac{500}{100} = 5 \quad , \quad p = \underline{\underline{5\%}}$$

Zeit t wird gesucht

$$Z = \frac{K \cdot p \cdot t}{100} \quad , \quad \frac{z}{t} = \frac{K \cdot p}{100} \quad , \quad \frac{t}{z} = \frac{100}{K \cdot p} \quad , \quad t = \frac{100 \cdot z}{K \cdot p}$$

$$t = \frac{1\cancel{00} \cdot \overset{300}{\cancel{1500}}}{100\cancel{00} \cdot \cancel{5}_1} = \frac{300}{100} = 3 \quad , \quad t = \underline{\underline{3 \text{Jahre}}}$$

Wenn t ein Teil von einem Jahr ist, wird dieser z.B. 1/2 Jahr in die Zinsformel wie folgt eingesetzt.

$$z = \frac{K \cdot p \cdot t}{100} \quad , \quad z = \frac{\overset{50}{\cancel{10000}} \cdot 5 \cdot 1}{\cancel{100}_1 \cdot \cancel{2}_1} = \frac{50 \cdot 5}{1} = \underline{\underline{250 \text{ DM}}}$$

Wenn Zinsen in Monaten angegeben sind, kann man bei 6 Monaten in die Zinsformel 6/12 einsetzen.

$$z = \frac{K \cdot p \cdot t}{100} \quad , \quad z = \frac{\overset{50}{\cancel{10000}} \cdot 5 \cdot \cancel{6}}{\cancel{100}_1 \cdot \cancel{12}_{\cancel{2}_1}} = \frac{50 \cdot 5}{1} = \underline{\underline{250 \text{ DM}}}$$

Wenn nach t in Monaten gefragt wird, muß man in die

Formel $t = \frac{100 \cdot z}{K \cdot p}$ oben Abschnitt 3 für t, $\frac{t}{12}$ einsetzen.

$$\frac{t}{12} = \frac{100 \cdot z}{K \cdot p} \quad , \quad \frac{12 \cdot 1\cancel{00} \cdot \overset{50}{\cancel{250}}}{100\cancel{00} \cdot \cancel{5}_1} = \frac{600}{100} = \underline{\underline{6 \text{ Monate}}}$$

Proportionen

> Eine Proportion ist der mathematische Ausdruck für die Gleichheit zweier Verhältnisse. Proportionsrechnungen liefern Größen im gleichen proportionalen Verhältnis.

Zwei gegebene Größen bestimmen das vorgegebene Verhältnis. Mit einer dritten Größe fragt man nach einer Unbekannten, die in dem vorgegebenen Verhältnis zur Fragegröße steht.

Der Ansatz z.B.: $2 : 4 = 3 : ?$ (6)

Die beiden ersten Glieder auf der linken Seite der Gleichung liefern das gegebene Verhältnis.
Das 3. Glied, das eine Beziehung zum 1. Glied haben muß, stellt die Frage nach dem 4. Glied, der Unbekannten, und zwar unter der Voraussetzung, daß das Verhältnis der ersten beiden Glieder eingehalten wird.
Das 1. und das 3. Glied müssen in gleichen Maßeinheiten ausgedrückt werden. Mit dem 3. Glied, der Fragegröße, wird die gesuchte Größe (4. Glied) im gegebenen Verhältnis zum 3. Glied errechnet.

Beispiele von Proportionen:

$4 : 3 = 8 : x$	fallendes Verhältnis	$4 : 3 = 8 : 6$
$3 : 6 = 4 : x$	steigendes Verhältnis	$3 : 6 = 4 : 8$
$4 : 2 = 7 : x$	fallendes Verhältnis	$4 : 2 = 7 : 3{,}5$

Die ersten beiden Glieder auf der linken Seite sind die Glieder, deren Verhältnis gegeben ist. Die beiden Glieder auf der rechten Seite sind die homologen Glieder, die andere Größen, aber das gleiche Verhältnis haben.

Rechenbeispiele:

1275 l Heizöl kosten 178 DM. Was kosten 100 l ? Das gegebene Verhältnis linke Seite ist: 1275 l kosten 178 DM. Die Fragegröße ist 100 l, die in der gleichen Maßeinheit wie 1275 l eingesetzt wird.

Die Unbekannte, das 4. Glied steht im gleichen Verhältnis zu 100 l wie die 178 DM zu 1275 l stehen.

Ansatz: bei 1275 l : 178 DM bei 100 l : ? DM

$1275:178 = 100:x$ x ist die Unbekannte

In einer Proportion ist das Produkt der inneren Glieder gleich dem Produkt der äußeren Glieder.

$178 \cdot 100 = 1275 \cdot x \qquad \frac{178 \cdot 100}{1275} = x = \underline{\underline{13{,}96\ \text{DM}}}$

Proportionsregeln

1. In einer Proportion ist das Produkt der Innenglieder gleich dem Produkt der Außenglieder.
2. In einer Proportion darf man die Seiten vertauschen, die Außenglieder vertauschen, die Innenglieder vertauschen, die Vorderglieder, die Hinterglieder oder die Glieder eines Verhältnisses mit der selben Zahl multiplizieren oder durch die selbe Zahl dividieren.

$3:4 = 6:x \qquad \frac{4 \cdot 6}{3} = \frac{24}{3} = 8$

$6:x = 3:4$ Seiten vertauscht $\frac{6 \cdot 4}{3} = \frac{24}{3} = 8$

$x:4 = 6:3$ Außenglieder vertauscht $\frac{4 \cdot 6}{3} = \frac{24}{3} = 8$

$3:6 = 4:x$ Innenglieder vertauscht $\frac{6 \cdot 4}{3} = \frac{24}{3} = 8$

Anwendungsbeispiele zum Proportionsrechnen:

Einfache Proportion

Beispiel: Lichtbrechung

Lichtbrechungsgesetz: Beim Übergang von einem dünneren Stoff in ein dichteres Mittel wird der Lichtstrahl auf das Lot *(senkrecht zur Grenzfläche gedachte Ebene)* zu gebrochen.
Der Sinus des Einfallswinkels α verhält sich zum Sinus des

Brechungswinkels β wie die Lichtgeschwindigkeit c_1 vor der Brechung zu der Lichtgeschwindigkeit c_2 nach der Brechung.

Lichtbrechung

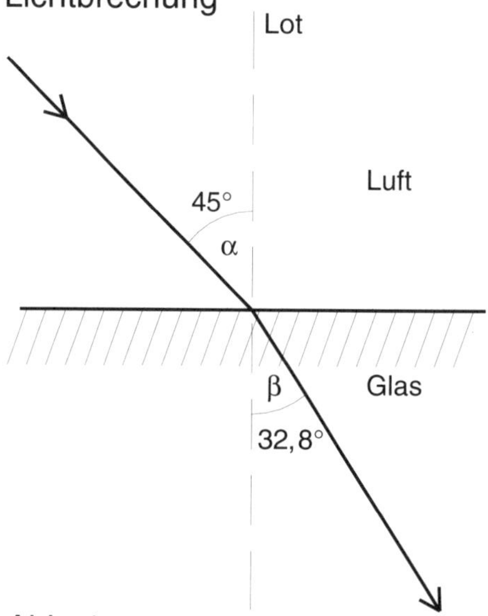

Abb. 1

Lichtgeschwindigkeit c
c_1 in Luft = 300000 km/s
c_2 in Glas = 230000 km/s
$\sin\alpha : \sin\beta = c_1 : c_2$
$\alpha = 45°$, $\sin 45° = 0,707$

Winkelfunktionen
$\sin\alpha$, $\sin\beta$
auf Seite 164

$c_1 : c_2 = \sin\alpha : \sin\beta$, $\sin\beta$ wird gesucht

$$300000 : 230000 = 0,707 : \sin\beta$$

$$\frac{230000 \cdot 0,707}{300000} = 0,542 = \underline{\underline{32,81° = 32°\,49'}}$$

Fortlaufende Proportion

$a:b:c = 2:3:4$
$a:b = 2:3$
$a:c = 2:4$
$b:c = 3:4$

Beispiel Sinussatz, der bei den Winkelfunktionen erklärt wird.

Sinussatz: In einem Dreieck verhalten sich die Seitenlängen zu den gegenüberliegenden Winkeln proportional.

$\sin\alpha : \sin\beta : \sin\gamma = a:b:c$, die Einzelproportionen sind

$\sin\alpha : \sin\beta \quad = a;b$

$\sin\alpha : \sin\gamma \quad = a:c$

$\sin\beta : \sin\gamma \quad = b:c$

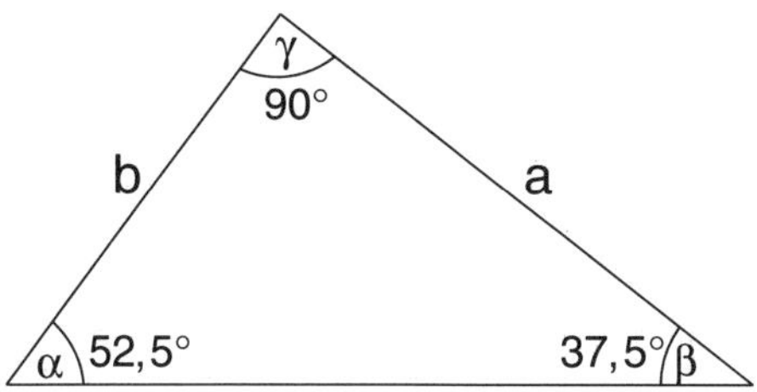

Abb. 2

Beispiel: Dreiecksberechnung.
Gegeben:

Winkel α $52{,}5° = \sin 0{,}79335$

Winkel γ $90° \quad = \sin 1{,}000$

Seite $a = 4{,}76$ cm

Die Summe aller Winkel = 180°

$\alpha + \beta + \gamma = 180°$

$180 - 90 - 52{,}5 = 37{,}5°$

$\sin\beta = 0{,}60876$

$\sin\alpha : \sin\gamma = a:c$

$0{,}79335 : 1{,}0 = 4{,}76 : c \qquad \frac{1 \cdot 4{,}76}{0{,}79335} = \underline{\underline{6 \text{ cm}}}$

$\sin\alpha : \sin\beta = a:b$

$0{,}79335 : 0{,}60876 = 4{,}76 : b \qquad \frac{0{,}60876 \cdot 4{,}76}{0{,}79335} = \underline{\underline{3{,}65 \text{ cm}}}$

Umgekehrte Proportion

Wenn eine Seite der Proportion im gleichen Verhältnis größer wird, als die andere Seite kleiner wird, spricht man von einem umgekehrt proportionalen Verhältnis.

Beispiel: **Hebelgesetz**
Last mal Lastarm ist gleich Kraft mal Kraftarm.
Diese Produktengleichung kann man leicht in eine Proportion verwandeln.

L = Last , l = Lastarm , K = Kraft , k = Kraftarm

$L \cdot l = K \cdot k$ verwandelt $K:L = l:k$ oder $K:L = \frac{1}{k} : \frac{1}{l}$

Eine große Last an einem proportional kleinen Lastarm verhält sich zu einer kleinen Kraft an einem proportional großen Kraftarm.

Rechenbeispiel:

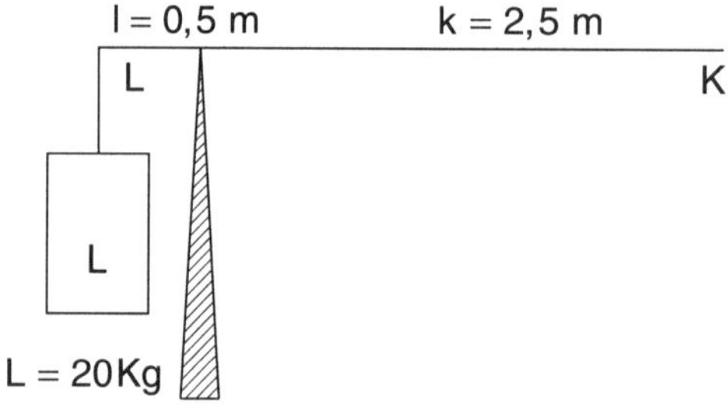

Abb. 3

gegeben:
Last L = 20kg
Lastarm l = 0,5m
Kraftarm
k = 2,5m
Kraft ?

$$k:l = L:K$$

$$2{,}5:0{,}5 = 20:K$$

$$K = \frac{0{,}5 \cdot 20}{2{,}5} = \underline{\underline{4\,\text{kg}}}$$

Beispiel: **Gasgesetz von Boyle-Mariotte**

Druck p und Volumen V eines idealen Gases verhalten sich umgekehrt proportional. Das heißt, bei steigender Kompression nimmt das Volumen ab oder bei der Ausdehnung nimmt der Druck ab.

p_1 , V_1 ist Ausgangszustand, p_2 , V_2 ist Endzustand

$p_1 : p_2 = V_2 : V_1$ $\qquad$ $p \cdot V = \text{konstant}$

$$y = \frac{1}{x} \;,\; V = \frac{1}{p}$$

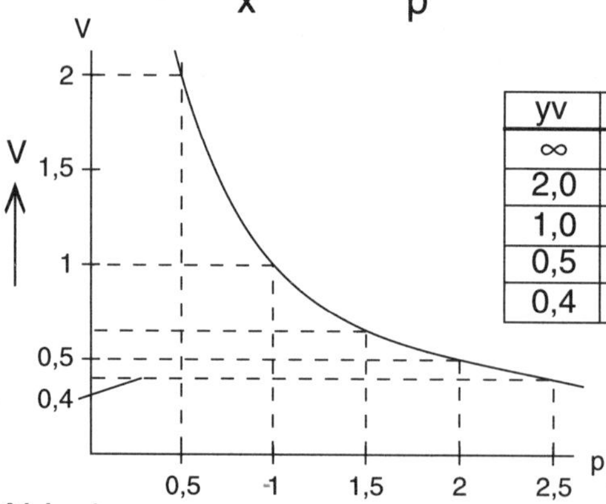

yv	xp
∞	∞
2,0	0,5
1,0	1,0
0,5	2,0
0,4	2,5

Abb. 4

Rechenbeispiel:
gegeben:

$V_1 = 2\ \text{l}$

$p_1 = 0{,}5\ \text{Atm}$

$p_2 = 2\ \text{Atm}$

$V_2 = ?$

$p1:p2 = V2:V1$

$$\frac{p_1 \cdot V_1}{p_2} = V_2$$

$$\frac{0{,}5 \cdot 2}{2} = 0{,}5$$

$$V_2 = \underline{\underline{0{,}5\ \text{l}}}$$

Abb. 4 zeigt an der Kurve, daß im geschlossenen System zu jedem Druck ein zugehöriges Volumen gehört. Nach der Proportionsrechnung erhalten wir für den Druck 0,5 Atm ein Volumen von 2 l (Ausgangszustand).
Für den Druck von 2 Atm ein Volumen von 0,5 l, für den Druck von 1,5 Atm ein Volumen von 0,66 l u.s.w.
Das Produkt von Druck und Volumen ist dabei immer 1. Wir können die Beziehung zwischen Druck und Volumen auch als eine fortlaufende umgekehrte Proportion betrachten, müssen dann aber die mathematische Schreibweise wie folgt ändern.

$$p_1 : p_2 = V_2 : V_1 \text{ wird } p_1 : p_2 = \frac{1}{V_1} : \frac{1}{V_2}$$

$$p_1 : p_2 : p_3 : p_4 = \frac{1}{V_1} : \frac{1}{V_2} : \frac{1}{V_3} : \frac{1}{V_4}$$

Diese fortlaufende Proportion enthält drei Einzelproportionen, die auch einzeln gelöst werden. Aufgelöst gibt das folgende Einzelproportionen.

$$p_1 : p_2 = \frac{1}{V_1} : \frac{1}{V_2} \quad , \quad p_1 : p_3 = \frac{1}{V_1} : \frac{1}{V_3} \quad , \quad p_1 : p_4 = \frac{1}{V_1} : \frac{1}{V_4}$$

gegeben: $p_1 = 0{,}5$, $V_1 = 2$, $p_3 = 1{,}5$, $V_3 =$ gesucht

$$\frac{p_3 \cdot \frac{1}{V_1}}{p_1} = \frac{1}{V_3} \quad , \quad \frac{1{,}5 \cdot \frac{1}{2}}{0{,}5} = \frac{1}{V_3} \quad , \quad \text{umkehren} \quad V_3 = \frac{1}{1{,}5}$$

$$V_3 = \underline{\underline{0{,}66 \text{ l}}}$$

Lösungsbeispiele einfacher Proportionen aus der Chemie, indem in die chemischen Reaktionsgleichungen die Molgewichte der chemischen Verbindungen eingesetzt werden.

Aufgabe zur Eisenverhüttung:

Wieviel Eisen erhält man bei der Verhüttung von 100 t Roteisenstein, der 80% Fe_2O_3 enthält?

100 t Roteisenstein mit 80% Fe_2O_3 ist $100 \cdot 0,8 = 80t\ Fe_2O_3$

Reaktionsgleichung im Hochofen

$$Fe_2O_3 + 3CO \rightarrow 2Fe + 3CO_2$$

$$159,7 \quad 3 \cdot 28 \quad 2 \cdot 55,85 \quad 3 \cdot 44$$

$$159,7 + 84 \rightarrow 111,7 + 132$$

<u>Molgewichte</u>

Fe_2O_3	159,7
CO	28
Fe	55,85
CO_2	44

Bei der Reaktion verhalten sich also 159,7 Gewichtsmengen Fe_2O_3 zu 111,7 Gewichtsmengen Fe.

Frage: Wieviel Fe verhält sich zu 80t Fe_2O_3?

Ansatz:

$$159,7 : 111,7 = 80 : x$$

$$\frac{111,7 \cdot 80}{159,7} = \underline{\underline{55,95t\ Fe}}$$

Es entstehen 55,95 t Roheisen, wovon noch gewisse Verfahrensverluste abgerechnet werden müssen. Dieses Beispiel ist für jeden eindeutig in der Pfeilrichtung laufenden chemischen Prozess verbindlich, es müssen nur die richtigen, aus der Reaktionsgleichung erkennbaren äquivalenten Verhältnisse eingesetzt werden.

Gewinnung von Chlor und Natronlauge durch Elektrolyse 1 t Kochsalz.

$$2NaCl + 2H_2O \rightarrow Cl_2 + H_2 + 2NaOH$$

$$58,5 \quad 18 \quad 35,5 \quad 1 \quad 40$$

$$117 + 36 \rightarrow 71 + 2 + 80$$

Ansatz:

$$117 : 71 = 1 : x \quad , \quad \frac{71 \cdot 1}{117} = \underline{\underline{0,607t\ Chlor}}$$

<u>Molgewichte</u>

NaCl	58,5
H_2O	18
H	1
Cl	35,5
NaOH	40

Ansatz:

$$117:80 = 1:x \quad , \quad \frac{80 \cdot 1}{117} = \underline{\underline{0{,}684\text{t Natriumhydroxyd}}}$$

Gewinnung von Kohlenmonoxyd und Wasserstoff (Wassergas) aus 1 t Wasser.
Wenn man heißen Wasserdampf im geschlossenen System über glühenden Koks leitet, entsteht dabei Kohlenmonoxyd CO und Wasserstoff H_2.

Reaktionsgleichung:

$$C + H_2O \rightarrow H_2 + CO$$

$$12 + 18 \rightarrow 2 + 28$$

Molgewichte	
C	12
CO	28
H_2O	18
H_2	2

Ansatz:

$$18:2 = 1:x \quad , \quad \frac{2 \cdot 1}{18} = \underline{\underline{0{,}111\text{t } H_2}}$$

Ansatz:

$$18:28 = 1:x \quad , \quad \frac{28 \cdot 1}{18} = \underline{\underline{1{,}555\text{t CO}}}$$

Zinsrechnung mit Proportionen

15000 DM zu 6 %, d.h. Kapital und Zinsen verhalten sich wie 100 : 6. *Frage:* Zinsen nach 1 Jahr.

Ansatz:

$$100:6 = 15000:x \quad , \quad \frac{6 \cdot 15000}{100} = \underline{\underline{900\text{ DM Zinsen}}}$$

15000 DM bringen 900 DM Zinsen im Jahr, Zinssatz?

$$15000:900 = 100:x \quad , \quad \frac{900 \cdot 100}{15000} = \underline{\underline{6\%\text{ Zinsen}}}$$

900 DM Zinsen bei 6 % im Jahr, Kapital?

$$6:100 = 900:x \quad , \quad \frac{100 \cdot 900}{6} = \underline{\underline{15000\text{ Kapital}}}$$

Zu den Aufgaben aus der Chemie kann gesagt werden, daß sich die Gewichte bei 100 % chemischer Umsetzung proportional zu den Molgewichten verhalten.

Chemische Zeichen der wichtigsten Elemente

Element	Symbol	Atomgewicht
Wasserstoff	H	1,00
Kohlenstoff	C	12,01
Stickstoff	N	14,00
Sauerstoff	O	15,99
Chlor	Cl	35,45
Schwefel	S	32,06
Phosphor	P	30,97
Silicium	Si	28,08
Natrium	Na	22,98
Kalium	K	39,10
Calcium	Ca	40,08
Magnesium	Mg	24,30
Aluminium	Al	26,98
Eisen	Fe	55,84
Mangan	Mn	54,93
Kupfer	Cu	63,54
Silber	Ag	107,87
Zink	Zn	65,37
Chrom	Cr	51,99
Zinn	Sn	118,69
Quecksilber	Hg	200,59
Blei	Pb	207,19
Gold	Au	196,97

Reihenfolge der Rechenoperationen

Sind mehrere verschiedene Rechenoperationen durchzuführen, beginnt die Reihenfolge immer mit der Operation, die den höheren Operationsgrad hat. Man spricht von Punkt vor Strich-Regel z.B. potenzieren vor multiplizieren vor addieren oder radizieren vor dividieren vor subtrahieren.
Eingeschränkt wird diese Regel, wenn Klammern, Bruchstriche, Wurzelzeichen oder Logarithmen die Isolierung eines mathematischen Ausdrucks bestimmen.
Beispiele:

$3+4\cdot 3^2=3+4\cdot 9=3+36=\underline{\underline{39}}$

nicht $3+4\cdot 3^2=7\cdot 3^2=7\cdot 9=\underline{\underline{63}}$ *ist falsch* $3+4$ in Klammer

$(3+4)\cdot 3^2=7\cdot 3^2=7\cdot 9=\underline{\underline{63}}$, $\sqrt[2]{9}:3+2=3:3+2=1+2=\underline{\underline{3}}$

$\sqrt[2]{64}:2-1=8:2-1=4-1=\underline{\underline{3}}$, $\sqrt[2]{64}:(2-1)=8:(2-1)=8:1=\underline{\underline{8}}$

$\frac{\sqrt[2]{64}}{2}-1=\frac{8}{2}-1=4-1=\underline{\underline{3}}$,

$\sqrt[2]{\frac{64}{2}}-1=\sqrt[2]{32}-1=5{,}65-1=\underline{\underline{4{,}65}}$

$\sqrt[2]{65-1}:2=\sqrt[2]{64}:2=8:2=\underline{\underline{4}}$

$\lg 2\cdot 3$, $\lg \frac{2}{3}$ geht nicht, ist keine klare Anweisung

aber $3\cdot \lg 2=3\cdot 0{,}30103=0{,}90308=\underline{\underline{8}}$ $\qquad$ $N=8$

$\frac{1}{3}\cdot \lg 2=\frac{1}{3}\cdot 0{,}30103=0{,}10034=\underline{\underline{1{,}26}}$ $\qquad$ $N=1{,}26$

oder $\lg(2\cdot 3)=\lg 6=\underline{\underline{0{,}77815}}$

$\lg\left(\frac{2}{3}\right)=\lg 0{,}66666=\underline{\underline{0{,}82391-1}}$

$-(+x^2)=-[(+2)\cdot(+2)]=-(+4)=\underline{\underline{-4}}$, $-(+2^2)=\underline{\underline{-4}}$ bei x=2

$-(-x^2)=-[(-2)\cdot(-2)]=-(+4)=\underline{\underline{-4}}$, $-(-2^2)=\underline{\underline{-4}}$ bei x=2

Potenzen

Genau so wie das Multiplizieren die nächsthöhere Stufe des Addierens ist, so ist das Potenzieren die nächsthöhere Stufe des Multiplizierens.

1. Stufe Addieren	$2+2+2=6$
2. Stufe Multiplizieren	$2 \cdot 3 = 6$
3. Stufe Potenzieren	$2 \cdot 2 \cdot 2 = 8 = 2^3 = 8$

Wenn wir eine Zahl mit sich selbst multiplizieren, kommen wir in die nächsthöhere Stufe der Rechenoperationen, zum Potenzieren.

$10 \cdot 10 = 100$ wird zur Potenz $10^2 = 100$, wobei die Zahl 10 die Basis oder Grundzahl ist und die hochgestellte Zahl 2 die Hochzahl oder der Exponent ist.

Die Hochzahl oder der Exponent 2 gibt an, wieviel mal die Grundzahl oder Basis 10 an der Rechenoperation beteiligt ist.

Das Ergebnis des Potenzierens liefert der Potenzwert 100.

$10^2 = 100$

10 = Grundzahl oder Basis
2 = Hochzahl oder Exponent
100 = Potenzwert

Potenzen mit der Grundzahl 10

$10^2 = 100$	$10^2 = 100$	$a^1 = a$
$10^3 = 1000$	$10^1 = 10$	$a^0 = 1$
$10^4 = 10000$	$10^0 = 1$	
$10^5 = 100000$	$10^{-1} = \frac{1}{10}$ oder 0,1	
$10^6 = 1000000$	$10^{-2} = \frac{1}{100}$ oder 0,01	
u.s.w.	u.s.w.	

Potenzgesetze

1.) $a^2 \cdot a^3 = a^{2+3} = \underline{\underline{a^5}}$

Potenzen mit der gleichen Grundzahl (Basis) werden **multipliziert**, indem man ihre Hochzahlen (Exponenten) addiert.

$$10^3 \cdot 10^2 = 10 \cdot 10 \cdot 10 \cdot 10 \cdot 10 = 10^5 = \underline{\underline{100000}}$$

$$10^3 \cdot 10^2 = 10^{3+2} = 10^5 = \underline{\underline{100000}}$$

2.) $\frac{a^3}{a^2} = a^{3-2} = a^1 = \underline{\underline{a}}$

Potenzen mit gleicher Grundzahl (Basis) werden **dividiert**, indem man ihre Hochzahlen (Exponenten) subtrahiert.

$$\frac{10^5}{10^2} = \frac{10 \cdot 10 \cdot 10 \cdot \not{10} \cdot \not{10}}{\not{10} \cdot \not{10}} = 10^3 = \underline{\underline{1000}}$$

$$10^5 : 10^2 = 10^{5-2} = 10^3 = \underline{\underline{1000}}$$

3.) $(a \cdot b)^2 = \underline{\underline{a^2 \cdot b^2}}$

Ein Produkt wird **potenziert**, indem man jeden Faktor einzeln potenziert.

$$(10 \cdot 5)^2 = 10^2 \cdot 5^2 = 100 \cdot 25 = \underline{\underline{2500}}$$

$$a^2 \cdot b^2 = \underline{\underline{(a \cdot b)^2}}$$

Potenzen mit gleichen Exponenten werden **multipliziert**, indem man die Grundzahlen (Basen) multipliziert und das Produkt mit dem Exponenten potenziert.

$$10^3 \cdot 3^3 = 10 \cdot 10 \cdot 10 \cdot 3 \cdot 3 \cdot 3 = (10 \cdot 3)^3 = 30^3 =$$

$$10 \cdot 3 \cdot 10 \cdot 3 \cdot 10 \cdot 3 = \underline{\underline{27000}}$$

4.) $\left(\frac{a}{b}\right)^2 = \underline{\underline{\frac{a^2}{b^2}}}$

Ein Bruch wird potenziert, indem man Zähler und Nenner einzeln potenziert.

$\left(\frac{4}{3}\right)^2 = \frac{4^2}{3^2} = \frac{16}{9} = \underline{\underline{1,778}}$

$\frac{a^2}{b^2} = \underline{\underline{\left(\frac{a}{b}\right)^2}}$

Potenzen mit gleicher Hochzahl werden dividiert, indem man die Grundzahlen dividiert und den erhaltenen Quotienten mit dem gemeinsamen Exponenten potenziert.

$\frac{10^3}{5^3} = \left(\frac{10}{5}\right)^3 = \frac{10 \cdot 10 \cdot 10}{5 \cdot 5 \cdot 5} = \frac{10}{5} \cdot \frac{10}{5} \cdot \frac{10}{5} = \left(\frac{\cancel{10}^{\,2}}{\cancel{5}_{\,1}}\right)^3$

$= 2^3 = \underline{\underline{8}}$

5.) $\left(a^2\right)^3 = a^{2 \cdot 3} = \underline{\underline{a^6}}$

Eine Potenz wird potenziert, indem man die Hochzahl (Exponenten) multipliziert.

$\left(2^3\right)^2 = 2^{3 \cdot 2} = 2^6 = \underline{\underline{64}}$

$\left(5^2\right)^3 = 5^{2 \cdot 3} = 5^6 = \underline{\underline{15625}}$

6.) $\sqrt[2]{a^3} = \underline{\underline{a^{\frac{3}{2}}}}$, $a^{\frac{3}{2}} = \underline{\underline{\sqrt[2]{a^3}}}$

Wurzelausdrücke kann man in Potenzen mit gebrochenem Exponenten verwandeln, indem der Potenzexponent zum Zähler und der Wurzelexponent zum Nenner des hochgestellten Bruches wird. Genau so kann man Potenzen in Wurzeln verwandeln.

$$\sqrt[2]{3^3} = \underline{\underline{3^{\frac{3}{2}}}} \quad , \quad 3^{\frac{3}{2}} = \underline{\underline{\sqrt[2]{3^3}}}$$

$$\sqrt[\cancel{2}\,1]{2^{\cancel{4}\,2}} = \sqrt[1]{2^2} = 2^2 = \underline{\underline{4}}$$

$$\sqrt[2]{2^4} = \sqrt[2]{16} = \underline{\underline{4}}$$

$$2^{\frac{4}{2}} = 2^{\frac{\cancel{4}\,2}{\cancel{2}\,1}} = 2^2 = \underline{\underline{4}}$$

7.) $\sqrt[\cancel{2}\,1]{a^{\cancel{4}\,2}} = \underline{\underline{a^2}}$ oder $\sqrt[2]{a^4} = a^{\frac{4}{2}} = \underline{\underline{a^2}}$

Eine Potenz wird radiziert, indem man den Potenzexponenten gegen den Wurzelexponenten kürzt. Wenn man nicht kürzen kann rechnet man die Potenz aus und zieht die Wurzel oder man verwandelt den Wurzelausdruck in eine Potenz mit gebrochenem Exponenten und ist dann in der Lage, den Zähler des hochgestellten Bruches durch den Nenner zu dividieren.

Zweite oder Quadratwurzel aus 10^3

$$\sqrt[2]{10^3} = 10^{\frac{3}{2}} = 10^{1,5} = \underline{\underline{31,62}}$$

$$\sqrt[2]{10^3} = \sqrt[2]{1000} = \underline{\underline{31,62}}$$

8.) $3^3 + 3^3 = \underline{\underline{2 \cdot 3^3}}$

Potenzen mit gleicher Basis und gleichem Exponenten kann man addieren und subtrahieren.

$$2 \cdot 3^3 + 3 \cdot 3^3 - 3^3 = 4 \cdot 3^3 = \underline{\underline{108}}$$

$$2 \cdot 3 \cdot 3 \cdot 3 + 3 \cdot 3 \cdot 3 \cdot 3 - 3 \cdot 3 \cdot 3 = 3 \cdot 3 \cdot 3 \cdot 4 = \underline{\underline{108}}$$

Es ist dabei sehr wichtig, daß immer mit der höchsten Stufe der Rechenoperationen begonnen wird, kurz, Punkt geht vor Strich.

9.) $-3^2 = (-3)\cdot(-3) = \underline{\underline{+9}}$

Potenzen mit negativer Basis liefern bei geraden Exponenten positive Potenzwerte.

$-3^3 = (-3)\cdot(-3) = +9\cdot(-3) = \underline{\underline{-27}}$

Potenzen mit negativer Basis liefern bei ungeraden Exponenten negative Potenzwerte.

Potenzgesetze, kurz in Formeln ausgedrückt.

1.) $a^3 \cdot a^5 = a^{3+5} = \underline{\underline{a^8}}$

2.) $\frac{a^9}{a^4} = a^{9-4} = \underline{\underline{a^5}}$, $\frac{a^4}{a^9} = a^{4-9} = a^{-5} = \underline{\underline{\frac{1}{a^5}}}$

3.) $(a\cdot b)^4 = \underline{\underline{a^4 \cdot b^4}}$, $a^4 \cdot b^4 = \underline{\underline{(a\cdot b)^4}}$

4.) $\left(\frac{a}{b}\right)^4 = \underline{\underline{\frac{a^4}{b^4}}}$, $\frac{a^4}{b^4} = \underline{\underline{\left(\frac{a}{b}\right)^4}}$

5.) $\left(a^3\right)^4 = a^{3\cdot 4} = \underline{\underline{a^{12}}}$

Bruchpotenzen in Formeln.

1.) $a^{\frac{4}{6}} \cdot a^{\frac{4}{3}} = a^{\frac{4}{6}+\frac{4}{3}} = a^{\frac{4+8}{6}} = a^{\frac{12}{6}} = \underline{\underline{a^2}}$

2.) $\frac{a^{\frac{3}{2}}}{a^{\frac{4}{3}}} = a^{\frac{3}{2}-\frac{4}{3}} = a^{\frac{9-8}{6}} = \underline{\underline{a^{\frac{1}{6}}}}$

3.) $(a\cdot b)^{\frac{1}{3}} = a^{\frac{1}{3}} \cdot b^{\frac{1}{3}} = \underline{\underline{\sqrt[3]{a}\cdot\sqrt[3]{b}}}$

4.) $\left(\frac{a}{b}\right)^{\frac{1}{3}} = \underline{\underline{\frac{a^{\frac{1}{3}}}{b^{\frac{1}{3}}}}}$

5.) $\left(a^{\frac{3}{2}}\right)^{\frac{4}{3}} = a^{\frac{3}{2}\cdot\frac{4}{3}} = a^{\frac{12}{6}} = \underline{\underline{a^2}}$

Besondere Beispiele:

$a^3 = \underline{\underline{a \cdot a \cdot a}}$

$a^2 = \underline{\underline{a \cdot a}}$

$a^1 = \underline{\underline{a}}$, $10^1 = \underline{\underline{10}}$, $5^1 = \underline{\underline{5}}$, $3^1 = \underline{\underline{3}}$

$a^0 = \underline{\underline{1}}$, $10^0 = \underline{\underline{1}}$, $5^0 = \underline{\underline{1}}$, $3^0 = \underline{\underline{1}}$

$a^{-1} = \underline{\underline{\frac{1}{a}}}$, $a^{-2} = \underline{\underline{\frac{1}{a \cdot a}}}$ oder $\underline{\underline{\frac{1}{a^2}}}$, $a^{-2} = a^{0-2} = \frac{a^0}{a^2} = \underline{\underline{\frac{1}{a^2}}}$

$a^{-3} = \frac{1}{a \cdot a \cdot a} = \underline{\underline{\frac{1}{a^3}}}$, $\frac{a^2}{a} = a^{2-1} = a^1 = \underline{\underline{a}}$

$\frac{a^1}{a} = a^{1-1} = a^0 = \underline{\underline{1}}$, $a^{1-1} = \frac{a^1}{a^1} = \frac{a}{a} = \underline{\underline{1}}$

$\frac{a^0}{a^1} = a^{-1} = \frac{1}{a^1} = \underline{\underline{\frac{1}{a}}}$

$\left(a^0\right)^n = a^{0 \cdot n} = a^0 = \underline{\underline{1}}$

$\left(a^0\right)^0 = a^0 = \underline{\underline{1}}$

$\left(a^n\right)^0 = a^0 = \underline{\underline{1}}$

Alle Potenzen mit der Basis 1 haben den Potenzwert 1.

$1^0 = \underline{\underline{1}}$, $1^1 = \underline{\underline{1}}$, $1^2 = \underline{\underline{1}}$

$1^{-1} = \frac{1}{1^1} = \frac{1}{1} = \underline{\underline{1}}$

$1^{-2} = \frac{1}{1^2} = \frac{1}{1} = \underline{\underline{1}}$

Die Zahl 1 hat eine Sonderstellung

$a \cdot 1 = \underline{\underline{a}}$ $\quad 5 \cdot 1 = \underline{\underline{5}}$ $\quad a:1 = \underline{\underline{a}}$ $\quad 5:1 = \underline{\underline{5}}$

$a^1 = \underline{\underline{a}}$ $\quad 5^1 = 5$ $\quad \sqrt[1]{a} = \underline{\underline{a}}$ $\quad \sqrt[1]{5} = \underline{\underline{5}}$

Beispiele aus der Potenzrechnung:

1.) $a^3 \cdot a^4 = a^{3+4} = \underline{\underline{a^7}}$

2.) $a^{x+y} \cdot a^{x-y} = a^{x+y+(x-y)} = a^{x+y+x-y} = \underline{\underline{a^{2x}}}$

3.) $a^{3x} \cdot a^{5x+3} = \underline{\underline{a^{8x+3}}}$

4.) $b^{3x+1} \cdot b^{4x-2} = \underline{\underline{b^{7x-1}}}$

5.) $a \cdot a^{n+1} \cdot a^{2n-3} = a^{1+n+1+2n-3} = \underline{\underline{a^{3n-1}}}$

6.) $x^{2a+3b} \cdot x^{4a+b} = x^{2a+3b+(4a+b)} = x^{2a+3b+4a+b} = \underline{\underline{x^{6a+4b}}}$

7.) $a^{x+6} \cdot b^{y-3} \cdot a^{2x-4} \cdot b^{3y+7} \cdot a^x \cdot b^2 = a^{x+6+(2x-4)+x} \cdot b^{y-3+(3y+7)+2}$

$= \underline{\underline{a^{4x+2} \cdot b^{4y+6}}}$

8.) $8x^3 \cdot 4x^2 \cdot 5x \cdot 2x^6 = 8 \cdot 4 \cdot 5 \cdot 2 \cdot x^{3+2+1+6} = \underline{\underline{320x^{12}}}$

9.) $2a^2 \cdot 3a^2 = \underline{\underline{6a^4}}$

10.) $(x \cdot y)^4 = \underline{\underline{x^4 \cdot y^4}}$

11.) $4^2 \cdot 5^2 = (4 \cdot 5)^2 = 20^2 = \underline{\underline{400}}$

12.) $(a+b)^4 \cdot (a+b)^3 \cdot (a+b) = \underline{\underline{(a+b)^8}}$

13.) $\left(\frac{10}{3}\right)^2 \cdot \left(\frac{9}{10}\right)^2 = \left(\frac{\overset{1}{\cancel{10}} \cdot \overset{3}{\cancel{9}}}{\underset{1}{\cancel{3}} \cdot \underset{1}{\cancel{10}}}\right)^2 = \left(\frac{3}{1}\right)^2 = \frac{9}{1} = \underline{\underline{9}}$

14.) $\left(a^4+2\right)^2 = \left(a^4+2\right) \cdot \left(a^4+2\right) = a^{4+4} + 2a^4 + 2a^4 + 4$

$= \underline{\underline{a^8 + 4a^4 + 4}}$ *ist ein Binom, Seite 13.*

15.) $\frac{4 \cdot 3^2 + 5 \cdot 2^3}{2 \cdot 7^2 - 3 \cdot 4^2} = \frac{36+40}{98-48} = \frac{\overset{38}{\cancel{76}}}{\underset{25}{\cancel{50}}} = \underline{\underline{\frac{38}{25}}}$

Es ist dabei zu beachten, daß erst potenziert und dann multipliziert werden muß.

16.) $\dfrac{3x^3 \cdot y^4}{4x^2 \cdot y^3} = \dfrac{3x^{3-2} \cdot y^{4-3}}{4} = \underline{\underline{\dfrac{3xy}{4}}}$

17.) $\dfrac{x^5}{x^{12}} = x^{5-12} = \underline{\underline{x^{-7} = \dfrac{1}{x^7}}}$

18.) $(a \cdot b)^2 = \underline{\underline{a^2 \cdot b^2}}$

19.) $(3 \cdot 2)^2 = 3^2 \cdot 2^2 = 9 \cdot 4 = \underline{\underline{36}}$ oder $(3 \cdot 2)^2 = (6)^2 = \underline{\underline{36}}$

nicht zu verwechseln mit $3 \cdot 2^2 = 3 \cdot 4 = \underline{\underline{12}}$

20.) $\dfrac{x^{a+4}}{x^{a-2}} = x^{a+4-(a-2)} = x^{a+4-a+2} = \underline{\underline{x^6}}$

21.) $\left(\dfrac{1}{2}\right)^{-2} = \dfrac{1}{\left(\dfrac{1}{2}\right)^2} = \dfrac{1}{\dfrac{1}{4}} = \dfrac{4}{1} = \underline{\underline{4}}$

21.a) $\left(-z^{2n+4}\right)^3 = \underline{\underline{-z^{6n+12}}}$

22.) $2^2 = \underline{\underline{4}}$

23.) $-2^2 = \underline{\underline{4}}$ oder $-2^2 = (-2) \cdot (-2) = \underline{\underline{4}}$

24.) $-2^2 \cdot -2^2 = -2^{2+2} = -2^4 = \underline{\underline{+16}}$

oder $(-2) \cdot (-2) \cdot (-2) \cdot (-2) = \underline{\underline{+16}}$

$+4 \quad -8 \quad +16$

25.) $-2^3 = (-2) \cdot (-2) \cdot (-2) = \underline{\underline{-8}}$

$+4 \quad -8$

26.) $(-4)^{2n-1} \cdot (-4) = (-4)^{2n-1} \cdot (-4)^1 = (-4)^{2n-1+1} = \underline{\underline{-4^{2n}}}$

-4^{2n} hat einen positiven Potenzwert, n kann eine gerade oder ungerade Zahl sein; mal 2wird immer ein gerader Exponent, also ein positiver Potenzwert.

27.) -4^{2n} = positiver Potenzwert, wenn z.B. n = 3, dann wird
$-4^{2\cdot 3} = -4^{6} = \underline{\underline{+4096}}$

28.) $(a+b^{-1})\cdot(a-b^{-1}) = a^2 - ab^{-1} + ab^{-1} - b^{-1+(-1)} = \underline{\underline{a^2 - b^{-2}}}$

oder $\left(a+\frac{1}{b^1}\right)\cdot\left(a-\frac{1}{b^1}\right) = a^2 - \frac{1a}{b} + \frac{1a}{b} - \frac{1}{b^2} = \underline{\underline{a^2 - \frac{1}{b^2}}}$

29.) $(x^{a+4} - x^{5a-7} - x^{4a+2}) : x^{a-2} = x^{a+4-(a-2)} - x^{5a-7-(a-2)} - x^{4a+2-(a-2)}$

$= x^{a+4-a+2} - x^{5a-7-a+2} - x^{4a+2-a+2} = \underline{\underline{x^6 - x^{4a-5} - x^{3a+4}}}$

$(-a)^{2n} = -a^{2n}$ gibt einen positiven Potenzwert, weil das Minuszeichen nur für die Basis a gilt, nicht aber für den Potenzwert, der erst nach dem Potenzieren entsteht.

$(-a)^n \cdot (-a)^n = -a^{n+n} = \underline{\underline{-a^{2n}}}$

$-a^n \cdot -a^n = \underline{\underline{a^{2n}}}$ positiver Potenzwert

$(-a)^{2n+1} = -a^{2n} \cdot -a^1 = \underline{\underline{-a^{2n+1}}}$ negativer Potenzwert

$(-a)^{2n+1} = -a^n \cdot -a^n \cdot -a^1 = \underline{\underline{-a^{2n+1}}}$

30.) $(-a^3)^{-2} = \frac{1}{(-a^3)^2} = \underline{\underline{\frac{1}{a^6}}}$ oder $+a^{-6}$

31.) $(-a^{-2})^3 = \left(\frac{1}{(-a^2)}\right)^3 = \frac{1^3}{-a^{2\cdot 3}} = \underline{\underline{\frac{1}{a^6}}}$

In beiden Fällen führt der Bruch mit dem $-a^6$ im Nenner zum positiven Wert. Negative Basen mit geradem Exponenten ergeben positive Potenzwerte.

32.) $(-a^{-2})^{-3} = \left(\frac{1}{-a^2}\right)^{-3} = \frac{1}{\left(\frac{1}{-a^2}\right)^3} = \frac{1}{\frac{1^3}{a^6}} = \frac{1\cdot -a^6}{1^3} = \underline{\underline{-a^6}}$

33.) $\left(-a^{-3}\right)^{-2} = \left(\frac{1}{-a^3}\right)^{-2} = \frac{1}{\left(\frac{1}{-a^3}\right)^2} = \frac{1}{\frac{1^2}{-a^6}} = \frac{1 \cdot -a^6}{1^2} = \underline{\underline{-a^6}}$

$-a^6$ ist nicht $+a^6$ aber sowohl $-a^6$ als auch $+a^6$, haben den gleichen positiven Potenzwert.
Wenn für a eine Zahl steht, wird der Potenzwert bei geradem Exponenten immer ein positiver Wert, gleichgültig, ob die Basis positiv oder negativ ist, denn plus mal plus und minus mal minus ist plus. Der Potenzwert kann nur bei negativer Basis und ungeradem Exponenten negativ werden.

34.) $\left(-2^2\right)^3 = 4^3 = \underline{\underline{64}}$, oder $\left(-2^2\right)^3 = -2^6 = \underline{\underline{64}}$

35.) $\left(-2^3\right)^2 = -8^2 = \underline{\underline{64}}$, oder $\left(-2^3\right)^2 = -2^6 = \underline{\underline{64}}$

36.) $\left(-2^{-2}\right)^3 = \left(\frac{1}{-2^2}\right)^3 = \left(\frac{1}{4}\right)^3 = \underline{\underline{\frac{1}{64}}}$, od. $-2^{-6} = \frac{1}{-2^6} = \underline{\underline{\frac{1}{64}}}$

37.) $\left(-2^{-3}\right)^2 = \left(\frac{1}{-2^3}\right)^2 = \left(\frac{1}{-8}\right)^2 = \underline{\underline{\frac{1}{64}}}$, od. $-2^{-6} = \frac{1}{-2^6} = \underline{\underline{\frac{1}{64}}}$

38.) $\left(-2^2\right)^{-3} = 4^{-3} = \frac{1}{4^3} = \underline{\underline{\frac{1}{64}}}$, oder $-2^{-6} = \frac{1}{-2^6} = \underline{\underline{\frac{1}{64}}}$

39.) $\left(-2^3\right)^{-2} = -8^{-2} = \frac{1}{-8^2} = \underline{\underline{\frac{1}{64}}}$, oder $-2^{-6} = \frac{1}{-2^6} = \underline{\underline{\frac{1}{64}}}$

40.) $\left(-2^{-2}\right)^{-3} = -2^6 = \underline{\underline{64}}$, oder

$$\left(-2^{-2}\right)^{-3} = \left(\frac{1}{-2^2}\right)^{-3} = \left(\frac{1}{4}\right)^{-3} = \frac{1}{\left(\frac{1}{4}\right)^3} = \frac{1}{\frac{1}{64}} = \underline{\underline{64}}$$

41.) $\left(\frac{2}{3}\right)^{-3} = \frac{1}{\left(\frac{2}{3}\right)^3} = \frac{1}{\frac{8}{27}} = \underline{\underline{\frac{27}{8}}}$, od. $\left(\frac{2}{3}\right)^{-3} = \left(\frac{3}{2}\right)^3 = \underline{\underline{\frac{27}{8}}}$

Man kann den negativen Exponenten auch beseitigen,

indem man mit dem umgekehrten Bruch potenziert.

42.) $\left(\frac{1}{2}\right)^{-2} = \left(\frac{2}{1}\right)^{2} = \underline{\underline{4}}$ 43.) $\frac{5a^{-7}}{3} \cdot b^3 \cdot c : \frac{5a^{-9}}{6} \cdot b^{-5} \cdot c^3 =$

$$= \frac{5 \cdot b^3 \cdot c}{3 \cdot a^{-7}} : \frac{5 \cdot c^3}{6 \cdot a^9 \cdot b^5} = \frac{\cancel{5}b^3 \cdot \cancel{c} \cdot \cancel{6}^{2} \cdot a^{\cancel{9}^{2}} \cdot b^5}{\cancel{3}\cancel{a^7} \cdot \cancel{5}c^{\cancel{3}^{2}}} = \underline{\underline{\frac{2b^8 \cdot a^2}{c^2}}}$$

Eine Potenz ändert das Vorzeichen vor dem Exponenten, wenn man diese Potenz aus dem Zähler eines Bruches in den Nenner bringt und umgekehrt aus dem Nenner in den Zähler. Die jeweiligen Faktoren bleiben wo sie sind, es sei denn ein Bruch wird durch einen Bruch geteilt, das heißt mit dem umgekehrten Bruch multipliziert.

44.) $2 \cdot 10^{-2} = \frac{2 \cdot 1}{10^2} = \underline{\underline{\frac{2}{100}}}$

45.) $\frac{1}{2} \cdot 10^{-2} = \frac{1}{2} \cdot \frac{1}{10^2} = \frac{1}{2 \cdot 10^2} = \frac{1}{2 \cdot 100} = \underline{\underline{\frac{1}{200}}}$

46.) $\frac{1}{4} \cdot 10^{-\frac{3}{4}} = \frac{1}{4} \cdot \frac{1}{10^{\frac{3}{4}}} = \underline{\underline{\frac{1}{4 \cdot \sqrt[4]{10^3}}}}$

47.) $a^3 + a^3 = \underline{\underline{2a^3}}$

48.) $a^3 + a^4$ geht wegen verschiedener Exponenten nicht.

49.) $\left(\frac{10}{3}\right)^2 \cdot \left(\frac{9}{2}\right)^2 = \left(\frac{\cancel{10}^{5} \cdot \cancel{9}^{3}}{\cancel{3}_{1} \cdot \cancel{2}_{1}}\right)^2 = 15^2 = \underline{\underline{225}}$

50.) $\frac{40^5}{16^5} = \left(\frac{\cancel{40}^{10}}{\cancel{16}_{4}}\right)^5 = \left(\frac{\cancel{10}^{5}}{\cancel{4}_{2}}\right)^5 = \underline{\underline{\left(\frac{5}{2}\right)^5}}$

51.) $a^4 \cdot b^4 \cdot c^4 = \underline{\underline{(a \cdot b \cdot c)^4}}$

52.) $(13 \cdot 7)^2 = \underline{\underline{13^2 \cdot 7^2}}$

53.) $\frac{21^4}{7^4} = \left(\frac{\overset{3}{\cancel{21}}}{\underset{1}{\cancel{7}}}\right)^4 = 3^4 = \underline{\underline{81}}$

54.) $b^{-3} \cdot b^7 = b^{7-3} = \underline{\underline{b^4}}$

55.) $\frac{a^8}{a^{-5}} = a^{8+5} = \underline{\underline{a^{13}}}$

56.) $\frac{a^5}{a^6} = a^{5-6} = \underline{\underline{a^{-1}}}$

57.) $a^x \cdot a^y = \underline{\underline{a^{x+y}}}$

58.) $\left(a^{-x}\right)^{-y} = \underline{\underline{a^{xy}}}$

59.) $y^{-4} \cdot y^{-2} = y^{-6} = \frac{1}{\underline{\underline{y^6}}}$

60.) $\left(\frac{x^3 \cdot y^4}{a^5 \cdot b^3}\right)^2 = \frac{x^6 \cdot y^8}{\underline{\underline{a^{10} \cdot b^6}}}$

61.) $x^3 \cdot y^3 = \underline{\underline{(xy)^3}}$

62.) $\left(\frac{m}{n}\right)^4 = \frac{m^4}{\underline{\underline{n^4}}}$

63.) $\left(a^2\right)^3 = \underline{\underline{a^6}}$

64.) $\left(-x^3\right)^4 = \underline{\underline{x^{12}}}$

65.) $\left(x^3\right)^4 = \underline{\underline{x^{12}}}$

66.) $\left(-y^2\right)^x = \underline{\underline{y^{2x}}}$

67.) $a^{8-(-5)} = \underline{\underline{a^{13}}}$

68.) $a^x \cdot a^{-y} = \frac{a^x}{\underline{\underline{a^y}}}$

69.) $\left(a^x\right)^{-y} = \underline{\underline{a^{-xy}}}$

70.) $\left(a^{-x}\right)^y = \underline{\underline{a^{-xy}}}$

71.) $\frac{84^5}{21^2} = \frac{84^2 \cdot 84^3}{21^2} = \left(\frac{\overset{4}{\cancel{84}}}{\underset{1}{\cancel{21}}}\right)^2 \cdot 84^3 = \underline{\underline{4^2 \cdot 84^3}}$

72.) $\left(7\frac{1}{2}\right)^4 \cdot \left(2\frac{2}{3}\right)^4 = \left(\frac{15}{2}\right)^4 \cdot \left(\frac{8}{3}\right)^4 = \left(\frac{\overset{5}{\cancel{15}} \cdot \overset{4}{\cancel{8}}}{\underset{1}{\cancel{2}} \cdot \underset{1}{\cancel{3}}}\right)^4 = \underline{\underline{20^4}}$

$= 20^2 \cdot 20^2 = 400 \cdot 400 = \underline{\underline{160000}}$

73.) $\left(\frac{39^5}{169^3}\right) = \frac{(3 \cdot 13)^5}{\left(13^2\right)^3} = \frac{3^5 \cdot 13^5}{13^6} = 3^5 \cdot 13^{5-6} = 3^5 \cdot 13^{-1} = \frac{3^5}{\underline{\underline{13}}}$

74.) $\frac{\overset{3}{\cancel{24}}\, a^{-5} \cdot b^3 \cdot c^{-4}}{\underset{2}{\cancel{16}}\, a^{-3} \cdot b^{-4} \cdot c^{-7}} = \frac{3\cancel{a^3} \cdot b^3 \cdot b^4 \cdot c^7}{2a^{\cancel{5}2} \cdot c^4} = \frac{3b^7 \cdot c^3}{\underline{\underline{2a^2}}}$

75.) $\left(\frac{x^{-4} \cdot b}{y^{-5} \cdot a^{-2}}\right)^{-2} = \left(\frac{b \cdot y^{5} \cdot a^{2}}{x^{4}}\right)^{-2} = \frac{b^{-2} \cdot y^{-10} \cdot a^{-4}}{x^{-8}} = \underline{\underline{\frac{x^{8}}{b^{2} \cdot y^{10} \cdot a^{4}}}}$

oder $\left(\frac{x^{-4} \cdot b}{y^{-5} \cdot a^{-2}}\right)^{-2} = \frac{x^{8} \cdot b^{-2}}{y^{10} \cdot a^{4}} = \underline{\underline{\frac{x^{8}}{b^{2} \cdot y^{10} \cdot a^{4}}}}$

76.) $\left(\frac{a^{-3} \cdot b^{4}}{x^{-2} \cdot y^{-1}}\right)^{2} = \left(\frac{b^{4} \cdot x^{2} \cdot y^{1}}{a^{3}}\right)^{2} = \underline{\underline{\frac{b^{8} \cdot x^{4} \cdot y^{2}}{a^{6}}}}$

77.) $\frac{a^{-5} \cdot b^{6}}{a^{-3} \cdot b^{-2}} = \frac{b^{6} \cdot \cancel{a^{3}} \cdot b^{2}}{a^{\cancel{5}2}} = \underline{\underline{\frac{b^{8}}{a^{2}}}}$

78.) $\left(4a^{-4} + 6a^{7} - 8a^{-1}\right) \cdot 12a^{-5} = \underline{\underline{48a^{-9} + 72a^{2} - 96a^{-6}}}$

oder $= \underline{\underline{\frac{48}{a^{9}} + 72a^{2} - \frac{96}{a^{6}}}}$

79.) $\left(5x^{-3} + 4x^{-2}\right) \cdot \left(3x^{4} - x^{-1}\right) = \underline{\underline{15x^{1} - 5x^{-4} + 12x^{2} - 4x^{-3}}}$

oder $= \underline{\underline{15x - \frac{5}{x^{4}} + 12x^{2} - \frac{4}{x^{3}}}}$

80.) $\left(18a^{-5} \cdot b^{-3} + 36a^{4} \cdot b^{-4} + 45a^{-2} \cdot b^{5}\right) : 9a^{-3} \cdot b^{4}$

$= \frac{{}^{2}\cancel{18}^{2}\, a^{-5} \cdot b^{-3}}{\cancel{9}a^{-3} \cdot b^{4}} + \frac{{}^{4}\cancel{36}^{4} \cdot a^{4} \cdot b^{-4}}{\cancel{9}a^{-3} \cdot b^{4}} + \frac{{}^{5}\cancel{45}^{5} \cdot a^{-2} \cdot b^{5}}{\cancel{9}a^{-3} \cdot b^{4}}$

$= \frac{2a^{3}}{a^{52} \cdot b^{4} \cdot b^{3}} + \frac{4a^{4} \cdot a^{3}}{b^{4} \cdot b^{4}} + \frac{5b^{5} \cdot a^{3}}{a^{2} \cdot b^{4}} = \underline{\underline{\frac{2}{a^{2} \cdot b^{7}} + \frac{4a^{7}}{b^{8}} + 5ab}}$

81.) $x \cdot x^{n-1} \cdot x^{n-5} \cdot x^{n+8} = x^{1+(n-1)+(n-5)+(n+8)} = \underline{\underline{x^{3n+3}}}$

82.) $0{,}8a^{4-x} \cdot b^2 \cdot 0{,}3a^{3x-2} \cdot b^{4y-3} \cdot 0{,}5a^{x-2} \cdot b^{6-5y}$

$= 0{,}12a^{(4x-x)+(2x-2)+(x-2)} \cdot b^{2+(4y-3)+(6-5y)} = \underline{\underline{0{,}12a^{3x} \cdot b^{5-y}}}$

83.) $5x\left(2x^2 - 3xy + 4y^2\right) = \underline{\underline{10x^3 - 15x^2y + 20xy^2}}$

84.) $\left(3x^2 - 5y^2\right) \cdot \left(4x^2 + 6y^2\right) = 12x^4 + 18x^2y^2 - 20x^2y^2 - 30y^4$

$= \underline{\underline{12x^4 - 2x^2y^2 - 30y^4}}$

85.) $x^{4m+1} : x^{m-2} = x^{4m+1-(m-2)} = x^{4m+1-m+2} = \underline{\underline{x^{3m+3}}}$

86.) $\dfrac{\frac{3}{4} a^2 \cdot b^2 \cdot c^4}{\frac{8}{9} a \cdot b^2 \cdot c^2} = \dfrac{3}{4} \cdot \dfrac{9}{8} \cdot a^2 \cdot a^{-1} \cdot b^2 \cdot b^{-2} \cdot c^4 \cdot c^{-2} = \underline{\underline{\dfrac{27ac^2}{32}}}$

87.) $\dfrac{a^5}{a^6} = a^{5-6} = a^{-1} = \dfrac{1}{a^1} = \underline{\underline{\dfrac{1}{a}}}$

88.) $\dfrac{x^5}{x^{12}} = x^{5-12} = x^{-7} = \underline{\underline{\dfrac{1}{x^7}}}$

89.) $\dfrac{a^{2x}}{a^{2x+3}} = \dfrac{a^0}{a^{2x+3} \cdot a^{-2x}} = \dfrac{a^0}{a^{2x-2x+3}} = \dfrac{a^0}{a^3} = \underline{\underline{\dfrac{1}{a^3}}}$

oder $a^{2x} : a^{2x+3} = a^{2x-(2x+3)} = a^{2x-2x-3} = a^{-3} = \underline{\underline{\dfrac{1}{a^3}}}$

90.) $x^{2m-1} : x^{2m+1} = x^{2m-1-(2m+1)} = x^{2m-1-2m-1} = \underline{\underline{x^{-2}}}$

91.) $\dfrac{3ab^2}{4x^2y} : \dfrac{8a^2b}{9y^2x} = \dfrac{3ab^2}{4x^2y} \cdot \dfrac{9xy^2}{8a^2b} = \underline{\underline{\dfrac{27by}{32ax}}}$

92.) $$\frac{\frac{15}{2}xy^2\cdot z^3}{\frac{25}{11}x^7y\cdot z^8}=\frac{\cancel{15}^{3}}{2}\cdot\frac{11}{\cancel{25}_{5}}\cdot x\cdot x^{-7}\cdot y^2\cdot y^{-1}\cdot z^3\cdot z^{-8}$$

$$=\frac{3}{2}\cdot\frac{11}{5}\cdot x^{-6}\cdot y\cdot z^{-5}=\frac{33}{10}x^{-6}\cdot y\cdot z^{-5}=\underline{\underline{\frac{33y}{10x^6z^5}}}$$

93.) $$\left(\frac{5x}{6y}\right)^4\cdot\left(\frac{3y}{5x}\right)^6=\frac{5^4\cdot x^4\cdot 3^6\cdot y^6}{6^4\cdot y^4\cdot 5^6\cdot x^6}=\frac{\cancel{5^4}\cdot\cancel{x^4}\cdot 3^{\cancel{6}2}\cdot y^{\cancel{6}2}}{2^4\cdot\cancel{3^4}\cdot\cancel{y^4}\cdot 5^{\cancel{6}2}\cdot x^{\cancel{6}2}}$$

$$=\frac{3^2\cdot y^2}{2^4\cdot 5^2\cdot x^2}=\frac{9y^2}{16\cdot 25x^2}=\underline{\underline{\frac{9y^2}{400x^2}}}$$

94.) $$\left(\frac{25ab}{16c}\right)^2:\left(\frac{5a}{4bc}\right)^3=\frac{25^2\cdot\cancel{a^2}\cdot b^2\cdot 4^3\cdot b^3\cdot c^{\cancel{3}}}{16^2\cdot\cancel{c^2}\cdot 5^3\cdot a^{\cancel{3}}}$$

$$=\frac{\cancel{5^2}\cdot 5^{\cancel{2}}\cdot b^2\cdot\cancel{4^3}\cdot b^3\cdot c}{\cancel{4^2}\cdot 4^{\cancel{2}}\cdot\cancel{5^3}\cdot a}=\underline{\underline{\frac{5\cdot b^5\cdot c}{4a}}}$$

95.) $$\frac{x^{3a-b}}{y^{2a-3b}}:\frac{x^{2a-3b}}{y^{3a-2b}}=\frac{x^{3a-b}}{y^{2a-3b}}\cdot\frac{y^{3a-2b}}{x^{2a-3b}}=\frac{x^{3a-b-(2a-3b)}}{y^{2a-3b-(3a-2b)}}$$

$$=\frac{x^{a+2b}}{y^{-a-b}}=x^{a+2b}\cdot y^{-(-a-b)}=\underline{\underline{x^{a+2b}\cdot y^{a+b}}}$$

96.) $$\frac{\cancel{3}\cdot\cancel{x^2}\cdot\cancel{y^2}}{{}_{2}\cancel{6}\cdot x^{\cancel{4}2}\cdot y^{\cancel{4}2}}=\underline{\underline{\frac{1}{2x^2\cdot y^2}}}$$

97.) $$\frac{{}^{3}\cancel{15}\cdot x^{\cancel{3}2}\cdot\cancel{y}}{\cancel{5}\cdot\cancel{x}\cdot y^{\cancel{3}2}}=\underline{\underline{\frac{3x^2}{y^2}}}$$

98.) $$\left\{\left[\left(a^{\frac{1}{4}}\right)\cdot a\right]^{\frac{1}{2}}\cdot a\right\}^{\frac{1}{3}} = \left\{\left(a^{\frac{1}{4}+\frac{4}{4}}\right)^{\frac{1}{2}}\cdot a^{1}\right\}^{\frac{1}{3}} = \left(a^{\frac{5}{4}\cdot\frac{1}{2}}\cdot a^{\frac{8}{8}}\right)^{\frac{1}{3}}$$

$$= \left(a^{\frac{5}{8}+\frac{8}{8}}\right)^{\frac{1}{3}} = \left(a^{\frac{13}{8}}\right)^{\frac{1}{3}} = \underline{\underline{a^{\frac{13}{24}}}}$$

Bruchpotenzen in Wurzeln ausgedrückt.

$$\sqrt[3]{a\sqrt[2]{a\sqrt[4]{a}}} = \sqrt[3]{\sqrt[2]{a^{2}\cdot a\sqrt[4]{a}}} = \sqrt[3]{\sqrt[2]{\sqrt[4]{a^{12}\cdot a}}}$$

$$= \sqrt[24]{a^{13}} = \underline{\underline{a^{\frac{13}{24}}}}$$

Erläuterungen zu den Wurzelgesetzen Seite 71-75

In einem gebrochenen Potenzexponenten wird der Zähler zum Potenzexponenten und der Nenner zum Wurzelexponenten.

Wurzeln

Potenzieren und radizieren (Wurzel ziehen) sind umgekehrte Rechenoperationen, wobei der Potenzwert zum Radikand, der Potenzexponent zum Wurzelexponent und die Basis zum Wurzelwert wird.

Potenz $2^3 = 2 \cdot 2 \cdot 2 = \underline{\underline{8}}$, $2^3 = \underline{\underline{8}}$

2= Basis oder Grundzahl
3= Potenzexponent oder Hochzahl
8= Potenzwert

Potenzieren heißt den Potenzwert suchen $2^3 = ?$

Wurzel $\sqrt[3]{8} = \underline{\underline{2}}$
3= Wurzelexponent
8= Radikand
2= Wurzelwert

Radizieren heißt den Wurzelwert oder die Basis suchen

$\sqrt[3]{8} = ?$

$\sqrt[3]{125} = \underline{\underline{5}}$ denn $5^3 = \underline{\underline{125}}$, $\sqrt[4]{16} = \underline{\underline{2}}$

Wenn man z.B. die 2 te oder Quadratwurzel von 81 ziehen will, sucht man die Zahl, die mit sich selbst multipliziert, 81 ergibt.

$\sqrt[2]{81} = \underline{\underline{9}}$

Radizieren heißt eine Zahl suchen, die in eine Potenz, die der Wurzelexponent angibt, erhoben, den Radikand ergibt.
Ist der Radikand eine Potenz kann man den Potenzexponenten gegen den Wurzelexponenten kürzen, indem man beide durch die gleiche Zahl teilt.

$\sqrt[\not{2}]{4^{\not{2}}} = \underline{\underline{4}}$, $\sqrt[12]{a^{18}} = \underline{\underline{\sqrt[2]{a^3}}}$, $\sqrt[2]{10^4} = \underline{\underline{10^2}}$

Eine Wurzel kann man erweitern, indem man den Potenzexponenten und den Wurzelexponenten mit derselben Zahl multipliziert.

$\sqrt[2]{a}$ mit 3 erweitert ist $\underline{\underline{\sqrt[6]{a^3}}}$, $\sqrt[3]{a^2}$ mit $5 = \underline{\underline{\sqrt[15]{a^{10}}}}$

Wurzelgesetze

1.) $\sqrt[2]{a \cdot b} = \underline{\underline{\sqrt[2]{a} \cdot \sqrt[2]{b}}}$, $\sqrt[2]{a} \cdot \sqrt[2]{b} = \underline{\underline{\sqrt[2]{a \cdot b}}}$

Ein Produkt wird radiziert, indem man jeden Faktor einzeln radiziert,

$$\sqrt[2]{81 \cdot 9} = \sqrt[2]{81} \cdot \sqrt[2]{9} = 9 \cdot 3 = \underline{\underline{27}}$$

oder indem man das Produkt löst und dann radiziert.

$$\sqrt[2]{81 \cdot 9} = \sqrt[2]{729} = \underline{\underline{27}}$$

2.) $\sqrt[2]{\frac{a}{b}} = \underline{\underline{\frac{\sqrt[2]{a}}{\sqrt[2]{b}}}}$, $\frac{\sqrt[2]{a}}{\sqrt[2]{b}} = \underline{\underline{\sqrt[2]{\frac{a}{b}}}}$

Ein Bruch wird radiziert, indem man Zähler und Nenner radiziert. Wurzeln mit gleichen Exponenten werden dividiert, indem man aus dem Bruch die Wurzel zieht.

$$\sqrt[2]{\frac{9}{4}} = \frac{\sqrt[2]{9}}{\sqrt[2]{4}} = \frac{3}{2} = \underline{\underline{1{,}5}} \quad , \quad \frac{\sqrt[2]{9}}{\sqrt[2]{4}} = \sqrt[2]{\frac{9}{4}} = \sqrt[2]{2{,}25} = \underline{\underline{1{,}5}}$$

3.) $\left(\sqrt[2]{a}\right)^3 = \underline{\underline{\sqrt[2]{a^3}}}$

3.) Wurzeln werden potenziert, indem man den Radikand potenziert.

$$\left(\sqrt[2]{3}\right)^3 = \sqrt[2]{3^3} = \sqrt[2]{27} = \underline{\underline{5{,}196}}$$

$$\left(\sqrt[2]{5}\right)^2 = \sqrt[\cancel{2}\,1]{5^{\cancel{2}\,1}} = \underline{\underline{5}}$$

4.) $\sqrt[2]{a^3}$ mit 3 erweitert $= \sqrt[3\cdot 2]{a^{3\cdot 3}} = \underline{\underline{\sqrt[6]{a^9}}}$

Wurzeln werden erweitert, indem man den Wurzel- und den Potenzexponenten mit der gleichen Zahl multipliziert. Durch erweitern mit verschiedenen Faktoren kann man Wurzeln gleichnamig machen.

$\sqrt[3]{5} \cdot \sqrt[5]{25}$ = mit 5 und die zweite Wurzel mit 3 erweitert

$$\sqrt[15]{5^5} \cdot \sqrt[15]{\left(5^2\right)^3} = \sqrt[15]{5^5 \cdot 5^6} = \underline{\underline{\sqrt[15]{5^{11}}}}$$

5.) $\sqrt[2]{\sqrt[3]{a}} = \sqrt[2\cdot 3]{a} = \underline{\underline{\sqrt[6]{a}}}$

Wurzeln werden radiziert, indem man die Wurzelexponenten multipliziert.

$$\sqrt[3]{\sqrt[2]{64}} = \sqrt[3\cdot 2]{64} = \sqrt[6]{64} = \underline{\underline{2}}$$

oder in Potenzen mit gebrochenem Exponenten verwandelt und dann multipliziert.

$$\sqrt[3]{\sqrt[2]{64}} = \sqrt[3]{64^{\frac{1}{2}}} = \left(64^{\frac{1}{2}}\right)^{\frac{1}{3}} = 64^{\frac{1}{2}\cdot\frac{1}{3}} = 64^{\frac{1}{6}} = \underline{\underline{\sqrt[6]{64}}}$$

6.) $\sqrt[2]{a^3} = \underline{\underline{a^{\frac{3}{2}}}}$, $a^{\frac{3}{2}} = \underline{\underline{\sqrt[2]{a^3}}}$

Wurzeln können in Potenzen mit gebrochenem Exponenten verwandelt werden, indem man den Wurzelexponenten zum Nenner und den Potenzexponenten zum Zähler macht.

$\sqrt[3]{3^2} = \underline{\underline{3^{\frac{2}{3}}}}$, $\sqrt[6]{5^4} = 5^{\frac{\cancel{4}^{2}}{\cancel{6}_{3}}} = \underline{\underline{5^{\frac{2}{3}}}}$

7.) $\sqrt[2]{a} \cdot \sqrt[3]{a} = a^{\frac{1}{2}} \cdot a^{\frac{1}{3}} = a^{\frac{3+2}{6}} = a^{\frac{5}{6}} = \underline{\underline{\sqrt[6]{a^5}}}$

Wurzeln mit gleichen Radikanden aber verschiedenen Exponenten werden multipliziert, indem man sie in Potenzen mit gebrochenem Exponenten verwandelt und dann als Potenzen multipliziert.

$\sqrt[2]{16} \cdot \sqrt[3]{16} = 16^{\frac{1}{2}} \cdot 16^{\frac{1}{3}} = 16^{\frac{3}{6}+\frac{2}{6}} = 16^{\frac{5}{6}} = \underline{\underline{\sqrt[6]{16^5}}}$

8.) $\sqrt[2]{a^3} = \underline{\underline{\sqrt[2]{a^2 \cdot a}}}$

Der Radikand einer Wurzel kann in Faktoren zerlegt werden

.

$\sqrt[2]{2^3} = \sqrt[2]{2^2 \cdot 2} = \sqrt[2]{8}$ oder $\sqrt[2]{2^2} \cdot \sqrt[2]{2} = 2 \cdot 1{,}414 = \underline{\underline{2{,}828}}$

$\sqrt[2]{8} = \underline{\underline{2{,}828}}$

9.) $\sqrt[2]{a^3} = \sqrt[2]{a^2 \cdot a} = \underline{\underline{a \cdot \sqrt[2]{a}}}$

Man kann einen Faktor des Radikanden als Faktor vor die Wurzel setzen, wenn er dabei radiziert wird.

$$\sqrt[2]{2^3} = \sqrt[2]{2^2 \cdot 2} = \underline{\underline{2 \cdot \sqrt[2]{2}}}$$

Der Radikand 2^2 geht als Faktor 2 vor die Wurzel.

10.) $a \cdot \sqrt[2]{a} = \underline{\underline{\sqrt[2]{a^2 \cdot a}}}$

Wenn ein Faktor, der vor der Wurzel steht, in die Wurzel geschrieben werden soll, muß man ihn mit dem Wurzelexponenten potenzieren.

$$2 \cdot \sqrt[2]{4} = \sqrt[2]{4 \cdot 2^2} = \sqrt[2]{4 \cdot 4} = \underline{\underline{4}}$$

$$2 \cdot \sqrt[2]{\frac{3}{2}} = \sqrt[2]{\frac{3}{2} \cdot 2^2} = \sqrt[2]{\frac{3}{2} \cdot 4} = \sqrt[2]{\frac{\cancel{12}\,6}{\cancel{2}_1}} = \underline{\underline{\sqrt[2]{6}}}$$

11.) $\sqrt[\frac{2}{3}]{a} = \underline{\underline{a^{\frac{1}{\frac{2}{3}}}}}$, $\sqrt[2]{a^{\frac{2}{3}}} = a^{\frac{\frac{2}{3}}{2}} = a^{\frac{2}{3} \cdot \frac{1}{2}} = a^{\frac{2}{6}} = a^{\frac{1}{3}} = \underline{\underline{\sqrt[3]{a}}}$

Wurzeln, die einen Bruch als Exponenten oder einen Radikanden mit einem gebrochenen Potenzexponenten haben, können vereinfacht werden, indem man sie in Potenzen mit gebrochenen Exponenten verwandelt und dann die Brüche löst. So erhält man Wurzeln oder Potenzen ohne gebrochene Exponenten.

$$\sqrt[\frac{2}{3}]{8} = 8^{\frac{1}{\frac{2}{3}}} = 8^{\frac{3}{2}} = \underline{\underline{\sqrt[2]{8^3}}} \quad , \quad \sqrt[2]{8^{\frac{2}{3}}} = 8^{\frac{\frac{2}{3}}{2}} = 8^{\frac{\cancel{2}^1}{\cancel{6}_2}} = \underline{\underline{\sqrt[2]{8}}}$$

$$\sqrt[\frac{2}{3}]{8^{\frac{2}{4}}} = 8^{\frac{\frac{2}{4}}{\frac{2}{3}}} = 8^{\frac{2}{4} \cdot \frac{3}{2}} = 8^{\frac{\cancel{6}^3}{\cancel{8}_4}} = 8^{\frac{3}{4}} = \underline{\underline{\sqrt[4]{8^3}}}$$

12.) $\sqrt[2]{+4} = \underline{\underline{\pm 2}}$, weil $+2 \cdot +2 = \underline{\underline{+4}}$

Die Wurzel aus einem positiven Radikanden (Zahl) ist positiv.

$\sqrt[2]{-4} = \underline{\underline{+2}}$ oder $\underline{\underline{-2}}$ das heißt, kann plus oder minus sein,

weil $+2 \cdot -2 = \underline{\underline{-4}}$.

Die Wurzel aus einem negativen Radikanden oder einer Zahl kann positiv oder negativ sein.
Die 2 te Wurzel aus einer negativen Zahl ist, weil sie positiv oder negativ sein kann, unvorstellbar, imaginär.

$\sqrt[3]{-8} = \underline{\underline{-2}}$, weil $-2 \cdot -2 = +4 \cdot -2 = \underline{\underline{-8}}$

Die Wurzel mit einem ungeraden Exponenten aus einem negativen Radikanden ist negativ.

$\sqrt[5]{-32} = \underline{\underline{-2}}$, denn $-2 \cdot -2 = +4 \cdot -2 = -8 \cdot -2 = +16 \cdot -2$
$= \underline{\underline{-32}}$

Wurzeln mit *geraden* Exponenten von negativen Zahlen (Radikanden) sind imaginär (unvorstellbar).

Wurzeln mit *ungeraden* Exponenten von negativen Zahlen ergeben negative Wurzelwerte.

13.) $\sqrt[2]{a} + \sqrt[3]{a}$, oder $\sqrt[2]{a} + \sqrt[2]{b}$ geht nicht

Wurzeln mit verschiedenen Radikanden oder verschiedenen Exponenten kann man nicht addieren oder subtrahieren, ohne sie zuvor zu lösen.

$\sqrt[3]{27} + \sqrt[3]{8}$ geht nicht,

aber $\sqrt[3]{27} = \underline{\underline{3}}$, $\sqrt[3]{8} = 2$, $3 + 2 = \underline{\underline{5}}$

$\sqrt[3]{27} + \sqrt[2]{4}$ geht nicht,

aber $\sqrt[3]{27} + \sqrt[2]{4} = 3 + 2 = \underline{\underline{5}}$

$\sqrt[2]{4} + \sqrt[2]{9}$ geht nicht, aber $2 + 3 = \underline{\underline{5}}$

$\sqrt[2]{4} + \sqrt[2]{9}$ ist nicht gleich $\sqrt[2]{4+9}$

Imaginäre Größen

Die 2 te Wurzel oder die Wurzel mit geradem Exponenten aus negativen Zahlen können positiv oder negativ sein. Das ist unvorstellbar, imaginär.

$\sqrt[2]{-4} = \underline{\underline{+2}}$ oder $\underline{\underline{-2}}$, weil $+2 \cdot -2 = \underline{\underline{-4}}$

Um die imaginären Zahlen handhaben zu können, hat man die imaginäre Einheit $\sqrt[2]{-1} = i$ eingeführt.

Beispiel:

$\sqrt[2]{-4} = \sqrt[2]{4 \cdot -1} = 2 \cdot \sqrt[2]{-1} = \underline{\underline{2i}}$

$\sqrt[2]{-4} = \underline{\underline{2i}}$, $\sqrt[2]{-25} = \sqrt[2]{25 \cdot -1} = 5 \cdot \sqrt[2]{-1} = \underline{\underline{5i}}$

$\sqrt[2]{-8} = \sqrt[2]{4 \cdot 2 \cdot -1} = \underline{\underline{2i \cdot \sqrt[2]{2}}}$, $-2^3 = \underline{\underline{-8}}$, $\sqrt[3]{-8} = \underline{\underline{-2}}$

$\sqrt[4]{-81} = \sqrt[4]{81 \cdot -1} = 3 \cdot \sqrt[4]{-1} = \underline{\underline{3i}}$

Wurzeln mit geradem Exponenten von negativen Zahlen sind imaginär (unvorstellbar).
Wurzeln mit ungeraden Exponenten von negativen Zahlen ergeben negative Wurzelwerte.

$\sqrt[2]{-1} = i$ imaginäre Einheit

$i^2 = -1$

$\sqrt[2]{-4} = \underline{\underline{2i}}$ weil $+2 \cdot -2 = \underline{\underline{-4}}$

$\sqrt[3]{-8} = \underline{\underline{-2}}$ weil $-2 \cdot -2 = +4 \cdot -2 = \underline{\underline{-8}}$

$\sqrt[4]{-16} = \underline{\underline{2i}}$ weil $-2 \cdot +2 = -4 \cdot +2 = -8 \cdot +2 = \underline{\underline{-16}}$

oder $+2 \cdot -2 = -4 \cdot -2 = +8 \cdot -2 = \underline{\underline{-16}}$

$\sqrt[2]{-16} = \sqrt[2]{16 \cdot -1} = \underline{\underline{4i}}$

$\sqrt[3]{-16} = \underline{\underline{-2,519}}$

$\sqrt[4]{-16} = \sqrt[4]{16 \cdot -1} = \underline{\underline{2i}}$

Wurzelgesetze in Formeln

1.) $\sqrt[2]{a \cdot b} \Leftrightarrow \sqrt[2]{a} \cdot \sqrt[2]{b}$

2.) $\sqrt[2]{\frac{a}{b}} \Leftrightarrow \frac{\sqrt[2]{a}}{\sqrt[2]{b}}$

3.) $\sqrt[2]{a^3} \Leftrightarrow \left(\sqrt[2]{a}\right)^3$

4.) $\sqrt[2]{\sqrt[3]{a}} \Leftrightarrow \sqrt[2\cdot3]{a}$

5.) $\sqrt[2]{a^3} = \sqrt[2\cdot3]{a^{3\cdot3}} = \sqrt[6]{a^9} = \sqrt[\not{6}\,2]{a^{\not{9}\,3}}$
mit 3 erweitert und wieder gekürzt

6.) $\sqrt[2]{a^3} \Leftrightarrow a^{\frac{3}{2}}$

Beispielaufgaben mit Wurzeln:

1.) $\sqrt[3]{125} = \underline{\underline{5}}$, $\sqrt[6]{64} = \underline{\underline{2}}$

2.) $\sqrt[2]{a \cdot b} = \sqrt[2]{a} \cdot \sqrt[2]{b}$ oder $a^{\frac{1}{2}} \cdot b^{\frac{1}{2}} = (a \cdot b)^{\frac{1}{2}} = \underline{\underline{\sqrt[2]{a \cdot b}}}$

3.) $\left(\sqrt[2]{a}\right)^2 = \sqrt[2]{a^2} = a$ oder $\left(a^{\frac{1}{2}}\right)^2 = a^{\frac{1}{2}\cdot 2} = a^1 = \underline{\underline{a}}$

4.) $\sqrt[2]{\frac{a}{b}} = \frac{\sqrt[2]{a}}{\sqrt[2]{b}}$ oder $\frac{a^{\frac{1}{2}}}{b^{\frac{1}{2}}} = \left(\frac{a}{b}\right)^{\frac{1}{2}} = \underline{\underline{\sqrt[2]{\frac{a}{b}}}}$

5.) $\left(\sqrt[3]{a^2}\right)^3 = \sqrt[3]{a^{2\cdot 3}} = \sqrt[\cancel{3}\,1]{a^{\cancel{6}\,2}} = a^2$ oder $\left(\sqrt[\cancel{3}]{a^2}\right)^{\cancel{3}} = \underline{\underline{a^2}}$

$\left(a^{\frac{2}{3}}\right)^3 = a^{\frac{2}{3}\cdot 3} = a^{\frac{6}{3}} = \underline{\underline{a^2}}$

6.) $\sqrt[2]{a} \cdot \sqrt[3]{a} = a^{\frac{1}{2}} \cdot a^{\frac{1}{3}} = a^{\frac{3}{6}+\frac{2}{6}} = a^{\frac{5}{6}} = \underline{\underline{\sqrt[6]{a^5}}}$

7.) $\sqrt[3]{\sqrt[4]{a}} = \sqrt[3\cdot 4]{a} = \sqrt[12]{a}$ oder

$\sqrt[3]{\sqrt[4]{a}} = \sqrt[3]{a^{\frac{1}{4}}} = \left(a^{\frac{1}{4}}\right)^{\frac{1}{3}} = a^{\frac{1}{4}\cdot\frac{1}{3}} = a^{\frac{1}{12}} = \underline{\underline{\sqrt[12]{a}}}$

8.) $\sqrt[2]{a}$ mit 3 erweitern $= \sqrt[2]{a^1} = \underline{\underline{\sqrt[6]{a^3}}}$

9.) $\sqrt[3]{a^2}$ mit 5 erweitern $= \sqrt[3]{a^2} = \underline{\underline{\sqrt[15]{a^{10}}}}$

$\sqrt[3]{a^2} = a^{\frac{2}{3}} = a^{\frac{10}{15}} = \underline{\underline{\sqrt[15]{a^{10}}}}$

10.) $\sqrt[\frac{2}{3}]{a} = a^{\frac{1}{\frac{2}{3}}} = a^{\frac{3}{2}} = \underline{\underline{\sqrt[2]{a^3}}}$

11.) $2 \cdot \sqrt[2]{\frac{3}{2}} = \sqrt[2]{4 \cdot \frac{3}{2}} = \sqrt[2]{\frac{12}{2}} = \underline{\underline{\sqrt[2]{6}}}$

12.) $4 \cdot \sqrt[2]{\frac{5}{24}} = \sqrt[2]{\cancel{16}^{2} \cdot \frac{5}{\cancel{24}_{3}}} = \sqrt[2]{2 \cdot \frac{5}{3}} = \underline{\underline{\sqrt[2]{\frac{10}{3}}}}$

13.) $2 \cdot \sqrt[3]{\frac{9}{4}} = \sqrt[3]{\cancel{8}^{2} \cdot \frac{9}{\cancel{4}_{1}}} = \sqrt[3]{2 \cdot 9} = \underline{\underline{\sqrt[3]{18}}}$

14.) $(a+b) \cdot \sqrt[2]{\frac{a-b}{a+b}} = \sqrt[2]{(a+b)^{\cancel{2}} \cdot \frac{(a-b)}{\cancel{(a+b)}}}$

$= \sqrt[2]{(a+b)(a-b)} = \underline{\underline{\sqrt[2]{a^2 - b^2}}}$

15.) $\sqrt[2]{16+9} = \sqrt[2]{25} = \underline{\underline{5}}$ Die Summe $16+9$ muß gelöst werden

16.) $\sqrt[2]{\frac{27}{32}} = \sqrt[2]{\frac{9 \cdot 3}{16 \cdot 2}} = \underline{\underline{\frac{3}{4} \cdot \sqrt[2]{\frac{3}{2}}}}$ Der Bruch wurde zerlegt

17.) $\sqrt[2]{\frac{81}{128}} = \sqrt[2]{\frac{81 \cdot 1}{64 \cdot 2}} = \underline{\underline{\frac{9}{8} \cdot \sqrt[2]{\frac{1}{2}}}}$

18.) $\sqrt[3]{\frac{81}{250}} = \sqrt[3]{\frac{27 \cdot 3}{125 \cdot 2}} = \underline{\underline{\frac{3}{5} \cdot \sqrt[3]{\frac{3}{2}}}}$

19.)

$$\sqrt[2]{\frac{4x^2 - 4x + 1}{9x^2 + 6x + 1}} = \sqrt[2]{\frac{(2x-1)^2}{(3x+1)^2}} = \sqrt[2]{\left(\frac{2x-1}{3x+1}\right)^2} = \underline{\underline{\frac{2x-1}{3x+1}}}$$

20.) $\sqrt[3]{2} \cdot \sqrt[2]{2} \Rightarrow \sqrt[3]{2}$ mit 2 erweitert $= \sqrt[6]{2^2}$

$\Rightarrow \sqrt[2]{2}$ mit 3 erweitert $= \sqrt[6]{2^3}$

$\Rightarrow \sqrt[6]{2^2} \cdot \sqrt[6]{2^3} = \sqrt[6]{2^{2+3}} = \underline{\underline{\sqrt[6]{2^5}}}$

21.) $\sqrt[3]{a^2} \cdot \sqrt[4]{a^3} \Rightarrow \sqrt[3]{a^2}$ mit 4 erweitert $= \sqrt[12]{a^8}$

$\Rightarrow \sqrt[4]{a^3}$ mit 3 erweitert $= \sqrt[12]{a^9}$

$\Rightarrow \sqrt[12]{a^8} \cdot \sqrt[12]{a^9} = \sqrt[12]{a^{8+9}} = \sqrt[12]{a^{17}}$

$\Rightarrow = \sqrt[12]{a^{12+5}} = \underline{\underline{a \cdot \sqrt[12]{a^5}}}$

22.) $\sqrt[2]{2^2}\cdot\sqrt[3]{2^3}$ mit 3 und 2 erweitert $=\sqrt[6]{2^6}\cdot\sqrt[6]{2^6}=\underline{\underline{2\cdot 2=4}}$

23.) $\sqrt[2]{2\cdot\sqrt[2]{2\cdot\sqrt[2]{2}}}=\sqrt[2]{2\cdot\sqrt[2]{\cdot\sqrt[2]{4\cdot 2}}}=\sqrt[2]{2\cdot\sqrt[4]{8}}$

$=\sqrt[2]{\sqrt[4]{16\cdot 8}}=\sqrt[8]{16\cdot 8}=\sqrt[8]{128}=\underline{\underline{\sqrt[8]{2^7}}}$

Man kann Wurzeln mit verschiedenen Faktoren erweitern.

$\sqrt[2]{2\cdot\sqrt[2]{2\cdot\sqrt[2]{2}}}=\sqrt[2]{\sqrt[2]{2^2\cdot\sqrt[2]{2^2\cdot 2}}}=\sqrt[2]{\sqrt[2]{\sqrt[2]{2^4\cdot 2^3}}}=\underline{\underline{\sqrt[8]{2^7}}}$

24.) $\dfrac{\sqrt[5]{a^4\cdot b}}{a}$ Nenner mit 5 erweitert $\dfrac{\sqrt[5]{a^4\cdot b}}{\sqrt[5]{a^5}}=\sqrt[5]{\dfrac{a^4\cdot b}{a^5}}$

$=\sqrt[5]{\dfrac{b}{a^{-4}\cdot a^5}}=\sqrt[5]{\dfrac{b}{a^{5-4}}}=\underline{\underline{\sqrt[5]{\dfrac{b}{a}}}}$

25.) $\sqrt[2]{a^9}:\sqrt[2]{a^4}=\dfrac{\sqrt[2]{a^9}}{\sqrt[2]{a^4}}=\sqrt[2]{\dfrac{a^9}{a^4}}=\sqrt[2]{a^9\cdot a^{-4}}=\underline{\underline{\sqrt[2]{a^5}}}$

26.) $\left(\sqrt[4]{x}\right)^2\cdot\sqrt[4]{x}\cdot\sqrt[4]{x}=\sqrt[4]{x^2}\cdot\sqrt[4]{x}\cdot\sqrt[4]{x}$

$=\sqrt[4]{x^2\cdot x\cdot x}=\sqrt[4]{x^4}=\underline{\underline{x}}$

27.) $\sqrt[5]{8}\cdot\left(\sqrt[5]{8}\right)^4=\sqrt[5]{8}\cdot\sqrt[5]{8^4}=\sqrt[5]{8\cdot 8^4}=\sqrt[5]{8^5}=\underline{\underline{8}}$

28.) $\sqrt[2]{a^3} = \sqrt[2]{a^2 \cdot a} = \underline{\underline{a \cdot \sqrt[2]{a}}}$

29.) $\sqrt[\cancel{2}]{a^{\cancel{4}2}} = \underline{\underline{a^2}}$

30.) $\sqrt[2]{a^5} = \sqrt[2]{a^4 \cdot a} = \underline{\underline{a^2 \cdot \sqrt[2]{a}}}$

31.) $\sqrt[6]{a} \cdot \left(\sqrt[6]{a}\right)^2 \cdot \left(\sqrt[6]{a}\right)^3 = \sqrt[6]{a \cdot a^2 \cdot a^3} = \sqrt[6]{a^{1+2+3}} = \sqrt[\cancel{6}]{a^{\cancel{6}}} = \underline{\underline{a}}$

32.) $\dfrac{\sqrt[3]{48}}{\sqrt[3]{6}} = \sqrt[3]{\dfrac{8 \cdot \cancel{6}}{\cancel{6}}} = \sqrt[3]{8} = \underline{\underline{2}}$

33.) $\left(\sqrt[2]{4} - \sqrt[2]{1}\right) \cdot \left(\sqrt[2]{4} + \sqrt[2]{1}\right) = \left(\sqrt[2]{4}\right)^2 + \cancel{\sqrt[2]{4 \cdot 1}} - \cancel{\sqrt[2]{1 \cdot 4}} - \sqrt[2]{1 \cdot 1}$

$= \sqrt[2]{4^2} - \sqrt[2]{1} = 4 - 1 = \underline{\underline{3}}$

Ist ein Binom, jedes Glied der einen Klammer wird mit jedem Glied der anderen Klammer multipliziert.

34.) $\sqrt[2]{18} - \sqrt[2]{32} + \sqrt[2]{128} = \sqrt[2]{2 \cdot 9} - \sqrt[2]{2 \cdot 16} + \sqrt[2]{2 \cdot 64}$

$= 3 \cdot \sqrt[2]{2} - 4 \cdot \sqrt[2]{2} + 8 \cdot \sqrt[2]{2} = \underline{\underline{7 \cdot \sqrt[2]{2}}}$

35.) $\left(3 \cdot \sqrt[2]{10} + 4 \cdot \sqrt[2]{5}\right) \cdot \left(3 \cdot \sqrt[2]{10} - 4 \cdot \sqrt[2]{5}\right)$

$= 9 \cdot \sqrt[2]{10 \cdot 10} - 12 \cdot \sqrt[2]{10 \cdot 5} + 12 \cdot \sqrt[2]{5 \cdot 10} - 16 \cdot \sqrt[2]{5 \cdot 5}$

$= 9 \cdot 10 - \cancel{12 \cdot \sqrt[2]{50}} + \cancel{12 \cdot \sqrt[2]{50}} - 16 \cdot 5 = 90 - 80 = \underline{\underline{10}}$

36.) $\sqrt[2]{4 + \sqrt[2]{7}} \cdot \sqrt[2]{4 - \sqrt[2]{7}} = \sqrt[2]{\left(4 + \sqrt[2]{7}\right) \cdot \left(4 - \sqrt[2]{7}\right)}$

$= \sqrt[2]{16 - \cancel{4 \cdot \sqrt[2]{7}} + \cancel{4 \cdot \sqrt[2]{7}} - 7} = \sqrt[2]{16 - 7} = \sqrt[2]{9} = \underline{\underline{3}}$

37.) $\sqrt[2]{\sqrt[2]{10}-\sqrt[2]{6}}\cdot\sqrt[2]{\sqrt[2]{10}+\sqrt[2]{6}}=\sqrt[2]{\left(\sqrt[2]{10}-\sqrt[2]{6}\right)\cdot\left(\sqrt[2]{10}+\sqrt[2]{6}\right)}$

$=\sqrt[2]{10+\cancel{\sqrt[2]{10\cdot 6}}-\cancel{\sqrt[2]{10\cdot 6}}-6}=\sqrt[2]{10-6}=\sqrt[2]{4}=\underline{\underline{2}}$

Wurzeln aus einer Summe oder Differenz kann man nicht ziehen, ohne die Summe oder Differenz vorher gelöst zu haben.

38.) $\dfrac{8+\sqrt[2]{18}}{\sqrt[2]{2}}=\dfrac{8+\sqrt[2]{2\cdot 9}}{\sqrt[2]{2}}=\dfrac{8+3\cdot\sqrt[2]{2}}{\sqrt[2]{2}}$

$=\dfrac{8}{\sqrt[2]{2}}+\dfrac{3\cdot\cancel{\sqrt[2]{2}}}{\cancel{\sqrt[2]{2}}}=\underline{\underline{\dfrac{8}{\sqrt[2]{2}}+3}}$

39.) $\dfrac{1}{2-\sqrt[2]{2}}=\dfrac{1\cdot\left(2+\sqrt[2]{2}\right)}{\left(2-\sqrt[2]{2}\right)\cdot\left(2+\sqrt[2]{2}\right)}=\dfrac{1\cdot\left(2+\sqrt[2]{2}\right)}{4+\cancel{2\cdot\sqrt[2]{2}}-\cancel{2\cdot\sqrt[2]{2}}-2}$

$=\dfrac{2+\sqrt[2]{2}}{4-2}=\dfrac{2}{2}+\dfrac{\sqrt[2]{2}}{2}=\underline{\underline{1+\dfrac{1}{2}\cdot\sqrt[2]{2}}}$

Es wurde mit dem Wurzelausdruck $2+\sqrt[2]{2}$ erweitert.

40.) $\dfrac{\sqrt[2]{a}-\sqrt[2]{b}}{\sqrt[2]{a}+\sqrt[2]{b}}=\dfrac{\left(\sqrt[2]{a}-\sqrt[2]{b}\right)\cdot\left(\sqrt[2]{a}-\sqrt[2]{b}\right)}{\left(\sqrt[2]{a}+\sqrt[2]{b}\right)\cdot\left(\sqrt[2]{a}-\sqrt[2]{b}\right)}=$ Mit $\left(\sqrt[2]{a}-\sqrt[2]{b}\right)$ erweitert.

$=\dfrac{a-\sqrt[2]{ab}-\sqrt[2]{ab}+b}{a-\cancel{\sqrt[2]{ab}}+\cancel{\sqrt[2]{ab}}-b}=\underline{\underline{\dfrac{a-2\cdot\sqrt[2]{ab}+b}{a-b}}}$

41.) $\sqrt[5]{3^5\cdot 2^{10}}=\sqrt[\cancel{5}\,1]{3^{\cancel{5}\,1}}\cdot\sqrt[\cancel{5}\,1]{2^{\cancel{10}\,2}}=3\cdot 2^2=3\cdot 4=\underline{\underline{12}}$

42.) $\sqrt[2]{16+9} = \sqrt[2]{25} = \underline{\underline{5}}$, $\sqrt[2]{16+9} \neq \sqrt[2]{16} + \sqrt[2]{9}$ geht nicht, falsch. Summen und Differenzen im Radikanden müssen vor dem Radizieren erst gelöst werden.

43.) $\sqrt[x]{\dfrac{qu^{2x}}{p^{3x}}} = \dfrac{\sqrt[x]{qu^{2x}}}{\sqrt[x]{p^{3x}}} = \underline{\underline{\dfrac{qu^2}{p^3}}}$

44.) $\sqrt[3]{\sqrt[2]{64}} = \sqrt[3\cdot 2]{64} = \sqrt[6]{64} = \underline{\underline{2}}$, oder $\sqrt[3]{\sqrt[2]{64}} = \sqrt[3]{8} = \underline{\underline{2}}$

45.) $(a+b)\cdot\sqrt[2]{\dfrac{a-b}{a+b}} = \sqrt[2]{\dfrac{\cancel{(a+b)}\cdot(a+b)\cdot(a-b)}{\cancel{(a+b)}}} = \underline{\underline{\sqrt[2]{a^2-b^2}}}$

46.) $\sqrt[2]{\dfrac{a^2\cdot b^2+b^2\cdot c^2}{a^2}} = \sqrt[2]{\dfrac{b^2\cdot\left(a^2+c^2\right)}{a^2}} = \underline{\underline{\dfrac{b}{a}\cdot\sqrt[2]{a^2+c^2}}}$

47.) $\sqrt[2]{\dfrac{x^2}{16}+\dfrac{y^2}{25}} = \sqrt[2]{\dfrac{25x^2+16y^2}{400}} = \underline{\underline{\dfrac{1}{20}\cdot\sqrt[2]{25x^2+16y^2}}}$

48.) $m\cdot\sqrt[2]{\dfrac{1}{m^2}-2n} = m\cdot\sqrt[2]{\dfrac{1-2n\cdot m^2}{m^2}}$

$= \dfrac{m}{m}\cdot\sqrt[2]{1-2n\cdot m^2} = \underline{\underline{\sqrt[2]{1-2n\cdot m^2}}}$

49.) $\sqrt[2]{a\cdot\sqrt[3]{a\cdot\sqrt[2]{a}}} = \sqrt[2]{a\cdot\sqrt[3]{\cdot\sqrt[2]{a\cdot a^2}}} = \sqrt[2]{a\cdot\sqrt[\cancel{6}\,2]{a^{\cancel{3}\,1}}} = \sqrt[2]{a\cdot\sqrt[2]{a}}$

$= \sqrt[2]{\sqrt[2]{a^3}} = \underline{\underline{\sqrt[4]{a^3}}}$, oder $\sqrt[2]{a\cdot\sqrt[3]{a\cdot\sqrt[2]{a}}} = \sqrt[2]{\sqrt[3]{a^3\cdot a\cdot\sqrt[2]{a}}}$

$= \sqrt[2]{\sqrt[3]{a^3\cdot\sqrt[2]{a^2\cdot a}}} = \sqrt[6]{\sqrt[2]{a^6\cdot a^3}} = \sqrt[\cancel{12}\,4]{a^{\cancel{9}\,3}} = \underline{\underline{\sqrt[4]{a^3}}}$

50.) $\sqrt[2]{2\cdot\sqrt[2]{2\cdot\sqrt[2]{2}}} = \sqrt[2]{\sqrt[2]{2^2\sqrt[2]{2^2\cdot 2}}} = \sqrt[2]{\sqrt[2]{\sqrt[2]{2^4\cdot 2^3}}} = \underline{\underline{\sqrt[8]{2^7}}}$

51.) Wurzelausdrücke können durch Erweiterung mit verschiedenen Faktoren gleichnamig gemacht werden.

$$\sqrt[3]{5}\cdot\sqrt[5]{25} = \sqrt[15]{5^5}\cdot\sqrt[15]{25^3} = \sqrt[15]{5^5\cdot 25^3}$$

mit 5 , mit 3 erweitert

$$= \sqrt[15]{5^5\cdot\left(5^2\right)^3} = \sqrt[15]{5^5\cdot 5^6} = \underline{\underline{\sqrt[15]{5^{11}}}}$$

52.) $\dfrac{\sqrt[5]{2}}{\sqrt[3]{4}} =$ mit 3 erweitert / mit 5 erweitert $\dfrac{\sqrt[15]{2^3}}{\sqrt[15]{4^5}} = \sqrt[15]{\dfrac{2^3}{4^5}} = \sqrt[15]{\dfrac{2^3}{\left(2^2\right)^5}}$

$$= \sqrt[15]{\frac{2^3}{2^{10}}} = \sqrt[15]{2^{3-10}} = \sqrt[15]{2^{-7}} = \underline{\underline{\sqrt[15]{\frac{1}{2^7}} = 0,72362}}$$

53.) Durch Erweiterung werden Wurzelausdrücke aus dem Nenner beseitigt.

$$\frac{1}{3\cdot\sqrt[3]{x^2}} = \frac{1\cdot\sqrt[3]{x^2}}{3\cdot\sqrt[3]{x^2}\cdot\sqrt[3]{x^2}} = \frac{1\cdot\sqrt[3]{x^2}}{3\cdot\sqrt[3]{x^4}} = \frac{1\cdot\sqrt[3]{x^2}}{3\cdot x\cdot\sqrt[3]{x}}$$

$$= \frac{x^{\frac{2}{3}}}{3x\cdot x^{\frac{1}{3}}} = \frac{x^{\frac{2}{3}}\cdot x^{-\frac{1}{3}}}{3x} = \frac{x^{\frac{2}{3}+\left(-\frac{1}{3}\right)}}{3x} = \frac{x^{\frac{1}{3}}}{3x} = \underline{\underline{\frac{\sqrt[3]{x}}{3x}}}$$

Gleichungen mit Wurzelausdrücken:

1.) $\sqrt[2]{x+4} = 7$

$\left(\sqrt[2]{x+4}\right)^2 = 7^2$

$x + 4 = 49$

$x = 49 - 4$

$x = \underline{\underline{45}}$

2.) $\sqrt[2]{x^2+5} = x + 1$

$\left(\sqrt[2]{x^2+5}\right)^2 = (x+1)^2$

$x^2 + 5 = x^2 + x + x + 1$

$-2x = -5 + 1$

$2x = +4$

$x = \frac{4}{2} = \underline{\underline{2}}$

3.) $\sqrt[2]{x} - \frac{1}{4} = \frac{1}{2}$

$\sqrt[2]{x} = \frac{1}{2} + \frac{1}{4}$

$\sqrt[2]{x} = \frac{3}{4}$ potenziert

$\left(\sqrt[2]{x}\right)^2 = \left(\frac{3}{4}\right)^2$

$x = \underline{\underline{\frac{9}{16}}}$

4.) $4 \cdot \sqrt[2]{2x-5} = 5\sqrt[2]{x+1}$

$\left(4 \cdot \sqrt[2]{2x-5}\right)^2 = \left(5 \cdot \sqrt[2]{x+1}\right)^2$

$16 \cdot (2x-5) = 25 \cdot (x+1)$

$32x - 80 = 25x + 25$

$32x - 25x = 80 + 25$

$7x = 105$

$x = \frac{105}{7} = \underline{\underline{15}}$

5.) $\sqrt[2]{x+5} - \sqrt[2]{x-4} = 1$

$\sqrt[2]{x+5} - 1 = \sqrt[2]{x-4}$

$\left(\sqrt[2]{x+5} - 1\right)^2 = \left(\sqrt[2]{x-4}\right)^2$

$x + 5 - 2 \cdot \sqrt[2]{x+5} + 1 = -4 + x$

$-2 \cdot \sqrt[2]{x+5} = \cancel{x} - 4 - \cancel{x} - 5 - 1$

$-2 \cdot \sqrt[2]{x+5} = -10$

$2 \cdot \sqrt[2]{x+5} = 10$

$\sqrt[2]{x+5} = \frac{10}{2} = 5$ potenziert

$x + 5 = 25$

$x = 25 - 5$

$x = \underline{\underline{20}}$

6.) $\sqrt[2]{x+6}-1=\sqrt[2]{x+1}$

$\left(\sqrt[2]{x+6}-1\right)^2=\left(\sqrt[2]{x+1}\right)^2$

$\left(\sqrt[2]{x+6}-1\right)^2$ ist ein Binom

$x+6-\sqrt[2]{x+6}-\sqrt[2]{x+6}+1=x+1$

$x+6-2\cdot\sqrt[2]{x+6}+1=x+1$

$-2\cdot\sqrt[2]{x+6}=x+1-x-6-1$

$-2\cdot\sqrt[2]{x+6}=-6$

$2\cdot\sqrt[2]{x+6}=6$

$\sqrt[2]{x+6}=\frac{\cancel{6}^{3}}{\cancel{2}_{1}}=3$

$\left(\sqrt[2]{x+6}\right)^2=3^2$ potenziert

$x+6=9$

$x=9-6$

$x=\underline{\underline{3}}$

7.) $48-5\cdot\sqrt[2]{x}=6\cdot\sqrt[2]{x}+4$

$-5\cdot\sqrt[2]{x}-6\cdot\sqrt[2]{x}=-48+4$

$-11\cdot\sqrt[2]{x}=-44$

$11\cdot\sqrt[2]{x}=44$

$\sqrt[2]{x}=\frac{\cancel{44}^{4}}{\cancel{11}_{1}}=4$

$\sqrt[2]{x}=4$

$\left(\sqrt[2]{x}\right)^2=4^2$

$x=\underline{\underline{16}}$

8.) $\sqrt[2]{x+12} - \frac{10}{\sqrt[2]{x+12}} = \sqrt[2]{5x-56}$

$\frac{\sqrt[2]{x+12} \cdot \sqrt[2]{x+12} - 10}{\sqrt[2]{x+12}} = \sqrt[2]{5x-56}$ gleichnamig gem.

$x+12-10 = \sqrt[2]{(5x-56)\cdot(x+12)}$ mit $x+12$ potenziert

$(x+2)^2 = \left(\sqrt[2]{(5x-56)\cdot(x+12)}\right)^2$ potenziert

$x^2+4x+4 = (5x-56)\cdot(x+12)$

$x^2+4x+4 = 5x^2+60x-56x-672$

$x^2-5x^2+4x-60x+56x = -4-672$

$-4x^2 = -676$

$4x^2 = 676$

$x^2 = \frac{676}{4} = 169$

$x^2 = 169$

$x = \sqrt[2]{169}$

$x = \underline{\underline{13}}$

9.) $\sqrt[2]{x+5} - \sqrt[2]{x-6} = \sqrt[2]{x-15} - \sqrt[2]{x-22}$ Binom

$\left(\sqrt[2]{x+5} - \sqrt[2]{x-6}\right)^2 = \left(\sqrt[2]{x-15} - \sqrt[2]{x-22}\right)^2$

$x+5-2\cdot\sqrt[2]{(x+5)\cdot(x-6)}+x-6 = x-15-2\cdot\sqrt[2]{(x-15)\cdot(x-22)}+x-22$

$x+5+x-6-(x-15)-(x-22) = 2\cdot\sqrt[2]{(x+5)\cdot(x-6)}-2\cdot\sqrt[2]{(x-15)\cdot(x-22)}$

$x+5+x-6-x+15-x+22 = 2\cdot\sqrt[2]{(x+5)\cdot(x-6)}-2\cdot\sqrt[2]{(x-15)\cdot(x-22)}$

$36 = 2\cdot\sqrt[2]{(x+5)\cdot(x-6)} - 2\cdot\sqrt[2]{(x-15)\cdot(x-22)}$

$36 = 2\cdot\sqrt[2]{x^2-6x+5x-30} - 2\cdot\sqrt[2]{x^2-22x-15x+330}$ $|:2$

$18 = \sqrt[2]{x^2-x-30} - \sqrt[2]{x^2-37x+330}$

Binom

$$\left(\sqrt[2]{x^2-37x+330}+18\right)^2=\left(\sqrt[2]{x^2-x-30}\right)^2 \qquad \text{potenziert}$$

$$x^2-37x+330+2\cdot 18\cdot\sqrt[2]{x^2-37x+330}+324=x^2-x-30$$

$$x^2-x^2-37x+x+330+30+324=-36\cdot\sqrt[2]{x^2-37x+330}$$

$$-36x+684=-36\cdot\sqrt[2]{x^2-37x+330} \qquad |:-36$$

$$+x-19=\sqrt[2]{x^2-37x+330} \qquad \text{potenziert}$$

$$(x-19)\cdot(x-19)=x^2-37x+330$$

$$x^2-19x-19x+361=x^2-37x+330$$

$$\cancel{x^2}-\cancel{x^2}-38x+37x=330-361$$

$$-x=-31$$

$$x=\underline{\underline{31}}$$

Logarithmen

Die Logarithmen sind aus den Potenzen entstanden. Sie sind die Exponenten oder Hochzahlen von Potenzen mit einer bestimmten Grundzahl oder Basis.
Man kann Logarithmen von jeder Zahl als Basis aufstellen, außer von den Zahlen 0 und 1, weil eine Potenz von der Basis 0 immer 0 und eine Potenz mit der Basis 1 immer 1 ergibt.
Gebräuchlich sind die Logarithmen von den Basen der Zahl 10 und der Zahl 2,718, wobei der dekadische oder Brigg´sche Logarithmus mit der Basis 10 mit lg und der natürliche Logarithmus mit der Basis 2,718 mit ln abgekürzt wird.
Allgemein wird ein Logarithmus, zum Beispiel von der Basis 2,4,7,a oder x, mit log abgekürzt.
Brigg´sche oder dekadische Logarithmen auf der Basis der Zahl 10 werden mit lg abgekürzt.
Wir gehen von den Potenzen der Zahl 10 aus.

$10 \cdot 10 = 10^2 = 100$

$10 \cdot 10 \cdot 10 = 10^3 = 1000$

$10 \cdot 10 \cdot 10 \cdot 10 = 10^4 = 10000$

$10^2 = 100$
10 = Grundzahl od. Basis
2 = Exponent, Hochzahl
100 = Potenzwert

$10^2 = 100$
$10^3 = 1000$
$10^4 = 10000$
$10^5 = 100000$
$10^6 = 1000000$ u.s.w.

$10^2 = 100$
$10^1 = 10$
$10^0 = 1$
$10^{-1} = 0,1$
$10^{-2} = 0,01$ u.s.w.

$10^1 = 10$ und $10^2 = 100$, das heißt aber, wenn die Exponenten gleich Logarithmen sind, dann ist der Logarithmus von $10 = 1$ und der Logarithmus von $100 = 2$. Alle Zahlen zwischen 10 und 100 müssen als Exponent oder Logarithmus einen Dezimalbruch zwischen 1 und 2 haben. Die gebrochenen Exponenten, gleich

Logarithmen der Basis 10 sind *z.B.:*

$10^{1,00000} = 10$	$\lg 10 = 1,00000$
$10^{1,30103} = 20$	$\lg 20 = 1,30103$
$10^{1,69897} = 50$	$\lg 50 = 1,69897$
$10^{1,90309} = 80$	$\lg 80 = 1,90309$
$10^{2,00000} = 100$	$\lg 100 = 2,00000$

$10^{0,5} = 10^{\frac{1}{2}} = \sqrt[2]{10^1} = 3,16227$. Die Zahl $3,16227$ Numerus genannt hat also den Logarithmus $0,50000$ wobei die Zahl vor dem Komma als Kennziffer und die hinter dem Komma als Mantisse bezeichnet wird.

Weitere Beispiele:

$$10^{1,5} = 10^{\frac{3}{2}} = \sqrt[2]{10^3} = 31,6227$$

$$10^{0,66666} = 10^{\frac{2}{3}} = \sqrt[3]{10^2} = 4,64158$$

Was für die Zahlen zwischen 10 und 100 gilt, daß zwischen den Kennziffern der Logarithmus aus einem Dezimalbruch besteht, gilt analog auch für die anderen Bereiche über 100 und unter 10. Die Kennziffern sind als Teil des Logarithmus die ganzzahligen Exponenten der Zahl 10. Wie auf der vorhergehenden Seite dargelegt wurde, ist der Exponent oder Logarithmus von $1 = 0,000$. Die Zahlen unter 1 z.B. 0,1 und 0,01 haben einen negativen Exponenten also auch negative Logarithmen.

$$10^{0,00000-1} = 0,1$$

$$10^{0,00000-2} = 0,01$$

Die Rechenoperationen, potenzieren, radizieren und logarithmieren lassen sich an der folgenden Potenzrechnung gut erläutern.

$10^3 = 1000$

Wird der *Potenzwert* 1000 gesucht, müssen wir potenzieren.

$10^3 = ?$

Wird die *Grundzahl* oder Basis 10 gesucht, müssen wir radizieren. $\sqrt[3]{1000} = ?$

Wird die *Hochzahl* oder der Exponent 3 gesucht, müssen wir logarithmieren. ${}^{10}\lg 1000 = 3$ 1000 ist der Logarithmand

$${}^{10}\lg 100 = 2 \quad \text{weil} \quad 10^2 = 100$$

Genau so ist es mit Logarithmen zu einer anderen Basis.

$${}^{2}\log 4 = 2 \quad \text{weil} \quad 2^2 = 4$$

$${}^{e}\log 10 = \ln 10 = 2{,}3026 \quad \text{weil} \quad 2{,}71828^{2{,}3026} = 10$$

Der Logarithmus der Basis e = Eulersche Zahl = 2,718 wird natürlicher Logarithmus genannt und mit ln abgekürzt. Die natürlichen Logarithmen werden besonders in der höheren Mathematik gebraucht.

Die Zahl 2,3026 ist ein Umrechnungsfaktor, mit dem man den natürlichen Logarithmus ln in den dekadischen Logarithmus lg umrechnen kann.

$\lg 10 = 1,$ $\qquad$ $\lg 2{,}71828 = 0{,}4343$

$\ln 10 = 2{,}30258,$ $\qquad$ $\ln 2{,}71828 = 1$

Wenn der natürliche Logarithmus ln gegeben ist und der dekadische Logarithmus lg gesucht wird verfährt man wie folgt.

$\ln x = 2{,}30258 \cdot \lg x$ $\qquad$ wenn $x = 10$

$\ln 10 = 2{,}30258 \cdot \lg 10$

$2{,}30258 = 2{,}30258 \cdot 1$

Wenn der dekadische Logarithmus lg gegeben ist und der natürliche Logarithmus ln gesucht wird verfährt man wie folgt.

$\lg x = 0{,}4343 \cdot \ln x$ $\qquad$ wenn $x = 10$

$1 = 0{,}4343 \cdot 2{,}30258$

Weiteres über den natürlichen Logarithmus Band II

Von der Potenzrechnung wissen wir, daß man Potenzen multiplizieren und dividieren kann, indem man ihre Hochzahlen addiert oder subtrahiert.

$$10^2 \cdot 10^3 = 10^{2+3} = 10^5 = 100000, \quad 100 \cdot 1000 = 100000$$

$$\frac{10^5}{10^2} = 10^{5-2} = 10^3 = 1000, \qquad \frac{100000}{100} = 1000$$

So kann man also Potenzwerte multiplizieren oder dividieren, indem man ihre Exponenten addiert oder subtrahiert. Analog gilt das auch für das Logarithmenrechnen. Man kann Zahlen multiplizieren oder dividieren, indem man ihre Logarithmen addiert oder subtrahiert.

$$\left(10^2\right)^2 = 10^{2 \cdot 2} = 10^4, \qquad 100^2 = 10000$$

$$10^{4:2} = 10^{\frac{4}{2}} = \sqrt[2]{10^4} = 100, \qquad \sqrt[2]{10000} = 100$$

Wir sehen auch, daß wir Potenzen potenzieren und radizieren können, indem man ihre Exponenten multipliziert oder dividiert. Genauso kann man Zahlen potenzieren oder radizieren, indem man ihre Logarithmen multipliziert oder dividiert.

Allgemeine Formeln des Logarithmenrechnens:

1.) $\lg(a \cdot b) = \lg a + \lg b$ $\qquad a = 3,\ b = 5,\ a \cdot b = 15$

$\lg(3 \cdot 5) =$ $\qquad \lg 3 + \lg 5$

$\lg(15) = 1{,}17609$ $\qquad 0{,}47712$

$+0{,}69897$

$1{,}17609 \qquad N = 15$

2.) $\lg\left(\frac{a}{b}\right) = \lg a - \lg b$ $\qquad a = 10,\ b = 4,\ a{:}b = 2{,}5$

$\lg 10 - \lg 4$

$\lg\left(\frac{10}{4}\right) =$ $\qquad 1{,}00000$

$-0{,}60206$

$\lg(2{,}5) = 0{,}39794$ $\qquad 0{,}39794 \qquad N = 2{,}5$

3.) $\lg a^n = n \cdot \lg a$ $\qquad a = 2,\ n = 3,\ 2^3 = 8$

$\lg\left(2^3\right) = 0{,}90308$ $\qquad 3 \cdot 0{,}30103 = 0{,}90309 \qquad N = 8$

4.) $\lg \sqrt[n]{a} = \frac{1}{n} \cdot \lg a$ $\quad a = 125,\ n = 3$

$\lg \sqrt[3]{125}$ $\quad \frac{1}{3} \cdot \lg 125$

$\frac{1}{3} \cdot 2{,}09691 = 0{,}69897 \qquad N = 5$

5.) $\lg \left(a^n\right)^m = n \cdot m \cdot \lg a$ $\quad a = 2,\ n = 2,\ m = 3$

$\lg \left(2^2\right)^3$ $\quad 2 \cdot 3 \cdot \lg 2$

$2 \cdot 3 \cdot 0{,}30103 = 1{,}80618 \qquad N = 64$

Die Kennziffern der Logarithmen

Die Kennziffern sind die ganzzahligen Potenzexponenten zur Basis 10. Die Mantissen sind die Dezimalbrüche, die es ermöglichen jede Zahl zwischen den vollen Potenzen oder Kennziffern als Logarithmus auszudrücken.

$\lg 1{,}0$	$= 0{,}00000$	$\lg 1{,}0$	$= 0{,}00000$
$\lg 10{,}0$	$= 1{,}00000$	$\lg 0{,}1$	$= 0{,}00000 - 1$
$\lg 100{,}0$	$= 2{,}00000$	$\lg 0{,}01$	$= 0{,}00000 - 2$
$\lg 1000{,}0$	$= 3{,}00000$	$\lg 0{,}001$	$= 0{,}00000 - 3$
$\lg 10000{,}0$	$= 4{,}00000$	$\lg 0{,}0001$	$= 0{,}00000 - 4$
$\lg 100000{,}0$	$= 5{,}00000$	$\lg 0{,}00001$	$= 0{,}00000 - 5$

Alle Zahlen über 1 oder größer als 1 haben eine positive Kennziffer, sie ist gleich der Anzahl Nullen vor dem Komma der Zahl. 100,0 hat zwei Nullen vor dem Komma also die Kennziffer 2. Alle dreistelligen Zahlen haben die Kennziffer 2.
Alle Zahlen unter 1 oder kleiner als 1 haben eine negative Kennziffer, sie ist gleich der Anzahl Nullen vor der Zahl. Siehe oben.

Wichtige Beispiele:

$\lg 1 = 0$ denn $10^0 = 1$ $\qquad \lg 0 = -\infty$ denn $10^{-\infty} = 0$

$\lg 10 = 1$ denn $10^1 = 10$ $\qquad \frac{1}{10^{\infty}} = 0$

Logarithmen von negativen Zahlen gibt es nicht.

lg 2	= 0,30103	lg 0,2	= 0,30103 − 1
lg 20	= 1,30103	lg 0,02	= 0,30103 − 2
lg 200	= 2,30103	lg 0,002	= 0,30103 − 3
lg 2000	= 3,30103	lg 0,0002	= 0,30103 − 4

Alle Zahlen zwischen 1 und 9,9999999 haben den dekadischen Logarithmus 0,------

Alle Zahlen zwischen 10 und 99,9999999 haben den dekadischen Logarithmus 1,------

Alle Zahlen zwischen 100 und 999,9999999 haben den dekadischen Logarithmus 2,------

Alle Zahlen zwischen 0,1 und 0,9999999 haben den dekadischen Logarithmus 0,------ −1

Alle Zahlen zwischen 0,01 und 0,09999999 haben den dekadischen Logarithmus 0,------ −2

Der folgende Ausschnitt aus einer fünfstelligen dekadischen Logarithmentafel soll das Aufsuchen der Logarithmen und umgekehrt das Aufsuchen der Zahlen (Numeri) erläutern.

N.	L.	0	1	2	3	4	5	6	7	8	9
220	<u>34</u>	242	262	282	301	321	341	361	380	400	420
<u>221</u>		439	495	479	<u>498</u>	518	537	557	577	596	616
222		635	555	674	694	713	733	753	773	792	811
223		830	850	869	889	908	928	947	967	986	005
224	35	025	044	064	083	102	122	141	160	180	199

5 te Stelle

20	1	2,0	19	1	1,9
	2	4,0		2	3,8
	3	6,0		3	5,7
	4	8,0		4	7,6
	<u>5</u>	<u>10,0</u>		5	9,5
	6	12,0		6	11,4
	7	14,0		7	13,3
	8	16,0		8	15,2
	9	18,0		9	17,1

N = senkrecht 220 − 224
waagrecht 0 − 9
L = Logarithmus lg
Die Mantissen sind die Zahlen 34242 − 35199

Beispiel: $\lg 221{,}35 = 2{,}34508$

Man sucht den Logarithmus von 221,35, er muß zwischen 100 und 1000 liegen, hat also die Kennziffer 2,---- dann sucht man weiter in der Spalte N. 221 und liest bei 3 ab. Man erhält 2,34498 die 5 te Stelle liest man in der unteren Spalte bei 5 ab und addiert die abgelesene 10 zu den 498 dazu und erhält den lg 2,34508. Sucht man den Numerus von lg 2,34508, dann muß man im Bereich 34 die nächst niedere Zahl unter 518 suchen, das ist 498. Man kann jetzt 2213 und unten bei 10 die 5 ablesen. Man kann jetzt 22135 und die Kennziffer 2, es muß eine 3 stellige Zahl sein, die wir von links nach rechts mit dem Komma abschneiden. $N = 221{,}35$.

Rechenbeispiele mit Logarithmen:

1.) $\lg(x \cdot y) = \lg x + \lg y$ — $\lg(3 \cdot 7) = \lg 3 + \lg 7$

$a = \underline{\underline{3}}$ — $0{,}47712$

$y = \underline{\underline{7}}$ — $+0{,}84509$

$1{,}32221 \quad N = 21$

2.) $\lg(5z) = \lg 5 + \lg z$ — $\lg(5 \cdot 255) = \lg 5 + \lg 255$

$z = \underline{\underline{255}}$ — $0{,}69897$

$+2{,}40654$

$3{,}10551 \quad N = 1275$

3.) $\lg(3ab) = \lg 3 + \lg a + \lg b$ — $\lg(3 \cdot 15 \cdot 25) = \lg 3 + \lg 15 + \lg 25$

$a = 15$ — $0{,}47712$

$b = 25$ — $+1{,}17609$

$+1{,}39794$

$3{,}05115 \quad N = 1125$

4.) $\lg\left(\frac{a}{b}\right) = \lg a - \lg b$ — $\lg(210:7) = \lg 210 - \lg 7$

$a = 210$ — $2{,}32221$

$b = 7$ — $-0{,}84510$

$1{,}47711 \quad N = 30$

5.) $\lg(a:b:c) = \lg a - \lg b - \lg c$ $\lg(7250:25:10) =$

$a = 7250$
$b = 25$
$c = 10$

$\lg 7250 - \lg 25 - \lg 10$

$$\begin{array}{r} 3{,}86033 \\ -1{,}39794 \\ -1{,}00000 \\ \hline 1{,}46239 \end{array} \qquad N = 29$$

6.) $\lg\left(\dfrac{a \cdot b}{c}\right) = \lg a + \lg b - \lg c$ $\lg(500 \cdot 30:5) =$

$a = 500$
$b = 30$
$c = 5$

$\lg 500 + \lg 30 - \lg 5$

$$\begin{array}{r} 2{,}69897 \\ +1{,}47711 \\ -0{,}69897 \\ \hline 3{,}47711 \end{array} \qquad N = 3000$$

7.) $\lg\left(\dfrac{x}{y \cdot z}\right) = \lg x - (\lg y + \lg z)$ $\lg\left(\dfrac{5000}{200 \cdot 5}\right) =$

$x = 5000$
$y = 200$
$z = 5$

$\lg 5000 - (\lg 200 + \lg 5)$

$$\begin{array}{r} 3{,}69897 \\ -2{,}30103 \\ -0{,}69897 \\ \hline 0{,}69897 \end{array} \qquad N = 5$$

8.) $\lg\left(\dfrac{m \cdot n}{o \cdot p}\right) = \lg m + \lg n - (\lg o + \lg p)$ $\lg\left(\dfrac{4000 \cdot 6}{12 \cdot 3}\right) =$

$m = 4000$
$n = 6$
$o = 12$
$p = 3$

$\lg 4000 + \lg 6 - (\lg 12 + \lg 3)$

$$\begin{array}{r} 3{,}60206 \\ +0{,}77815 \\ -1{,}07918 \\ -0{,}47712 \\ \hline 2{,}82391 \end{array} \qquad N = 666{,}66$$

9.) $\lg (a \cdot b)^3 = 3 \cdot (\lg a + \lg b)$ $\quad$ $\lg(5 \cdot 3)^3 = (\lg 5 + \lg 3) \cdot 3$

$a = 5$
$b = 3$

$$\begin{array}{r} 0{,}69897 \\ +0{,}47712 \\ \hline 1{,}17609 \cdot 3 = \\ 3{,}52827 \end{array} \qquad N = 3375$$

10.) $\lg \left(a^3 \cdot b\right) = 3 \cdot \lg a + \lg b$ $\quad$ $\lg \left(5^3 \cdot 8\right) = 3 \cdot \lg 5 + \lg 8$

$a = 5$
$b = 8$

$$\begin{array}{lr} 0{,}69897 \cdot 3 = & 2{,}09691 \\ & +0{,}90303 \\ \cline{2-2} N = 1000 & 2{,}99999 \end{array}$$

11.) $\lg \left(m^2 \cdot n^3\right) = 3 \cdot \lg n + 2 \cdot \lg m$ $\quad$ $\lg \left(5^2 \cdot 3^3\right) = 2 \cdot \lg 5 + 3 \cdot \lg 3$

$m = 5$
$n = 3$

$$\begin{array}{lr} 2 \cdot 0{,}69897 = & 1{,}39794 \\ 3 \cdot 0{,}47712 = & +1{,}43136 \\ \cline{2-2} N = 675 & 2{,}82930 \end{array}$$

12.) $\lg \left(\frac{a^n}{m}\right) = n \cdot \lg a - \lg m$ $\quad$ $\lg \left(\frac{5^2}{10}\right) = 2 \cdot \lg 5 - \lg 10$

$a = 5$
$n = 2$
$m = 10$

$$\begin{array}{lr} 2 \cdot 0{,}69897 = & 1{,}39794 \\ & -1{,}00000 \\ \cline{2-2} N = 2{,}5 & 0{,}39794 \end{array}$$

13.) $\lg \left(\frac{x}{y^4}\right) = \lg x - 4 \cdot \lg y$ $\quad$ $\lg \left(\frac{16}{2^4}\right) = \lg 16 - 4 \cdot \lg 2$

$x = 16$
$y = 2$

$$\begin{array}{lr} & 1{,}20411 \\ 4 \cdot 0{,}30103 = & -1{,}20411 \\ \cline{2-2} N = 1{,}0 & 0{,}00000 \end{array}$$

14.) $\lg \left(\frac{a}{b}\right)^n = n \cdot (\lg a - \lg b)$ $\quad$ $\lg \left(\frac{3}{2}\right)^4 = 4 \cdot (\lg 3 - \lg 2)$

$a = 3$
$b = 2$
$n = 4$

$$\begin{array}{r} 0{,}47712 \\ -0{,}30103 \\ \hline 0{,}17609 \cdot 4 = \\ 0{,}70436 \end{array} \qquad N = 5{,}0625$$

15.) $\lg\left(\frac{a^2 \cdot b^2}{c}\right) = (2\lg a + 2\lg b) - \lg c$ $\quad (2 \cdot \lg 1{,}41421 + 2 \cdot \lg 1{,}73205) - \lg 2$

$a = 1{,}41421$
$b = 1{,}73205$
$c = 2{,}0$

$$\begin{array}{r} 0{,}150514 \cdot 2 = 0{,}30103 \\ +0{,}238560 \cdot 2 = \underline{0{,}47712} \\ 0{,}77815 \\ \underline{-0{,}30103} \\ N = 3 \qquad\qquad 0{,}47712 \end{array}$$

16.) $\lg \sqrt[2]{a \cdot b} = \frac{1}{2} \cdot (\lg a + \lg b)$ $\quad \frac{1}{2} \cdot (\lg 3 + \lg 12)$

$a = 3$
$b = 12$

$$\begin{array}{l} 0{,}47712 \\ \underline{+1{,}07918} \\ 1{,}55630 : 2 = 0{,}77815 \\ N = 6 \end{array}$$

17.) $\lg \sqrt[3]{\frac{a}{b}} = \frac{1}{3} \cdot (\lg a - \lg b)$ $\quad \frac{1}{3} \cdot (\lg 81 - \lg 3)$

$a = 81$
$b = 3$

$$\begin{array}{l} 1{,}90848 \\ \underline{-0{,}47712} \\ 1{,}43136 : 3 = 0{,}47712 \\ N = 3 \end{array}$$

18.) $\lg \sqrt[2]{a^3} = \frac{1}{2} \cdot (3 \cdot \lg a)$ $\quad \frac{1}{2} \cdot (3 \cdot \lg 2{,}9240)$

$a = 2{,}924$

$$\begin{array}{l} 0{,}465977 \cdot 3 = 1{,}39793 : 2 \\ = 0{,}698966 \qquad N = 5 \end{array}$$

19.) $\lg \sqrt[3]{\sqrt[2]{a}} = \sqrt[6]{a} = \frac{1}{6} \cdot \lg a$ $\quad \frac{1}{6} \cdot \lg 64$

$a = 64$

$$\begin{array}{l} 1{,}80618 : 6 = 0{,}30103 \\ N = 2 \end{array}$$

20.) $\lg \sqrt[n]{\frac{x \cdot y}{z}} = \frac{1}{n} \cdot (\lg x + \lg y - \lg z)$ $\quad \frac{1}{2} \cdot (\lg 6 + \lg 12 - \lg 2) = \sqrt[2]{\frac{6 \cdot 12}{2}}$

$x = 6$
$y = 12$
$z = 2$
$n = 2$

$$\begin{array}{r} 0{,}77815 \\ \underline{+1{,}07918} \\ 1{,}85733 \\ \underline{-0{,}30103} \\ N = 6 \qquad 1{,}55630 : 2 = 0{,}77815 \end{array}$$

21.) $\lg \sqrt[3]{\frac{x}{y}} = \frac{1}{3} \cdot (\lg x - \lg y)$ $\lg \sqrt[3]{\frac{24}{3}} = \frac{1}{3} \cdot (\lg 24 - \lg 3)$

$x = 24$
$y = 3$

$$\begin{array}{r} 1{,}38021 \\ -0{,}47712 \\ \hline 0{,}90309 : 3 = 0{,}30103 \end{array}$$

$N = 2$

22.)

$\lg\left(\sqrt[3]{a} \cdot \sqrt[2]{b}\right) = \frac{1}{3} \cdot \lg a + \frac{1}{2} \cdot \lg b$ $\lg\left(\sqrt[3]{125} \cdot \sqrt[2]{36}\right) = \frac{1}{3} \cdot \lg 125 + \frac{1}{2} \cdot \lg 36$

$a = 125$
$b = 36$

$$\begin{array}{r} 2{,}09691 : 3 = 0{,}69897 \\ +1{,}55630 : 2 = \underline{0{,}77815} \\ 1{,}47712 \end{array}$$

$N = 30$

23.) $\lg\left(\frac{5 \cdot \sqrt[2]{x}}{2 \cdot \sqrt[3]{y}}\right)$

$= \lg 5 + \frac{1}{2} \cdot \lg x - \left(\lg 2 + \frac{1}{3} \cdot \lg y\right)$

$x = 25$
$y = 8$

$\lg 5 + \frac{1}{2} \cdot \lg 25 - \left(\lg 2 + \frac{1}{3} \cdot \lg 8\right)$

$$\begin{array}{rr} & 0{,}69897 \\ +1{,}39794 : 2 = & 0{,}69897 \\ -0{,}30103 & 0{,}30103 \\ -0{,}90308 : 3 = & \underline{0{,}30103} \\ & 0{,}79855 \end{array}$$

$N = 6{,}25$

24.) $\lg \sqrt[2]{x \cdot \sqrt[2]{y}} = \sqrt[2]{\sqrt[2]{x^2 \cdot y}} = \sqrt[4]{x^2 \cdot y} = \frac{1}{4} \cdot (2 \cdot \lg x + \lg y)$

$x = 3$
$y = 9$

$\frac{1}{4} \cdot (2 \cdot \lg 3 + \lg 9)$

$$\begin{array}{r} 0{,}47712 \cdot 2 = 0{,}95424 \\ +0{,}95424 \\ \hline 1{,}90848 : 4 \\ = 0{,}47712 \end{array}$$

$N = 3$

25.) $\lg \dfrac{a^3 \cdot \sqrt[2]{b}}{\sqrt[2]{a+b}} = 3 \cdot \lg a + \dfrac{1}{2} \cdot \lg b - \left[\dfrac{1}{2} \cdot (\lg (a+b)) \right]$

$a = 5$

$b = 4$

$$3 \cdot \lg 5 + \frac{1}{2} \cdot \lg 4 - \left(\frac{1}{2} \cdot \lg 9 \right)$$

$$\begin{aligned} 0{,}69897 \cdot 3 &= 2{,}09691 \\ +0{,}60205 : 2 &= 0{,}30103 \\ -0{,}95424 : 2 &= \underline{0{,}47712} \\ & 1{,}92082 \qquad N = 83{,}33 \end{aligned}$$

Rechenübungen unter Verwendung der Logarithmentafel

1.) $\lg (0{,}0429 \cdot 0{,}0031) = \lg 0{,}0429 = 0{,}63246 - 2$

$$\begin{aligned} +\lg 0{,}0031 &= \underline{0{,}49136 - 3} \\ & 1{,}12382 - 5 \\ &= 0{,}12382 - 4 \\ & \qquad N = 0{,}000133 \end{aligned}$$

2.) $\lg (2{,}2 \cdot 3 \cdot 4{,}3) =$

$$\begin{aligned} \lg 2{,}2 &= 0{,}34242 \\ +\lg 3{,}0 &= 0{,}47712 \\ +\lg 4{,}3 &= \underline{0{,}63347} \\ & 1{,}45301 \qquad N = 28{,}38 \end{aligned}$$

Es können auch mehrere Zahlen logarithmisch multipliziert oder dividiert werden.

3.) $\lg (50 : 7) =$

$$\begin{aligned} \lg 50 &= 1{,}69897 \\ -\lg 7 &= \underline{0{,}84510} \\ & 0{,}85387 \qquad N = 7{,}1429 \end{aligned}$$

4.) $\lg (0{,}0316 : 0{,}415) =$

$$\begin{aligned} \lg 0{,}0316 &= \overset{1}{\cancel{0}}{,}49965 - \cancel{2}\,^{3} \\ -\lg 0{,}415 &= \underline{0{,}61805 - \cancel{1}\ (+1)} \\ & 0{,}88164 - 2 \\ & \qquad N = 0{,}07614 \end{aligned}$$

Wenn der obere Logarithmus als Minuend kleiner ist als der Subtrahend darunter, muß man die Kennziffern vorn und hinten erweitern. Wenn ein Logarithmus, der eine negative Kennziffer hat, abgezogen wird, wird diese dann positiv (Klammerregel).

5.) $\lg(24:5310) = \lg 24 = \overset{4}{\not{1}},38021 - 3$

$-\lg 5310 = \underline{3,72509}$

$0,65512 - 3 \qquad N = 0,00452$

6.) $\lg(10,5:0,5) = \lg 10,5 = 1,02119$

$-\lg 0,5 = \underline{0,69897 - \not{1}(+1)}$

$0,32222 + 1$

$1,32222 \qquad N = 21$

7.) $\lg\left(\frac{1}{13}\right) = \lg 1 = \overset{2}{\not{0}},00000 - 2$

$= \lg 13 = \underline{1,11390}$

$0,88610 - 2 \qquad N = 0,07693$

8.) $\lg\left(\frac{1}{0,013}\right) = \lg 1 = \overset{1}{\not{0}},00000 - 1$

$= -\lg 0,013 = \underline{0,11390 - \not{2}(+2)}$

$0,88610 + 1$

$1,88610 \qquad N = 76,93$

9.) $\lg\left(\frac{2}{0,5}\right) = \lg 2 = \overset{1}{\not{0}},30103 - 1$

$= -\lg 0,5 = \underline{0,69897 - \not{1}(+1)}$

$0,60206 \qquad N = 4$

Die Logarithmenanzeige der Zahlen unter 1,0 ist in der Logarithmentafel anders als auf dem Taschenrechner.

Beispiel	Logarithmentafel	Taschenrechner
$\lg 0,5$	$= 0,69897 - 1$	$= -0,30103$
weil	$-1,0 + 0,69897 = -0,30103$	
$\lg 0,05$	$= 0,69897 - 2$	$= -1,30103$
weil	$-2,0 + 0,69897 = -1,30103$	

10.) $\lg(5^3) = 3 \cdot \lg 5 = 0,69897 \cdot 3 = 2,09691 \qquad N = 125$

11.) $\lg(0,05^3) = 3 \cdot \lg 0,05 = (0,69897 - 2) \cdot 3$

$= 2,09691 - 6$

$= 0,09691 - 4 \qquad N = 0,000125$

12.) $\lg \sqrt[2]{25} = \frac{1}{2} \cdot \lg 25 = 1,39794:2 = 0,69897 \qquad N = 5$

13.) $\lg \sqrt[3]{125} = \frac{1}{3} \cdot \lg 125 = 2{,}09691 : 3 = 0{,}69897 \qquad N = 5$

14.) $\lg \sqrt[3]{0{,}0125} = \frac{1}{3} \cdot \lg 0{,}0125 = (0{,}09691 - 2) : 3$

$\text{erweitert} \quad = (1{,}09691 - 3) : 3$

$= 0{,}365636 - 1 \qquad N = 0{,}23208$

Zweckmäßig ist es, so zu erweitern, daß die negative Kennziffer ohne Dezimalbruch teilbar ist.
Es geht aber auch mit Dezimalbruch.

15.) $\lg\left(0{,}25^{0{,}3}\right) = 0{,}3 \cdot \lg 0{,}25 = (0{,}39794 - 1) \cdot 0{,}3 = 0{,}119382 - 0{,}3$

$$\begin{array}{r} -0{,}300000 \\ \underline{+0{,}119382} \\ -0{,}180618 \end{array} \qquad \begin{array}{r} +1{,}000000 \\ \underline{-0{,}180618} \\ 0{,}819382 - 1 \end{array} \quad N = 0{,}6597$$

$\lg\left(0{,}25^{\frac{3}{10}}\right) = \sqrt[10]{0{,}25^3} = \frac{3}{10} \cdot \lg 0{,}25 = (0{,}39794 - 1) \cdot 3 : 10 =$

$= (1{,}19382 - 3) : 10$, erweitert um $7 = (8{,}19382 - 10) : 10$

$= 0{,}819382 - 1 \qquad N = 0{,}6597$

16.) $\lg\left(40 \cdot \frac{1}{40}\right) = \lg 40 + \lg\left(\frac{1}{40}\right) =$

$$\begin{array}{lr} \lg 1 & = \overset{2}{\cancel{0}},00000 - 2 \\ -\lg 40 & \underline{= 1{,}60206} \\ & 0{,}39794 - 2 \\ & \underline{+1{,}60206} \\ & \cancel{2},00000 - \cancel{2} \end{array}$$

(Die $+1{,}60206$ stammt von $\lg 40$.)

$= 0{,}00000 \qquad N = 1{,}0$

$$17.)\ \lg\left(0{,}5\cdot 10^{3}\right)=\lg 0{,}5+(\lg 10\cdot 3)=0{,}69897-1$$

$$+1{,}0000\cdot 3=\underline{3{,}00000}$$

$$3{,}69897-1$$

$$2{,}69897\quad N=500$$

$$18.)\ \lg\left(1{,}5\cdot 10^{3}\right)=\lg 1{,}5+(\lg 10\cdot 3)\ =0{,}17609$$

$$+1{,}0000\cdot 3\ =\underline{3{,}00000}$$

$$3{,}17609\quad N=1500$$

$$19.)\ {}^{10}\lg 5=0{,}69897=10^{0{,}69897}\qquad N=5$$

> Hochzahl oder Exponent in Abhängigkeit von der Basis ist gleich Logarithmus dieser Basis.

$${}^{10}\lg 500=2{,}69897=10^{2{,}69897}\qquad N=500$$

$${}^{10}\lg 0{,}5=0{,}69897-1=0{,}30103=10^{-0{,}30103}\quad N=0{,}5$$

$$20.)\ 10^{2{,}5}=316{,}22\qquad \lg 316{,}22=2{,}5\qquad N=316{,}22$$

$$10^{-2{,}5}=0{,}0031622\qquad \lg 0{,}0031622=-2{,}5$$

$$=0{,}50000-3\qquad N=0{,}0031622$$

$$10^{-2{,}5}=\frac{1}{10^{2{,}5}}=\lg 1-(\lg 10\cdot 2{,}5)$$

$$={}^{3}\!\not{0}{,}00000-3\qquad \text{erweitert}$$

$$=\underline{-2{,}50000}$$

$$0{,}50000-3\qquad N=0{,}0031622$$

$$316{,}22\cdot\frac{1}{316{,}22}=\lg 316{,}22+\lg 0{,}0031622$$

$$=\quad 2{,}50000$$

$$=\underline{+(-2{,}50000)}$$

$$0{,}00000\qquad N=1{,}0$$

Ergänzung zu den Anwendungsbeispielen für Logarithmen auf Seite 95-100

Wenn man mathematische Ausdrücke, die Logarithmen enthalten, in solche ohne Logarithmen verwandeln will, ist die folgende Aufstellung ein gutes Hilfsmittel. Es werden die Anwendungsbeispiele 1-25 in der umgekehrten Richtung erläutert.

			N
1.)	$\lg x + \lg y$	$= \lg (x \cdot y)$	$x \cdot y$
4.)	$\lg a - \lg b$	$= \lg (a:b)$	$a:b$
5.)	$\lg a - \lg b - \lg c$	$= \lg (a:b:c)$	$a:b:c$
6.)	$\lg a + \lg b - \lg c$	$= \lg \left(\frac{a \cdot b}{c}\right)$	$\frac{a \cdot b}{c}$
7.)	$\lg x - (\lg y + \lg z)$	$= \lg \left(\frac{x}{y \cdot z}\right)$	$\frac{x}{y \cdot z}$
8.)	$\lg m + \lg n - (\lg o + \lg p)$	$= \lg \left(\frac{m \cdot n}{o \cdot p}\right)$	$\frac{m \cdot n}{o \cdot p}$
9.)	$3 \cdot (\lg a + \lg b)$	$= \lg (a \cdot b)^3$	$(a \cdot b)^3$
10.)	$3 \cdot \lg a + \lg b$	$= \lg (a^3 \cdot b)$	$a^3 \cdot b$
11.)	$2 \cdot \lg m + 3 \cdot \lg n$	$= \lg (m^2 \cdot n^3)$	$m^2 \cdot n^3$
12.)	$n \cdot \lg a - \lg m$	$= \lg \left(\frac{a^n}{m}\right)$	$\frac{a^n}{m}$
13.)	$\lg x - 4 \cdot \lg y$	$= \lg \left(\frac{x}{y^4}\right)$	$\frac{x}{y^4}$
14.)	$n \cdot (\lg a - \lg b)$	$= \lg \left(\frac{a}{b}\right)^n$	$\left(\frac{a}{b}\right)^n$
15.)	$(2 \cdot \lg a + 2 \cdot \lg b) - \lg c$	$= \lg \left(\frac{a^2 \cdot b^2}{c}\right)$	$\frac{a^2 \cdot b^2}{c}$

		N
16.) $\frac{1}{2}\cdot(\lg a+\lg b)$	$=\lg\sqrt[2]{a\cdot b}$	$\sqrt[2]{a\cdot b}$
17.) $\frac{1}{3}\cdot(\lg a-\lg b)$	$=\lg\left(\sqrt[3]{\frac{a}{b}}\right)$	$\sqrt[3]{\frac{a}{b}}$
18.) $\frac{1}{2}\cdot(3\cdot\lg a)$	$=\lg\sqrt[2]{a^3}$	$\sqrt[2]{a^3}$
19.) $\frac{1}{6}\cdot\lg a$	$=\lg\sqrt[6]{a}$	$\sqrt[6]{a}$
20.) $\frac{1}{n}\cdot(\lg x+\lg y-\lg z)$	$=\lg\sqrt[n]{\frac{x\cdot y}{z}}$	$\sqrt[n]{\frac{x\cdot y}{z}}$
21.) $\frac{1}{3}\cdot(\lg x-\lg y)$	$=\lg\sqrt[3]{\frac{x}{y}}$	$\sqrt[3]{\frac{x}{y}}$
22.) $\frac{1}{3}\cdot\lg a+\frac{1}{2}\cdot\lg b$	$=\lg\left(\sqrt[3]{a}\cdot\sqrt[2]{b}\right)$	$\sqrt[3]{a}\cdot\sqrt[2]{b}$
23.) $\lg 5+\frac{1}{2}\cdot\lg x-\left(\lg 2+\frac{1}{3}\cdot\lg y\right)$	$=\lg\left(\frac{5\cdot\sqrt[2]{x}}{2\cdot\sqrt[3]{y}}\right)$	$\frac{5\cdot\sqrt[2]{x}}{2\cdot\sqrt[3]{y}}$
24.) $\frac{1}{4}\cdot(2\cdot\lg x+\lg y)$	$=\lg\sqrt[4]{x^2\cdot y}$	$\sqrt[4]{x^2\cdot y}$
25.) $3\cdot\lg a+\frac{1}{2}\cdot\lg b-\left[\frac{1}{2}\cdot(\lg(a+b))\right]$	$=\lg\left(\frac{a^3\cdot\sqrt[2]{b}}{\sqrt[2]{a+b}}\right)$	$\frac{a^3\cdot\sqrt[2]{b}}{\sqrt[2]{a+b}}$

Funktionen mit Logarithmen

$y=\lg x$, $10^y=x$

$y=\ln x$, $e^y=x$, e ist 2,718 ist die Basis ln

Der Rechenschieber

Wie wir aus der Potenzrechnung wissen, kann man Potenzen multiplizieren, indem man ihre Exponenten addiert, oder dividieren, indem man ihre Exponenten subtrahiert.

$$10^2 \cdot 10^3 = 10^{2+3} = 10^5 = 100000$$
$$10^5 : 10^3 = 10^{5-3} = 100$$

Diese Tatsache bildet die Grundlage zur Funktionsfähigkeit eines Rechenschiebers. Es werden Strecken, die in ihren Hochzahlen zur Basis 10 also in ihrem dekadischen Logarithmus ausgedrückt sind, aneinandergelegt oder voneinander abgezogen. Der erhaltene Wert ist der Logarithmus der Zahl, die auf dem Rechenschieber direkt abgelesen werden kann. Das Rechnen mit dem Rechenschieber ist eine Addition oder Subtraktion von logarithmischen Strecken.
Die Grundskala eines normalen Rechenschiebers ist 25 cm lang und enthält die Zahlen von 1 bis 10. Die Zahlen sind in immer kleiner werdenden Abständen, die den Logarithmen entsprechen, aufgetragen. Die Grundskala beginnt bei 1 und endet bei 10. Parallel dazu ist auf dem Rechenschieber eine Logarithmenskala, die auch 25 cm lang ist und in 10 gleich lange Strecken je 2,5 cm unterteilt, aufgetragen. Sie beginnt mit lg 0 und endet mit lg 1, lg 0 bis 1 = 25 cm. So fallen also auf den Skalen am Beginn die Zahl 1 mit dem lg 0 und am Ende die Zahl 10 mit dem lg 1 zusammen. Dazwischen stehen auf der Grundskala die Zahl 2 an der gleichen Stelle, auf der die logarithmische Skala 0,30103 anzeigt. Wenn aber die Differenz lg 0 bis 1,25 cm ist, dann ist die Zahl 2 bei 7,525 cm auf der Grundskala markiert.
$(0{,}30103 \cdot 25 = 7{,}525)$
Die Zahl 3 ist bei 11,928 cm markiert $(0{,}47712 \cdot 25 = 11{,}928)$. Die Zahl 4 ist bei 15,0515 cm markiert. $(0{,}60205 \cdot 25 = 15{,}0515)$

Die Zahl 5 ist bei 17,4742 cm markiert. $(0{,}69897 \cdot 25 = 17{,}4742)$. Die Differenz zwischen 2 und 3 ist 4,403 cm, zwischen 4 und 5 nur noch 2,4227 cm. Diese logarithmischen Strecken kann man an einem 25 cm Rechenschieber leicht nachmessen.

Handhabung des Rechenschiebers:

Multiplikation $2 \cdot 2 = 4$
Die Zunge des Rechenschiebers wird mit der 1 auf die 2 der Grundskala geschoben und dann bei 2 auf der Zunge auf der Grundskala 4 abgelesen, Fenster benutzen.

Division $8:4 = 2$
Das Fenster wird mit der Kennlinie auf 8 der Grundskala gestellt, dann wird die Zunge bei 4 auf die Kennlinie des Fensters gestellt und bei 1 der Zunge, 2 auf der Grundskala abgelesen.
Will man eine Multiplikation durchführen, greift man zuerst zur Zunge.
Will man eine Division durchführen, greift man zuerst zum Fenster.
Auf dem Rechenschieber erhält man nur Zahlenwerte, keine Stellenwerte, die muß man überschlagen.

Potenzieren $2^2 = 4$, $2^3 = 8$
Die Kennlinie des Fensters wird auf 2 der Grundskala gestellt, die zweite Potenz kann man auf der oberen Grundskala mit 4 und die dritte Potenz ganz oben mit 8 ablesen.

Radizieren $\sqrt[3]{8} = 2$, $\sqrt[2]{4} = 2$
Die Kubik- und die Quadratwurzel erhält man, wenn man die Fenstermarke auf die zu radizierende Zahl auf die oberste Grundskala beziehungsweise obere Skala stellt und bei der unteren Grundskala abliest.

Winkelfunktionen
Wenn man die Fenstermarke auf der vorderen Kantenseite des Rechenschiebers auf die Gradeinteilung von Sinus sin, Cosinus

cos, Tangens tan oder Cotangens cot stellt, kann man die Winkelfunktionen auf der Grundskala ablesen.
Den Logarithmus findet man, wenn man die Fenstermarke auf die Grundskala stellt und dann auf der schon erwähnten oberen Kantenskala L abliest.
Als Muster diente der Rechenschieber A.W.Faber CASTELL1/54 Darmstadt.

Rechenschieberbeispiel:

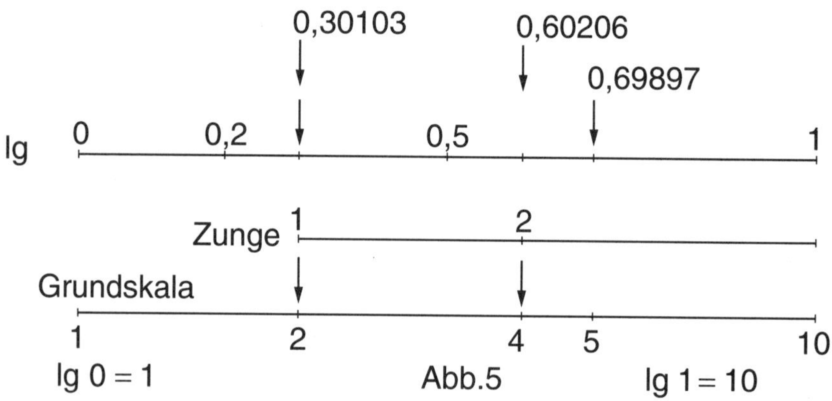

Abb.5

Übungen Multiplikation:

$2 \cdot 2 = 4$	$40 \cdot 8 = 320$	$200 \cdot 0{,}25 = 50$
$4 \cdot 2 = 8$	$4 \cdot 80 = 320$	$18 \cdot 0{,}3 = 5{,}4$
$4 \cdot 3 = 12$	$320 \cdot 15 = 4800$	$18 \cdot 1{,}5 = 27$
$4 \cdot 8 = 32$	$80 \cdot 0{,}8 = 64$	$24 \cdot 3{,}5 = 84$

Division

$8:4 = 2$	$40:2 = 20$
$9:3 = 3$	$40:0{,}2 = 200$
$90:3 = 30$	$20:0{,}9 = 22{,}22$
$40:5 = 8$	$120:0{,}8 = 150$

Gleichungen mit 2 Unbekannten

Lösung nach verschiedenen Methoden

1.) *Additionsmethode*
Grundsätzlich werden die Gleichungen mit mehreren Unbekannten genau so gelöst wie Gleichungen mit einer Unbekannte. Man muß aber so viele Gleichungen wie Unbekannte haben.
Die Gleichungen werden auf die einfachste Form gebracht, die einen x-Wert, einen y-Wert und eine Zahl enthält. Die Gleichungen werden addiert, wobei sich entweder x oder y heraushebt.
Die verbleibende Unbekannte kann gelöst werden.
Der Wert der gelösten Unbekannten wird in eine Gleichung eingesetzt und dann die andere Unbekannte gelöst. Wenn die x oder y-Werte in den zu addierenden Gleichungen verschieden sind, muß man die Gleichungen mit einem Faktor so erweitern, daß sich entweder x oder y beim Addieren aufhebt.
Die entsprechend notwendigen Vorzeichen, die das Aufheben der einen Unbekannten möglich macht, bekommt man durch Vorzeichenwechsel einer ganzen Gleichung.

$$x + y = 60$$
$$x - y = 36$$
$$2x = \underline{\underline{96}}$$

$$x = \frac{96}{2}$$
$$x = \underline{\underline{48}}$$

$$48 + y = 60$$
$$y = 60 - 48$$
$$y = \underline{\underline{12}}$$

Die Gleichungen wurden addiert, y hob sich heraus. Der erhaltene x-Wert von 48 wurde in die obere Gleichung eingesetzt und y gelöst.

$2x + 3y = 41$ mit 2 erweitert

$3x - 2y = 3$ mit 3 erweitert

$$4x + 6y = 82$$
$$9x - 6y = 9$$
$$13x = 91$$

$$x = \frac{91}{13}$$
$$x = \underline{\underline{7}}$$

$$14 + 3y = 41$$
$$3y = 41 - 14$$
$$3y = 27$$

$$y = \frac{27}{3}$$
$$y = \underline{\underline{9}}$$

2.) *Gleichsetzungsmethode*

Die Gleichungen werden nach einer Unbekannten aufgelöst, dann werden die Seiten mit der anderen Unbekannten gleichgesetzt und wie eine Gleichung mit einer Unbekannten gelöst. Oder anders ausgedrückt:

Wir lösen beide Gleichungen nach der gleichen Unbekannten auf und setzen die erhaltenen Werte einander gleich, dadurch entsteht eine Gleichung mit einer Unbekannten, die wir auflösen.

$$2x + 3y = 41 \Rightarrow x = \frac{41-3y}{2}$$

$$3x - 2y = 3 \Rightarrow x = \frac{3+2y}{3}$$

$$\frac{41-3y}{2} = \frac{2+2y}{3}$$

$$3 \cdot (41-3y) = 2 \cdot (3+2y)$$

$$123 - 9y = 6 + 4y$$

$$-9y - 4y = 6 - 123$$

$$-13y = -117$$

$$13y = 117$$

$$y = \frac{117}{13}$$

$$y = \underline{\underline{9}}$$

y wird eingesetzt

$$2x + 3y = 41$$

$$2x + 27 = 41$$

$$2x = 41 - 27$$

$$2x = 14$$

$$x = \frac{14}{2}$$

$$x = \underline{\underline{7}}$$

3.) *Einsetzungsmethode* (Substitutionsmethode)

Eine Gleichung wird nach einer Unbekannten aufgelöst und der erhaltene Wert anstelle dieser Unbekannten in die andere Gleichung eingesetzt.

$$2x + 3y = 41 \qquad y = \frac{41-2x}{3} \text{ wird eingesetzt}$$

$$3x - 2y = 3$$

$$3x - \frac{2 \cdot (41-2x)}{3} = 3$$

$$3x - \frac{(82-4x)}{3} = 3$$

$$\frac{-(82-4x)}{3} = 3 - 3x$$

$$-(82-4x) = (3-3x) \cdot 3$$

$$-82 + 4x = 9 - 9x$$

$$4x + 9x = 82 + 9$$

$$13x = 91$$

$$x = \frac{91}{13} \quad , \quad x = \underline{\underline{7}}$$

$$2x + 3y = 41$$
$$2x = -3y + 41 \quad , \quad x = \frac{-3y + 41}{2} \text{ wird eingesetzt}$$
$$3x - 2y = 3$$

$$\frac{(-3y + 41)}{2} - 2y = 3$$
$$\frac{-9 + 123}{2} - 2y = 3$$
$$\frac{-9y + 123}{2} = 2y + 3$$
$$-9y + 123 = (2y + 3) \cdot 2$$
$$-9y + 123 = 4y + 6$$

$$-9y - 4y = 6 - 123$$
$$-13y = -117$$
$$y = \frac{-117}{-13}$$
$$y = \underline{\underline{9}}$$

y mit 9 eingesetzt

$$3x - 18 = 3$$
$$3x = 18 + 3$$
$$3x = 21 : 3$$
$$x = \frac{21}{3}$$
$$x = \underline{\underline{7}}$$

4.) *Divisionsmethode*

Eine der beiden Unbekannten wird bei den beiden Gleichungen auf die linke Seite gebracht und dann werden die Gleichungen dividiert. Auf der linken Seite wird die eine Unbekannte weggekürzt. Wir erhalten damit eine Gleichung mit einer Unbekannten.

$$2x + 3y = 41$$
$$3x - 2y = 3$$
$$2x = 41 - 3y$$
$$3x = 3 + 2y$$
$$\frac{2\cancel{x}}{3\cancel{x}} = \frac{41 - 3y}{3 + 2y}$$

$$2 \cdot (3 + 2y) = 3 \cdot (41 - 3y)$$
$$6 + 4y = 123 - 9y$$
$$4y + 9y = 123 - 6$$
$$13y = 117$$
$$y = \frac{117}{13}$$
$$y = \underline{\underline{9}}$$

5.) *Gleichungen mit drei Unbekannten*

Es werden 3 Gleichungen benötigt

Additionsmethode

$$\text{I} \quad 4x + 2y - 6z = -20$$
$$\text{II} \quad 3x - 8y + 2z = -11$$
$$\text{III} \quad -8x - 4y + 5z = 5$$

I $4x + 2y - 6z = -20$ mit 2 erweitert $= 8x + 4y - 12z = -40$

I $8x + 4y - 12z = -40$

III $-8x - 4y + 5z = 5$

$-7z = -35$

$-7z = -35$

$z = \frac{-35}{-7}$, $z = \underline{\underline{5}}$

z eingesetzt

$4x + 2y - 30 = -20$ mit 3 erweitert $= 12x + 6y - 90 = -60$

$3x - 8y + 10 = -11$ mit -4 erweitert $= -12x + 32y - 40 = +44$

I $12x + 6y - 90 = -60$

II $-12x + 32y - 40 = +44$

$38y - 130 = -16$

$38y = -16 + 130$

$y = \frac{114}{38}$

$y = \underline{\underline{3}}$

y und z eingesetzt

I $4x + 2y - 6z = -20$

$4x + 6 - 30 = -20$

$4x = -20 - 6 + 30$

$4x = 30 - 26$

$4x = 4$

$x = \underline{\underline{1}}$

Einsetzungsmethode

Man löst 2 Gleichungen nach der gleichen Unbekannten auf und setzt die Lösungen getrennt in eine andere Gleichung ein. Im Beispiel wird die Unbekannte z aus der Gleichung III in die Gleichung I eingesetzt und z aus der Gleichung II in die Gleichung III eingesetzt. Wir erhalten dann 2 Gleichungen mit 2 Unbekannten.

I $4x + 2y - 6z = -20$

II $3x - 8y + 2z = -11$ nach z aufgelöst, $z = \frac{-11 - 3x + 8y}{2}$

III $-8x - 4y + 5z = 5$ nach z aufgelöst, $z = \frac{5 + 8x + 4y}{5}$

I $4x + 2y - 6z = -20$

$4x + 2y - \frac{6 \cdot (5 + 8x + 4y)}{5} = -20$, z aus III eingesetzt

$4x + 2y - \frac{(30 + 48x + 24y)}{5} = -20$

$$4x + 2y = -20 + \frac{(30 + 48x + 24y)}{5}$$

$$4x + 2y + 20 = \frac{30 + 48x + 24y}{5}$$

$$(4x + 2y + 20) \cdot 5 = 30 + 48x + 24y$$

$$20x + 10y + 100 = 30 + 48x + 24y$$

$$20x - 48x + 10y - 24y = 30 - 100$$

$$-20x + 48x - 10y + 24y = -30 + 100$$

$$28x + 14y = 70$$

$$14y = 70 - 28x$$

$$\underline{\underline{y = \frac{70 - 28x}{14}}}$$

III $\quad -8x - 4y + 5z = 5$

$$-8x - 4y + \frac{5 \cdot (-11 - 3x + 8y)}{2} = 5, \text{ z von II eingesetzt}$$

$$\frac{5 \cdot (-11 - 3x + 8y)}{2} = 5 + 8x + 4y$$

$$5 \cdot (-11 - 3x + 8y) = 2 \cdot (5 + 8x + 4y)$$

$$-55 - 15x + 40y = 10 + 16x + 8y$$

$$-15x - 16x + 40y - 8y = 10 + 55$$

$$\underline{\underline{-31x + 32y = 65}}$$

Jetzt haben wir 2 Gleichungen mit 2 Unbekannten

$$y = \frac{70 - 28x}{14}$$

$$-31x + 32y = 65$$

$$-31x + \frac{32 \cdot (70 - 28x)}{14} = 65, \text{ y von oben eingesetzt}$$

$$\frac{\overset{16}{\cancel{32}} \cdot (70 - 28x)}{\underset{7}{\cancel{14}}} = 65 + 31x$$

$$16 \cdot (70 - 28x) = 7 \cdot (65 + 31x)$$

$$1120 - 448x = 445 + 217x$$

$$-448x - 217x = 455 - 1120$$

$$-665x = -665$$

$$x = \frac{-665}{-665} \quad , \quad x = \underline{\underline{1}}$$

$$y = \frac{70 - 28x}{14} \quad \text{x wird eingesetzt}$$

$$y = \frac{70 - 28}{14} = \frac{42}{14} = 3 \quad , \quad y = \underline{\underline{3}}$$

I $\quad 4x + 2y - 6z = -20$

$4 + 6 - 6z = -20$, x und y in I eingesetzt

$-6z = -20 - 4 - 6$

$6z = 20 + 4 + 6 \quad , \qquad z = \frac{30}{6} = 5 \quad , \quad z = \underline{\underline{5}}$

Probe:

$x = 1,\ y = 3,\ z = 5$

$4x + 2y - 6z = -20$

$4 + 6 - 30 = -20$

Textaufgaben:

1.) Welche Zahlen bilden die Summe 1200 und die Differenz 300.

$$\begin{array}{l} x + y = 1200 \\ \underline{x - y = \ \ 300} \\ 2x \qquad = 1500 \\ x = \frac{1500}{2} \\ x = \underline{\underline{750}} \end{array}$$

$750 + y = 1200$, x eingesetzt

$y = 1200 - 750$

$y = \underline{\underline{450}}$

2.) Die Differenz zweier Zahlen ist $3\frac{1}{2}$, ihre Summe ist $10\frac{1}{2}$. Wie heißen die Zahlen?

$$\begin{array}{l} x - y = \ \ 3\frac{1}{2} \\ \underline{x + y = 10\frac{1}{2}} \\ 2x \quad = 14 \\ \quad x = \underline{\underline{7}} \end{array}$$

$7 - y = 3\frac{1}{2}$

$-y = 3\frac{1}{2} - 7$

$y = -3\frac{1}{2} + 7 \quad , \quad y = \underline{\underline{3\frac{1}{2}}}$

3.) Die Summe zweier Zahlen ist 840. Multipliziert man die erste Zahl mit 2 und die zweite Zahl mit 3 ergibt sich eine Summe von 1980. Wie heißen die Zahlen?

$x + y = 840 \quad | \cdot -2$

$2x + 3y = 1980$

$$\begin{array}{r} -2x - 2y = -1680 \\ \underline{2x + 3y = \ \ 1980} \\ y = 300 \\ y = \underline{\underline{300}} \end{array}$$

$x + 300 = 840$

$x = 840 - 300, \quad x = \underline{\underline{540}}$

4.) A sagt zu B, gib mir 53 DM, dann habe ich genau so viel wie du. Gib mir lieber 53 DM antwortete B, dann habe ich 3 mal so viel wie du. Wieviel hat jeder?

$A = x, \; B = y$

$x + 53 = y,$

$y + 53 = 3x,$

$$\begin{aligned} x - y &= -53 \\ -3x + y &= -53 \\ \hline -2x &= -106 \\ 2x &= 106, \quad x = \underline{\underline{53}} \end{aligned}$$

$y = 3x - 53$

$y = 159 - 53$

$y = \underline{\underline{106}}$

5.) Welcher Bruch wird zu $\frac{1}{2}$, wenn man Zähler und Nenner um 2 vermehrt, wird aber zu $\frac{1}{6}$, wenn man den Zähler und den Nenner um 2 vermindert?

Daraus folgt: $\frac{x+2}{y+2} = \frac{1}{2}, \quad \frac{x-2}{y-2} = \frac{1}{6}$

$$\frac{x-2}{y-2} = \frac{1}{6}$$

$$x - 2 = \frac{1 \cdot (y-2)}{6}$$

$$6 \cdot (x-2) = y - 2$$

$$6x - 12 = y - 2$$

$$6x - y = -2 + 12$$

$$\underline{\underline{6x - y = 10}}$$

$$\frac{x+2}{y+2} = \frac{1}{2}$$

$$x + 2 = \frac{1 \cdot (y+2)}{2}$$

$$2 \cdot (x+2) = y + 2$$

$$2x + 4 = y + 2$$

$$2x - y = 2 - 4$$

$$\underline{\underline{2x - y = -2}}$$

I $\quad 2x - y = -2 \quad | \cdot -1$

II $\quad 6x - y = 10$

$$\begin{aligned} -2x + y &= 2 \\ 6x - y &= 10 \\ \hline 4x &= 12 \end{aligned}$$

$4x = 12$

$x = \frac{12}{4}$

$x = \underline{\underline{3}}$

$2x - y = -2$

$6 - y = -2$

$-y = -2 - 6$

$y = \underline{\underline{8}}$

Der Bruch ist $\underline{\underline{\frac{3}{8}}}$

6.) Die Differenz der Quadrate zweier Zahlen ist 400. Addiert man jede Zahl um 4, dann ist die Differenz der Quadrate 480. Wie heißen die Zahlen?

$$\text{I} \quad x^2 - y^2 = 400$$

$$\text{II} \quad (x+4)^2 - (y+4)^2 = 480$$

$$\text{II} \quad x^2 + 4x + 4x + 16 - \left(y^2 + 4y + 4y + 16\right) = 480$$

$$x^2 + 8x + 16 - y^2 - 8y - 16 = 480$$

$$x^2 - y^2 = 480 - 8x + 8y$$

$$\text{I} \quad x^2 - y^2 = 400 \quad | \cdot -1 \qquad -x^2 + y^2 = -400$$

$$\text{II} \quad x^2 - y^2 = 480 - 8x + 8y \qquad \underline{x^2 - y^2 = 480 - 8x + 8y}$$

$$= 80 - 8x + 8y$$

$$+8x - 8y = 80 \qquad \text{8 ausgeklammert}$$

$$8 \cdot (x - y) = 80$$

$$x - y = \frac{80}{8} = 10$$

$$-y = \underline{\underline{10 - x}} \qquad \text{wird quadriert} \quad y^2 = (10 - x)^2$$

$$x^2 - y^2 = 400 \quad \text{und in I eingesetzt}$$

$$x^2 - (10 - x)^2 = 400$$

$$x^2 - \left(100 - 10x - 10x + x^2\right) = 400$$

$$x^2 - \left(100 - 20x + x^2\right) = 400$$

$$\cancel{x^2} - 100 + 20x - \cancel{x^2} = 400$$

$$-100 + 20x = 400$$

$$20x = 400 + 100$$

$$20x = 500$$

$$x = \frac{500}{20}$$

$$x = \underline{\underline{25}}, \quad \text{x in I eingesetzt}$$

$$x^2 - y^2 = 400$$

$$625 - y^2 = 400$$

$$-y^2 = 400 - 625$$

$$-y^2 = -225$$

$$y^2 = 225$$

$$y = \sqrt[2]{225}$$

$$y = \underline{\underline{15}}$$

Probe:

$(25+4)^2-(15+4)^2=480,$

$29^2-19^2=480$

$841-361=480$

$25^2-15^2=400$

$625-225=400$

Die eine Zahl ist $\underline{\underline{25}}$, die andere ist $\underline{\underline{15}}$.

7.) Zwei unbekannte Zahlen bilden ein Produkt. Wenn die erste Zahl um 10 kleiner und die zweite Zahl um 25 größer wäre, würde das Produkt um 3750 größer sein. Wäre die erste Zahl um 20 größer und die zweite um 25 kleiner, wäre das Produkt um 700 kleiner. Wie heißen die beiden Zahlen?

$$\begin{array}{ll}
\text{I} & (x-10)\cdot(y+25)=x\cdot y+3750 \\
\text{II} & (x+20)\cdot(y-25)=x\cdot y-700 \\
\text{I} & \cancel{xy}+25x-10y-250=\cancel{x\cdot y}+3750 \\
\text{II} & \cancel{xy}-25x+20y-500=\cancel{x\cdot y}-700 \\
\text{I} & 25x-10y=3750+250 \\
\text{II} & -25x+20y=-700+500 \\
\text{I} & \cancel{25x}-10y=4000 \\
\text{II} & -\cancel{25x}+20y=-200 \\
\hline
 & 10y=3800 \\
 & y=\frac{3800}{10} \\
 & y=\underline{\underline{380}}
\end{array}$$

y in I eingesetzt

$$\begin{aligned}
25x-10y&=4000 \\
25x-3800&=4000 \\
25x&=4000+3800 \\
25x&=7800 \\
x&=\frac{7800}{25} \\
x&=\underline{\underline{312}}
\end{aligned}$$

Probe:

$(x-10)\cdot(y+25)=x\cdot y+3750$

$(312-10)\cdot(380+25)=380\cdot 312+3750$

$122310=122310$

8.) Welche 2 stellige Zahl ist gleich ihrer Quersumme mal 8? Die selbe Zahl minus 45 ist die umgekehrte Zahl.

x = Zehner, y = Einer

I $10x + y = (x + y) \cdot 8$

II $10x + y - 45 = 10y + x$

II $10x + y - 10y - x = 45$

$9x - 9y = 45$

I $10x + y = 8x + 8y$

$10x - 8x = 8y - y$

$2x = 7y$

$2x = \frac{7y}{2}$

Einsetzungsmethode, x von I in II eingesetzt

$\frac{9 \cdot 7y}{2} - 9y = 45$

$\frac{9 \cdot 7y - 18y}{2} = 45$

$63y - 18y = 45 \cdot 2$

$45y = 90$

$y = \frac{90}{45}$

$y = \underline{\underline{2}}$, y in II eingesetzt

$9x - 9y = 45$

$9x - 18 = 45$

$9x = 45 + 18$

$x = \frac{63}{9}$

$x = \underline{\underline{7}}$

Die Zahl ist $\underline{\underline{72}}$, $72 - 45 = 27$ ist die umgekehrte 72.

9.) Vor vier Jahren war eine Mutter 5,5 mal so alt als ihr Sohn, in vier Jahren ist die Mutter 3,5 mal so alt als Ihr Sohn. Wie alt sind Mutter und Sohn heute?

Mutter = x, Sohn = y

I $x - 4 = 5{,}5 \cdot (y - 4)$

II $x + 4 = 3{,}5 \cdot (y + 4) \quad | \cdot -1$

$x - 4 = 5{,}5y - 22$

$-x - 4 = -3{,}5y - 14$

$-8 = 2{,}0y - 36$

$-2y = -36 + 8$

$-2y = -28$

$2y = 28$

$y = \underline{\underline{14}}$

y eingesetzt

$x - 4 = 5{,}5y - 22$

$x = 77 + 4 - 22$

$x = \underline{\underline{59}}$

Die Mutter ist $\underline{\underline{59}}$ und der Sohn $\underline{\underline{14}}$ Jahre.

10.) Ein Vater und sein Sohn sind jetzt zusammen 80 Jahre. Vor 4 Jahren war der Vater 8 mal so alt als sein Sohn.
Wie alt ist jeder?
Vater = x, Sohn = y

Additionsmethode

$$\text{I} \quad x + y = 80 \quad | \cdot -1$$
$$\text{II} \quad x - 4 = (y - 4) \cdot 8$$
$$x - 4 = 8y - 32$$
$$x - 8y = -32 + 4$$
$$x - 8y = -28$$
$$\text{I} \quad -x - y = -80$$
$$\text{II} \quad x - 8y = 28$$
$$-9y = -108$$
$$y = \frac{-108}{-9}, \quad y = \underline{\underline{12}}$$

y eingesetzt
$$x + 12 = 80$$
$$x = 80 - 12, \quad x = \underline{\underline{68}}$$

Gleichsetzungsmethode

$\text{I} \quad x + y = 80$ nach x aufgelöst $x = 80 - y$

$\text{II} \quad x - 4 = (y - 4) \cdot 8$

$x - 4 = 8y - 32$ nach x aufgelöst $x = 8y - 32 + 4$ gleichges.

$$80 - y = 8y - 32 + 4$$
$$-y - 8y = -80 - 32 + 4$$
$$-9y = -108$$
$$y = \frac{-108}{-9}, \quad y = \underline{\underline{12}}$$

y eingesetzt
$$x = 80 - y$$
$$x = 80 - 12, \quad x = \underline{\underline{68}}$$

Divisionsmethode

$$\text{I} \quad x + y = 80$$
$$\text{II} \quad x - 4 = (x - 4) \cdot 8$$
$$x - 4 = 8y - 32$$
$$x = 8y - 32 + 4$$
$$\frac{1\not{x} = 80 - y}{1\not{x} = 8y - 32 + 4}$$
$$80 - y = 8y - 32 + 4$$
$$-y - 8y = -80 - 32 + 4$$
$$-9y = -108$$
$$y = \frac{-108}{-9}, \quad y = \underline{\underline{12}}$$

Einsetzungsmethode

I $\quad x + y = 80$ nach x aufgelöst, $\quad x = 80 - y$

II $\quad x - 4 = (y - 4) \cdot 8$, x von I in II eingesetzt

$(80 - y) - 4 = (y - 4) \cdot 8$

$80 - y - 4 = 8y - 32$

$-y - 8y = -80 + 4 - 32$

$-9y = -108$

$$y = \frac{-108}{-9}$$

$y = \underline{\underline{12}}$

$x + y = 80$, y eingesetzt

$x = 80 - 12$

$x = \underline{\underline{68}}$

Der Vater ist $\underline{\underline{68}}$ Jahre und der Sohn $\underline{\underline{12}}$ Jahre alt.

Quadratische Gleichungen

Rein quadratische Gleichungen

Quadratische Gleichungen sind Gleichungen, die eine Unbekannte in der zweiten Potenz enthalten z.B. $4x^2 = 16$. Wenn außer dem x^2 kein x Wert in der Gleichung vorkommt, spricht man von einer rein quadratischen Gleichung.
Eine gemischt quadratische Gleichung hat in ihrer einfachsten Form, sowohl x^2 als auch x Werte z.B. $7x^2 + 11x = 50$.
In einer rein quadratischen Gleichung können wir x^2 lösen, indem wir die Gleichung auf die einfachste Form bringen und x^2 auf der einen Seite eliminieren. Dann wird die Gleichung radiziert und man erhält den x Wert.

Beispiele:

$$(4x + 6) \cdot (4x - 6) = 28$$
$$16x^2 - 24x + 24x - 36 = 28$$
$$16x^2 - 36 = 28$$
$$16x^2 = 28 + 36$$

$$16x^2 = 64$$
$$x^2 = \frac{{}^{4}\cancel{64}}{{}_{1}\cancel{16}}$$
$$x^2 = 4$$
$$x = \sqrt[2]{4}$$

$$x_1 = \underline{\underline{+2}}$$
$$x_2 = \underline{\underline{-2}}$$

Wir erhalten mit x Eins und x Zwei zwei verschiedene Ergebnisse, weil die Wurzel aus +4 sowohl +2 als auch –2 sein kann.

Denn $+2 \cdot +2 = +4$, oder $-2 \cdot -2 = +4$.

$$\frac{4}{x} + \frac{3x}{6} = \frac{5x}{8} - \frac{4}{x}$$
$$\frac{4}{x} + \frac{4}{x} = \frac{5x}{8} - \frac{3x}{6}$$
$$\frac{8}{x} = \frac{15x - 12x}{24}$$

$$\frac{8}{x} = \frac{{}^{1}\cancel{3}x}{{}_{8}\cancel{24}}$$
$$\frac{8}{x} = \frac{x}{8}$$
$$8 \cdot 8 = x^2$$

$$x^2 = 64$$
$$x = \sqrt[2]{64}$$
$$x_1 = \underline{\underline{+8}}$$
$$x_2 = \underline{\underline{-8}}$$

$$\sqrt[2]{2x^2 - 6x - 7} = x - 3$$

Wenn man die Quadratwurzel auf der linken Seite wegläßt, muß man auf der rechten Seite der Gleichung mit 2 potenzieren.

$2x^2 - 6x - 7 = (x-3)^2$

$2x^2 - 6x - 7 = x^2 - 3x - 3x + 9$ $\qquad x = \sqrt[2]{16}$

$2x^2 - x^2 - \cancel{6x} + \cancel{3x} + \cancel{3x} = 7 + 9$ $\qquad x_1 = \underline{\underline{+4}}$

$x^2 = 16$ $\qquad x_2 = \underline{\underline{-4}}$

Gemischt-quadratische Gleichungen

Wenn wir eine gemischt-quadratische Gleichung lösen wollen, stehen wir vor dem Problem, in einer Gleichung außer dem x auch das x-Quadrat lösen zu müssen. Zunächst ist es notwendig, daß wir die Gleichungen auf die folgende einfachste Form bringen.

Einfachste Form:	*mit Zahlen:* $p = 2$, $qu = 8$
$x^2 + px + qu = 0$	$x^2 + 2x + 8 = 0$
oder	
$x^2 - px + qu = 0$	$x^2 - 2x + 8 = 0$

Diese mehrgliedrigen Ausdrücke verwandeln wir durch die quadratische Ergänzung in eine binomische Formel, aus der wir dann die Wurzel ziehen können.

Bei $x^2 + px + qu = 0$ kommt $a^2 + 2ab + b^2 = (a+b)^2$ in Anwendung.

Bei $x^2 - px + qu = 0$ kommt $a^2 - 2ab + b^2 = (a-b)^2$ in Anwendung.

Die Anwendung entwickelt sich wie folgt.

$x^2 + px + qu = 0$

$x^2 + px = -qu$, soll gelöst werden

Die linke Seite der Gleichung $x^2 + px$ wird durch eine quadratische Ergänzung in einen Binom, der wie folgt gelöst wird, verwandelt.

$a^2 + 2ab + b^2 = (a+b) \cdot (a+b)$

Für a setzen wir x ein, für ab setzen wir xp ein.
xp muß mit 2 erweitert werden, damit es dem 2ab entspricht. Aus

xp wird bei der Erweiterung, indem Zähler und Nenner mit 2 multipliziert werden, $\frac{2xp}{2}$.

$\frac{2xp}{2} = 2ab$, wenn $a = x$ dann muß $\frac{2p}{2}$ gleich 2b sein.

$2b = \frac{2p}{2}$, $b = \frac{2p}{2} : 2 = \frac{\not{2}p}{\not{2} \cdot 2} = \frac{p}{2}$, $b^2 = \left(\frac{p}{2}\right)^2$

$x^2 + px$ (linke Seite der Gleichung) wird wie folgt in den Binom $a^2 + 2ab + b^2$ verwandelt.

$a = x$

$ab = xp$

$2ab = \frac{2xp}{2}$

$b^2 = \left(\frac{p}{2}\right)^2$

$x^2 + px$ wird zu $x^2 + \frac{2xp}{2} + \left(\frac{p}{2}\right)^2$

und entspricht dann dem Binom

$a^2 + 2ab + b^2 = (a + b) \cdot (a + b)$

Wenn wir die Gleichung $x^2 + px = -qu$ im Sinne des Binoms $a^2 + 2ab + b^2$ umwandeln, erhalten wir auf der linken Seite

$x^2 + \frac{2xp}{2} + \left(\frac{p}{2}\right)^2 =$, $\left(\frac{p}{2}\right)^2$ ist eine quadratische Ergänzung, die wir anstelle von b^2 auf der linken Seite der Gleichung dazuaddieren müssen, um den Binom vollständig zu machen. Diese quadratische Ergänzung $\left(\frac{p}{2}\right)^2$ muß dann aber auch auf der rechten Seite der Gleichung dazuaddiert werden. Wir bekommen dann $x^2 + \frac{2xp}{2} + \left(\frac{p}{2}\right)^2 = qu + \left(\frac{p}{2}\right)^2$

Beide Seiten dann radiziert, zunächst die linke Seite.

$$\sqrt[2]{x^2 + \frac{2px}{2} + \left(\frac{p}{2}\right)^2} = \sqrt[2]{\left(x + \frac{p}{2}\right) \cdot \left(x + \frac{p}{2}\right)} = x + \frac{p}{2}$$

Wenn wir jetzt noch die rechte Seite der Gleichung radizieren, kommen wir zur Anwendungsformel.

$$\sqrt[2]{\left(x+\frac{p}{2}\right)\cdot\left(x+\frac{p}{2}\right)}=\sqrt[2]{-qu+\left(\frac{p}{2}\right)^2}$$

, *Beachte:*

$$\left(x+\frac{p}{2}\right)\cdot\left(x+\frac{p}{2}\right)=\left(x+\frac{p}{2}\right)^2$$

$$x+\frac{p}{2}=\sqrt[2]{-qu+\left(\frac{p}{2}\right)^2}$$

$$x^2+\frac{xp}{2}+\frac{xp}{2}+\left(\frac{p}{2}\right)^2$$

$$\underline{\underline{x=-\frac{p}{2}\pm\sqrt[2]{-qu+\left(\frac{p}{2}\right)^2}}},\quad x^2+\frac{2xp}{2}+\left(\frac{p}{2}\right)^2$$

Zahlenbeispiel mit der Anwendungsformel:

$x+\frac{24}{x}=11$ Hauptnenner $=x$, $\frac{x^2}{x}+\frac{24}{x}=\frac{11x}{x}$

$\underline{\underline{x^2-11x=-24}}$ einfachste Form

Die quadratische Ergänzung lautet $\left(\frac{11}{2}\right)^2$. Sie wird auf beiden Seiten der Gleichung addiert.

$$x^2-11x+\left(\frac{11}{2}\right)^2=-24+\left(\frac{11}{2}\right)^2$$

Jetzt wird auf der linken Seite nach der binomischen Formel radiziert und wir erhalten die Anwendungsformel mit den eingesetzten Zahlen.

$$x-\frac{11}{2}=\pm\sqrt[2]{\left(\frac{11}{2}\right)^2-24}$$

Um sich die Arbeit zu erleichtern,setzt man die Zahlen aus der einfachsten Form direkt in die Anwendungsformel ein und bekommt die Rechenformel.

Für p setzt man 11 ein, für qu setzt man 24 ein.

$$x=\frac{11}{2}\pm\sqrt[2]{\left(\frac{11}{2}\right)^2-24}$$

Die Vorzeichen richten sich nach der einfachsten Form, nicht nach der Anwendungsformel.

$$x=\frac{11}{2}\pm\sqrt[2]{\frac{121}{4}-24}\quad,\quad x=\frac{11}{2}\pm\sqrt[2]{\frac{121-4\cdot24}{4}}$$

$$x = \frac{11}{2} \pm \sqrt[2]{\frac{121-96}{4}}, \quad x = \frac{11}{2} \pm \sqrt[2]{\frac{25}{4}}$$

$$x = \frac{11}{2} \pm \frac{5}{2}, \quad x_1 = \frac{11}{2} + \frac{5}{2} = \frac{16}{2} = \underline{\underline{8}}, \quad x_2 = \frac{11}{2} - \frac{5}{2} = \frac{6}{2} = \underline{\underline{3}}$$

Probe: $x + \frac{24}{x} = 11, \quad 8 + \frac{24}{8} = 11, \quad 3 + \frac{24}{3} = 11$

1.) $x^2 - 6x = 27$

$$x^2 = 6x + 27$$

$$x = \frac{6}{2} \pm \sqrt[2]{27 + \left(\frac{6}{2}\right)^2}$$

$$x = 3 \pm \sqrt[2]{27 + 3^2}$$

$$x = 3 \pm \sqrt[2]{27 + 9}$$

$$x = 3 \pm \sqrt[2]{36}$$

$$x = 3 \pm 6$$

$$x_1 = \underline{\underline{9}}$$

$$x_2 = \underline{\underline{-3}}$$

2.) $x^2 + 10x = 56$

$$x^2 = -10x + 56$$

$$x = -\frac{10}{2} \pm \sqrt[2]{\left(-\frac{10}{2}\right)^2 + 56}$$

$$x = -\frac{10}{2} \pm \sqrt[2]{\frac{100}{4} + 56}$$

$$x = -5 \pm \sqrt[2]{25 + 56}$$

$$x = -5 \pm \sqrt[2]{81}$$

$$x = -5 \pm 9$$

$$x_1 = -5 + 9 = \underline{\underline{4}}$$

$$x_2 = -5 - 9 = \underline{\underline{-14}}$$

3.) $x^2 + \frac{1}{2}x = 18$

$$x + \frac{1}{4} = \pm\sqrt[2]{\left(-\frac{1}{4}\right)^2 + 18}$$

$\frac{1}{2}x$ wird zu $\frac{1}{2} : 2 = \frac{1}{4}$

$$x = -\frac{1}{4} \pm \sqrt[2]{\frac{1}{16} + 18}$$

$$x = -\frac{1}{4} \pm \sqrt[2]{\frac{1 + 18 \cdot 16}{16}}$$

$$x = -\frac{1}{4} \pm \sqrt[2]{\frac{289}{16}}$$

$$x = -\frac{1}{4} \pm \frac{17}{4}$$

$$x_1 = \frac{16}{4} = \underline{\underline{4}}$$

$$x_2 = -\frac{\cancel{18}\,9}{\cancel{4}\,2} = -\frac{9}{2} = \underline{\underline{-4\frac{1}{2}}}$$

4.) $7x^2 + 11x = 50$

$$x^2 + \frac{11x}{7} = \frac{50}{7}$$

$$x = -\frac{11}{14} \pm \sqrt[2]{\frac{50}{7} + \frac{121}{196}}$$

$$x = -\frac{11}{14} \pm \sqrt[2]{\frac{1400 + 121}{196}}$$

$$x = -\frac{11}{14} \pm \sqrt[2]{\frac{1521}{196}}$$

$$x = -\frac{11}{14} \pm \frac{39}{14}$$

$$x_1 = -\frac{11}{14} + \frac{39}{14} = \frac{\overset{2}{\cancel{28}}}{\underset{7}{\cancel{14}}} = \underline{\underline{2}}$$

$$x_2 = -\frac{11}{14} - \frac{39}{14} = -\frac{\overset{25}{\cancel{50}}}{\underset{7}{\cancel{14}}}$$

$$x_2 = -\frac{25}{7} = \underline{\underline{-3\frac{4}{7}}}$$

5.) $3x + \frac{6}{x} = 16\frac{1}{5}$

$$3x^2 + 6 = 16\frac{1}{5}x$$

$$3x^2 = 16\frac{1}{5}x - 6$$

$$3x^2 = \frac{81}{5}x - 6 \quad | :3$$

$$x^2 = \frac{27x}{5} - 2$$

$$x = \frac{27}{10} \pm \sqrt[2]{\left(\frac{27}{10}\right)^2 - 2}$$

$$x = \frac{27}{10} \pm \sqrt[2]{\frac{729}{100} - \frac{200}{100}}$$

$$x = \frac{27}{10} \pm \sqrt[2]{\frac{529}{100}}$$

$$x = \frac{27}{10} \pm \frac{23}{10}$$

$$x_1 = \frac{27}{10} + \frac{23}{10} = \frac{50}{10} = \underline{\underline{5}}$$

$$x_2 = \frac{27}{10} - \frac{23}{10} = \frac{4}{10} = \underline{\underline{\frac{2}{5}}}$$

6.) $a^4 + 18a^2 = -72$

für a^2 setzen wir x

$$x^2 + 18x = -72$$

$$x = -9 \pm \sqrt[2]{9^2 - 72}$$

$$x = -9 \pm \sqrt[2]{81 - 72}$$

$$x = -9 \pm \sqrt[2]{9}$$

$$x = -9 \pm 3$$

$$x_1 = -9 + 3 = \underline{\underline{-6}}$$

$$x_2 = -9 - 3 = \underline{\underline{-12}}$$

$$a^2 = x \quad \Rightarrow \quad a^2 = -6$$

$$a = \sqrt[2]{-6} = \sqrt[2]{6 \cdot -1}$$

$$a = 2{,}4495 \cdot \sqrt[2]{-1}$$

$$a = \underline{\underline{2{,}4495\,i}}$$

$$a = \sqrt[2]{-12}$$

$$a = \sqrt[2]{12 \cdot -1}$$

$$a = 3{,}464 \cdot \sqrt[2]{-1}$$

$$a = \underline{\underline{3{,}464\,i}}$$

Probe:

$$x^2 + 18x = -72$$

$$36 + 18 \cdot -6 = -72$$

$$36 - 108 = -72$$

$$-72 = -72$$

$$144 + 18 \cdot -12 = -72$$

$$144 - 216 = -72$$

$$-72 = -72$$

Quadratische Gleichungen mit 2 Unbekannten.

I $\quad x^2 + y^2 + 6x - 10y = -17$

II $\quad x + y = 7 \qquad\qquad y = 7 - x$

Einsetzungsmethode:

$x^2 + (7 - x)^2 + 6x - 10 \cdot (7 - x) = -17$, y ist eingesetzt

$x^2 + 49 - 7x - 7x + x^2 + 6x - 70 + 10x = -17$

$x^2 - 7x - 7x + x^2 + 6x + 10x = -49 + 70 - 17$

$2x^2 + 2x = 4 \quad | : 2$

$x^2 + x = 2$

$x^2 = -x + 2$

$x = -\frac{1}{2} \pm \sqrt[2]{\left(\frac{1}{2}\right)^2 + 2}$

$x = -\frac{1}{2} \pm \sqrt[2]{\frac{1}{4} + \frac{8}{4}}$

$x = -\frac{1}{2} \pm \sqrt[2]{\frac{9}{4}}$

$x = -\frac{1}{2} \pm \frac{3}{2}$

$x_1 = -\frac{1}{2} + \frac{3}{2} = \frac{2}{2} = \underline{\underline{1}}$

$x_2 = -\frac{1}{2} - \frac{3}{2} = -\frac{4}{2} = \underline{\underline{-2}}$

$x + y = 7$, $1 + y = 7$, $y = 7 - 1$

$y = \underline{\underline{6}}$

$-2 + y = 7$, $y = 7 + 2$, $y = \underline{\underline{9}}$

Probe:

$x^2 + y^2 + 6x - 10y = -17$

$1 + 36 + 6 - 60 = -17$

$+4 + 81 + (-12) - 90 = -17$

Quadratische Wurzelgleichungen

7.) $\sqrt[2]{2x + 8} - \sqrt[2]{x - 3} = \sqrt[2]{x + 5}$

$\sqrt[2]{2x + 8} = \sqrt[2]{x + 5} + \sqrt[2]{x - 3}$

$\left(\sqrt[2]{2x + 8}\right)^2 = \left(\sqrt[2]{x + 5} + \sqrt[2]{x - 3}\right)^2$

Beide Seiten werden potenziert.

Die rechte Seite der Gleichung ist ein Binom und wird wie folgt gelöst.

$$\left(\sqrt[2]{x+5}+\sqrt[2]{x-3}\right)\cdot\left(\sqrt[2]{x+5}+\sqrt[2]{x-3}\right)$$

$$2x+8=x+5+2\cdot\sqrt[2]{x+5}\cdot\sqrt[2]{x-3}+(x-3)$$

$$-2\cdot\sqrt[2]{x+5}\cdot\sqrt[2]{x-3}=-(2x+8)+x+5+x-3$$

$$-2\cdot\sqrt[2]{(x+5)\cdot(x-3)}=-\cancel{2x}-8+\cancel{x}+5+\cancel{x}-3$$

$$\left(\sqrt[2]{(x+5)\cdot(x-3)}\right)^2=\left(\frac{-6}{-2}\right)^2$$

$$(x+5)\cdot(x-3)=(3)^2$$

$$x^2-3x+5x-15=9$$

$$x^2=-2x+24$$

$$x=-\frac{2}{2}\pm\sqrt[2]{\left(-\frac{2}{2}\right)^2+24}$$

$$x=-1\pm\sqrt[2]{-1^2+24}$$

$$x=-1\pm\sqrt[2]{1+24}$$

$$x=-1\pm\sqrt[2]{25}$$

$$x=-1\pm5$$

$$x_1=-1+5=\underline{\underline{4}}$$

$$x_2=-1-5=\underline{\underline{-6}}$$

Probe: $\sqrt[2]{2x+8}-\sqrt[2]{x-3}=\sqrt[2]{x+5}$

$\sqrt[2]{16}-\sqrt[2]{1}=\sqrt[2]{9}$, $4-1=3$

8.) $\sqrt[2]{x-4}-\sqrt[2]{x-1}=\sqrt[2]{x+4}-\sqrt[2]{x+11}$

Die Gleichung wird auf beiden Seiten potenziert und es entsteht auf jeder Seite ein Binom.

$$\left(\sqrt[2]{x-4}-\sqrt[2]{x-1}\right)^2=\left(\sqrt[2]{x+4}-\sqrt[2]{x+11}\right)^2$$

$x-4-2\cdot\sqrt[2]{x-4}\cdot\sqrt[2]{x-1}+x-1,$ linke Seite

$=x+4-2\cdot\sqrt[2]{x+4}\cdot\sqrt[2]{x+11}+x+11,$ rechte Seite

$$-2\cdot\sqrt[2]{(x-4)\cdot(x-1)}$$

$$=-2\cdot\sqrt[2]{(x+4)\cdot(x+11)}+4+1+4+11 \quad |:-2$$

$$\sqrt[2]{x^2 - 5x + 4} = \sqrt[2]{x^2 + 11x + 4x + 44} - 10$$

$$\left(\sqrt[2]{x^2 - 5x + 4}\right)^2 = \left(\sqrt[2]{x^2 + 15x + 44} - 10\right)^2$$

$$x^2 - 5x + 4 = x^2 + 15x + 44 - 20 \cdot \sqrt[2]{x^2 + 15x + 44} + 100$$

$$20 \cdot \sqrt[2]{x^2 + 15x + 44} = +15x + 5x + 100 - 4 + 44$$

$$20 \cdot \sqrt[2]{x^2 + 15x + 44} = +20x + 140 \qquad | : 20$$

$$\sqrt[2]{x^2 + 15x + 44} = x + 7$$

$$\left(\sqrt[2]{x^2 + 15x + 44}\right)^2 = (x + 7)^2$$

$$\cancel{x^2} + 15x + 44 = \cancel{x^2} + 7x + 7x + 49$$

$$+15x - 14x = -44 + 49$$

$$x = \underline{\underline{5}}$$

Probe: $\sqrt[2]{5 - 4} - \sqrt[2]{5 - 1} = \sqrt[2]{5 + 4} - \sqrt[2]{5 + 11}$

$1 - 2 = 3 - 4$

Quadratische Gleichungen, Textaufgaben

9.) Die Zahl 53 besteht aus zwei Summanden, deren Produkt 612 ergibt. Wie heißen die beiden Summanden?

$$x \cdot (53 - x) = 612$$

$$53x - x^2 = 612$$

$$-x^2 = -53x + 612$$

$$x^2 = +53x - 612$$

$$x = \frac{53}{2} \pm \sqrt[2]{\left(\frac{53}{2}\right)^2 - 612}$$

$$x = \frac{53}{2} \pm \sqrt[2]{26{,}5^2 - 612}$$

$$x = 26{,}5 \pm \sqrt[2]{702{,}25 - 612}$$

$$x = 26{,}5 \pm \sqrt[2]{90{,}25}$$

$$x = 26{,}5 \pm 9{,}5$$

$$x_1 = 26{,}5 + 9{,}5 = \underline{\underline{36}}$$

$$x_2 = 26{,}5 - 9{,}5 = \underline{\underline{17}}$$

Probe: $36 + 17 = 53$

$36 \cdot 17 = 612$

10.) Die Fläche eines Rechtecks ist $1440\,m^2$. Wie groß sind die Seiten desselben, wenn die eine Seite 18 m länger ist als die andere Seite?

$$(x+18)x = 1440$$
$$x^2 + 18x = 1440$$
$$x^2 = -18x + 1440$$
$$x = -9 \pm \sqrt[2]{81+1440}$$
$$x = -9 \pm \sqrt[2]{1521}$$
$$x = -9 \pm 39$$
$$x_1 = -9 + 39 = \underline{\underline{30}}$$
$$x_2 = -9 - 39 = \underline{\underline{-48}}$$

Probe:
$$(x+18)x = 1440$$
$$(30+18) \cdot 30 = 1440$$
$$48 \cdot 30 = 1440$$

11.) Der Umfang eines Rechtecks ist 252 m, sein Flächeninhalt $3888\,m^2$. Wie groß sind die Seiten?

$$2x + 2y = 252 \quad \mathrm{I}$$
$$x \cdot y = 3888 \quad \mathrm{II}$$

$$\mathrm{I} \quad 2y = 252 - 2x \;,\; y = \frac{252-2x}{2} \quad \text{eingesetzt in II}$$

$$\mathrm{II} \quad x\frac{252-2x}{2} = 3888$$

$$252x - 2x^2 = 3888 \cdot 2$$
$$-2x^2 + 252x = 7776 \quad | : 2$$
$$-x^2 + 126x = 3888$$
$$x^2 - 126x = -3888$$
$$x^2 = 126x - 3888$$
$$x = \frac{126}{2} \pm \sqrt[2]{\left(\frac{126}{2}\right)^2 - 3888}$$
$$x = 63 \pm \sqrt[2]{3969 - 3888}$$
$$x = 63 \pm \sqrt[2]{81}$$
$$x = 63 \pm 9$$
$$x_1 = 63 + 9 = \underline{\underline{72}}$$
$$x_2 = 63 - 9 = \underline{\underline{54}}$$

$2x + 2y = 252$, x in I eingesetzt

$144 + 2y = 252$

$2y = 252 - 144$

$2y = 108$

$y = \frac{108}{2} = \underline{\underline{54}}$

Probe: $72 \cdot 54 = 3888$

12.) Zwei Zahlen verhalten sich wie 5 : 4, vermehrt man beide um 15, so beträgt die Differenz der Quadrate 999. Wie heißen beide Zahlen?

$$(5x + 15)^2 - (4x + 15)^2 = 999$$

$$25x^2 + 75x + 75x + 225 - \left(16x^2 + 60x + 60x + 225\right) = 999$$

$$25x^2 + 150x + 225 - 16x^2 - 120x - 225 = 999$$

$$9x^2 + 30x = 999 \quad | : 9$$

$$x^2 + \frac{\overset{10}{\cancel{30}}x}{\cancel{9}\,3} = \frac{\cancel{999}\,111}{\cancel{9}\,1}$$

$$x^2 + \frac{10x}{3} = 111$$

$$x^2 = -\frac{10x}{3} + 111$$

$$x = -\frac{10}{6} \pm \sqrt[2]{-\left(\frac{\overset{5}{\cancel{10}}}{\cancel{6}\,3}\right)^2 + 111}$$

$$x = -\frac{\overset{5}{\cancel{10}}}{\cancel{6}\,3} \pm \sqrt[2]{\left(-\frac{5}{3}\right)^2 + 111}$$

$$x = -\frac{5}{3} \pm \sqrt[2]{\frac{25}{9} + \frac{999}{9}}$$

$$x = -\frac{5}{3} \pm \sqrt[2]{\frac{1024}{9}}$$

$$x = -\frac{5}{3} \pm \frac{32}{3}$$

$$x_1 = \frac{27}{3} = \underline{\underline{9}}$$

$$x_2 = -\frac{37}{3} = \underline{\underline{-12{,}33}}$$

Probe: $(5x + 15)^2 - (4x + 15)^2 = 999$

$60^2 - 51^2 = 999$

$3600 - 2601 = 999$

Die Zahlen sind:

$5x = \underline{\underline{45}}$, $4x = \underline{\underline{36}}$

13.) Die Differenz zweier Zahlen ist 10. Die Differenz ihrer Kuben ist 20530. Wie heißen die Zahlen?

$$x^3 - (x - 10)^3 = 20530$$

$$x^3 - (x-10)\cdot(x-10)\cdot(x-10) = 20530$$

$$x^3 - \left(x^2 - 10x - 10x + 100\right)\cdot(x-10) = 20530$$

$$x^3 - \left(x^3 - 10x^2 - 10x^2 + 100x - 10x^2 + 100x + 100x - 1000\right)$$

$$= 20530$$

$$x^3 - \left(x^3 - 20x^2 + 300x - 10x^2 - 1000\right) = 20530$$

$$\not{x^3} - \not{x^3} + 30x^2 - 300x + 1000 = 20530$$

$$30x^2 - 300x = 20530 - 100$$

$$x^2 - \frac{\overset{10}{\not{300}x}}{\underset{1}{\not{30}}} = \frac{\overset{651}{\not{19530}}}{\underset{1}{\not{30}}}$$

$$x^2 = 10x + 651$$

$$x = 5 \pm \sqrt[2]{25 + 651}$$

$$x = 5 \pm \sqrt[2]{676}$$

$$x = 5 \pm 26$$

$$x_1 = \underline{\underline{31}}$$

$$x_2 = \underline{\underline{-21}}$$

Probe: x eingesetzt

$$31^3 - (31-10)^3 = 20530$$

$$31^3 - 21^3 = 20530$$

$$29791 - 9261 = 20530$$

Der Text heißt besser wie folgend.
Wenn die Differenz der Kantenlänge eines Würfels um 10 m kleiner wäre, wäre der Rauminhalt um 20530 m^3 geringer Wie groß sind die Kantenlänge?
Die Kantenlänge ist einmal 31 m lang und dann 10 m kleiner, also 21 m.

Eine andere Methode,

gemischt quadratische Gleichungen zu lösen, die aber nur möglich ist, wenn die Unbekannte x in einem quadratischen Klammerausdruck seht. $(x+b)^2$.

Beispiel nach üblicher Methode:

$$y = (x-3)^2 - 5$$

$$0 = (x-3)\cdot(x-3) - 5$$

$0 = x^2 - 3x - 3x + 9 - 5$ ausmultipliziert

$0 = x^2 - 6x + 4$

$-x^2 = -6x + 4$

$x^2 = 6x - 4$

$x = \frac{6}{2} \pm \sqrt[2]{\left(\frac{6}{2}\right)^2 - 4}$

$x = 3 \pm \sqrt[2]{3^2 - 4}$

$x = 3 \pm \sqrt[2]{9 - 4}$

$x = 3 \pm \sqrt[2]{5}$

$x_1 = 3 + 2{,}236 = \underline{\underline{5{,}236}}$

$x_2 = 3 - 2{,}236 = \underline{\underline{0{,}764}}$

Andere Methode:

$0 = (x - 3)^2 - 5$

$5 = (x - 3)^2$ radiziert

$\pm\sqrt{5} = x - 3$

$+3 \pm \sqrt{5} = x$

$x = +3 \pm \sqrt{5}$

$x_1 = +3 + 2{,}236 = \underline{\underline{5{,}236}}$

$x_2 = +3 - 2{,}236 = \underline{\underline{0{,}764}}$

Aufgabe:

$x^2 - 6x = 27$ kann in Faktoren zerlegt werden, so daß ein quadratischer Klammerausdruck entsteht.

$0 = -x^2 + 6x + 27$, $0 = x^2 - 6x - 27$

$0 = (x - 3) \cdot (x - 3) - 36$ oder $0 = (x - 3)^2 - 36$

Probe: $0 = x^2 - 3x - 3x + 9 - 36$

$0 = x^2 - 6x + 9 - 36$

$x^2 - 6x = 27$

Der Klammerausdruck

$0 = (x - 3)^2 - 36$ ist richtig.

$0 = (x - 3)^2 - 36$

$36 = (x - 3)^2$

$\pm\sqrt{36} = x - 3$

$3 \pm \sqrt{36} = x$

$x = 3 \pm \sqrt{36}$

$x_1 = 3 + 6 = \underline{\underline{9}}$

$x_2 = 3 - 6 = \underline{\underline{-3}}$

Diese Methode ist aber nur dann anwendbar, wenn die Unbekannte x in einem quadratischen Klammerausdruck steht.

Der Vietasche Wurzelsatz für gemischt-quadratische Gleichungen.

Der Wurzelsatz von Vieta (1540 – 1603) sagt aus, daß in der Normalform einer gemischt-quadratischen Gleichung das Produkt der erhaltenen Wurzeln das Absolutglied ergibt.

Die Summe der Wurzeln mit (–1) multipliziert, ergibt den Koeffizienten des linearen Gliedes.

Beispiele:

Aufgabe 1 Seite 110

$x^2 - 6x = 27$

$x^2 - 6x - 27 = 0$

$x_1 = 9 \quad , \quad x_2 = -3$

$9 \cdot -3 = \underline{\underline{-27}}$

$9 + (-3) = +6 \cdot -1 = \underline{\underline{-6}}$

Aufgabe 2 Seite 110

$x^2 + \frac{1}{2}x = 18$

$x^2 + \frac{1}{2}x - 18 = 0$

$x_1 = 4 \quad , \quad x_2 = -4{,}5$

$4 \cdot -4{,}5 = \underline{\underline{-18}}$

$4 + (-4{,}5) = -0{,}5$

$-0{,}5 \cdot -1 = \underline{\underline{+0{,}5}}$

Allgemeine Form
wenn

$x^2 + px + q = 0$

dann ist nach Vieta

$x_1 + x_2 = -p$

und

$x_1 \cdot x_2 = q$

Aufgabe 3 Seite 110

$x^2 + 10x = 56$

$x^2 + 10x - 56 = 0$

$x_1 = 4 \quad , \quad x_2 = -14$

$4 + (-14) = -10$

$-10 \cdot -1 = \underline{\underline{+10}}$

$4 \cdot -14 = \underline{\underline{-56}}$

Die Anwendung des Vietaschen Wurzelsatzes.

1.) Wird er zur Ermittlung der quadratischen Gleichung, wenn die Wurzeln gegeben sind, verwendet.
2.) Kann zur Prüfung der Ergebnisse gemischt quadratischer Gleichungen benutzt werden.

Das Koordinatensystem

Das Koordinatensystem erlaubt es uns, mathematische Gleichungen graphisch darzustellen.
Die Grundlage bildet eine quadratisch eingeteilte Fläche (Millimeterpapier, kariertes Rechenpapier), auf der man in Höhe und Breite Punkte zahlenmäßig festlegen kann. Zum System wird es aber erst, wenn wir eine senkrechte und waagrechte Achse, die rechtwinklig zueinander stehen und ein Kreuz bilden, festgelegt haben.
Die waagrechte Achse nennt man Abszisse, die senkrechte Achse nennt man Ordinate. Im Mittelpunkt des Kreuzes, indem sich die Abszisse und die Ordinate schneiden, ist die Zahl 0. Die Zahlenskala der Koordinaten, wie man die Abszisse und die Ordinate nennt, beginnt im Mittelpunkt mit 0 und geht über 1 ,2 ,3 u.s.w. bis ∞.
Zur Darstellung eines Punktes gehören dann Abszissen- und Ordinaten-Werte. Auf der Abszisse werden die x-Werte, auf der Ordinate die y-Werte in gleicher Größenordnung fixiert. Wir bekommen rechts plus x-Werte, links minus x-Werte, nach oben plus y-Werte und nach unten minus y-Werte.
Bei Funktionsgleichungen geben die Faktoren vor dem x die Steigung einer Geraden an. Das Vorzeichen markiert die Richtung vom 0 Punkt aus.
Wenn wir Funktionsgleichungen in das Koordinatensystem einsetzen, ist y eine Funktion von x, also eine von x abhängige Größe. Eine Größe, die von einer veränderlichen anderen Größe abhängt, ist eine *Funktion* dieser Größe.
Die allgemeine Formel einer Funktionsgleichung ist $y = f(x)$ wobei x die unabhängige Veränderliche und y die abhängige Veränderliche ist.

Bei der Funktionsgleichung $y = 2x + 3$ gibt der Faktor 2 die Steigung an, während +3 den Schnittpunkt der Geraden mit der y-Achse bei $y + 3$ markiert. Siehe Abb.8

Punktbestimmung auf dem Koordinatensystem

In die gegebene Gleichung, z.B. $y = 2x$, setzen wir für x beliebige Zahlen, in dem für uns interessierenden Teilbereich, ein. Wir erhalten dann durch die Lösung der Gleichung den von x abhängigen Wert von y. Wir bedienen uns dabei einer Tabelle, in die wir für x Zahlen einsetzen und dann die jeweiligen y-Werte danach errechnen.

Rechtwinkliges oder kartesisches Koordinatensystem

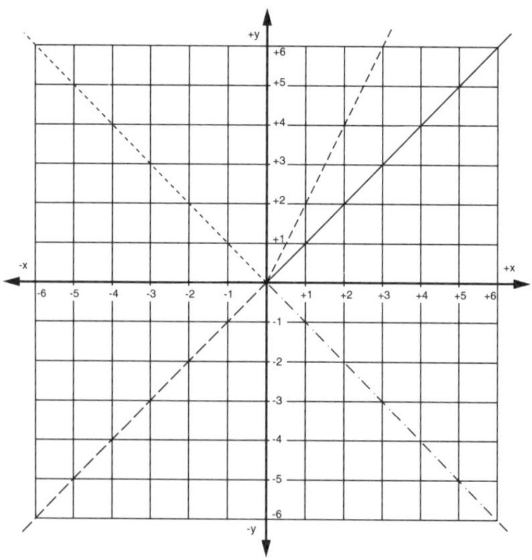

Abb. 6

Tabellenaufstellung einer Funktion

Eine Tabelle gilt zunächst für einen Quadranten, das heißt, für einen Viertelbereich des Koordinatensystems.

$+y = +x$ oben rechts ——— $-y = +x$ unten rechts ·—·—··

$+y = -x$ oben links - - - - - - $-y = -x$ unten links - - - - -

In die Funktionsgleichungen wird für x eine Zahl eingesetzt und wir erhalten dann den zugehörigen y-Wert, der mit dem x-Wert zusammen den Punkt im Koordinatensystem anzeigt. So erhalten wir in der Tabelle für jede Zahl, die wir für x einsetzen, den zugehörigen y-Wert und damit die Punktfestlegung.

Tabellen I bis IV

I

+y	+x
0	0
+1	+1
+2	+2
+3	+3

II

+y	-x
0	0
+1	-1
+2	-2
+3	-3

III

-y	-x
0	0
-1	-1
-2	-2
-3	-3

IV

-y	+x
0	0
-1	+1
-2	+2
-3	+3

Wenn in die Tabelle I negative x-Werte wie bei II eingesetzt werden, sind die Punkte im Bereich von II.

Wenn in die Tabelle IV negative x-Werte wie bei III eingesetzt werden, sind die Punkte auch im Bereich von III.

Wenn wir die errechneten Punkte in das Koordinatensystem einsetzen und miteinander verbinden, bekommen wir eine Gerade.

Beginnt eine Gerade im Bereich I, +y = +x läuft sie automatisch in den Bereich III, −y = −x hinein. Abb.6

Beginnt eine Gerade im Bereich II geht er in den Bereich IV hinein.

+y	+x
0	0
+1	+1
+2	+2
+3	+3
-1	-1
-2	-2
-3	-3

+y	-x
0	0
+1	-1
+2	-2
+3	-3
-1	+1
-2	+2
-3	+3

Beispiel: $y = 2x$

Für x werden die Zahlen 0, 1, 2, -1, -2 eingesetzt. Abb. 7

$y = 2x$	$y = 2x$	$y = 2x$	$y = 2x$	$y = 2x$
$y = 2 \cdot 0$	$y = 2 \cdot 1$	$y = 2 \cdot 2$	$y = 2 \cdot -1$	$y = 2 \cdot -2$
$y = 0$	$y = 2$	$y = 4$	$y = -2$	$y = -4$

Graphische Darstellung von $y = 2x$

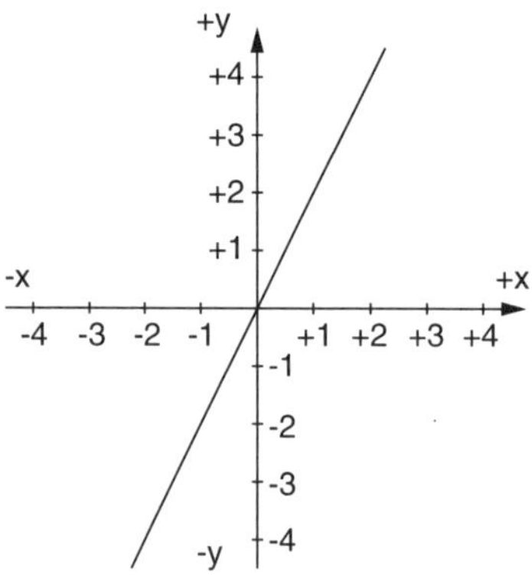

y	x
0	0
2	1
4	2
-2	-1
-4	-2

Abb.7

Die Steigung dieser Geraden wird durch den Faktor 2 vor dem x bestimmt.

Verschiedene Geraden mit gleicher Steigung, also gleichem Faktor vor x, aber verschiedenem Schnittpunkt mit der y-Achse.

Tabellen Abb.8

$y = 2x + 3$

y	x
3	0
5	1
7	2
-1	-2
-3	-3

$y = 2x + 1$

y	x
1	0
3	1
5	2
-3	-2
-5	-3

$y = 2x - 1$

y	x
-1	0
1	1
3	2
-5	-2
-7	-3

$y = 2x - 3$

y	x
-3	0
-1	1
1	2
-5	-1
-7	-2

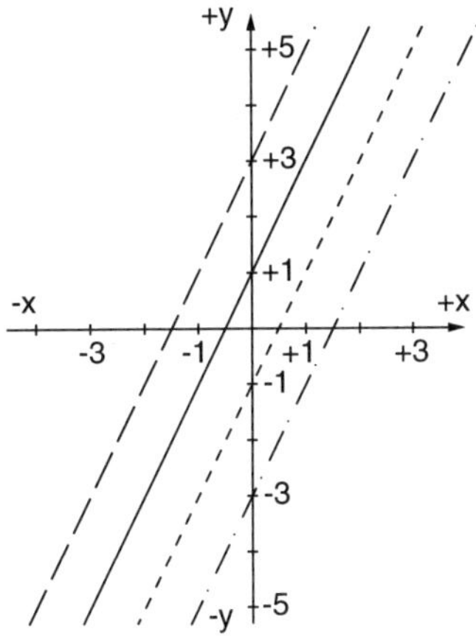

Abb. 8

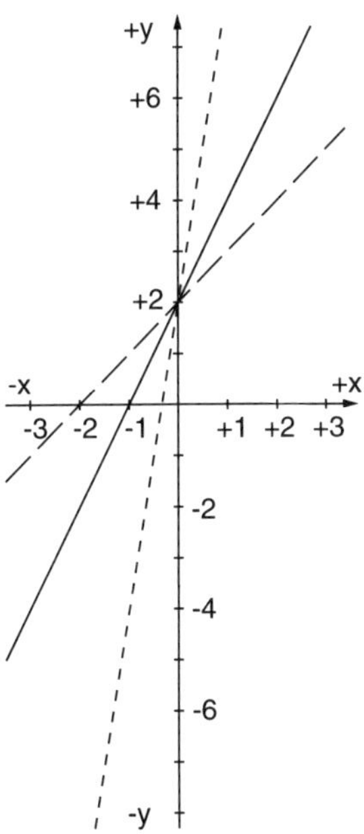

Abb. 9

Tabellen Abb. 9

$y = x + 2$ (— — —)

y	x
+2	0
+3	+1
+4	+2
+5	+3
+1	-1
-1	-3

$y = 2x + 2$ (———)

y	x
+2	0
+4	+1
+6	+2
0	-1
+2	-2
-4	-3

$y = 6x + 2$ (- - - -)

y	x
+2	0
+8	+1
-4	-1
-10	-2

Zum Unterschied der Geraden mit *gleicher* Steigung und *verschiedenem* Schnittpunkt auf der y-Achse sind hier auch Geraden mit *verschiedener* Steigung aber *gleichem* Schnittpunkt auf der y-Achse gezeigt. Erstere haben den *gleichen* Faktor vor x, die anderen die gleiche Summe von +2.

Graphische Lösung von Gleichungen.

Aus einer Gleichung mit einer Unbekannten kann man eine Funktionsgleichung machen, indem man nach 0 auflöst und für $0 = y$ einsetzt.

$2x = -3$ nach x aufgelöst: $2x = -3$

$2x + 3 = 0$ $\qquad x = \frac{-3}{2} = -1{,}5$

$2x + 3 = y$

Die Gerade $y = 2x + 3$ schneidet bei $y = 0$ die x-Achse bei $-1{,}5$.
Abb.8

Gleichungen mit 2 Unbekannten

Rechnerische Lösung:

I $\quad 3x + 2y = 13$

II $\quad 3x - 4y = 1 \quad | \cdot -1$

$$\begin{array}{r} 3x + 2y = 13 \\ -3x + 4y = -1 \\ \hline 0 + 6y = 12 \end{array}$$

$$6y = 12$$
$$y = \frac{12}{6}$$
$$y = \underline{\underline{2}}$$

y in I eingesetzt

$$3x + 4 = 13$$
$$3x = 13 - 4$$
$$3x = 9$$
$$x = \frac{9}{3}$$
$$x = \underline{\underline{3}}$$

Graphische Lösung: Gleichungen werden nach y aufgelöst.

$$3x + 2y = 13$$
$$2y = 13 - 3x$$
$$y = \frac{13}{2} - \frac{3x}{2}$$

$$3x - 4y = 1$$
$$-4y = 1 - 3x$$
$$4y = 3x - 1$$
$$y = \frac{3x}{4} - \frac{1}{4}$$

Tabellen Abb. 10

y	x
+6,5	0
+3,5	+2
+2,0	+3
+8,0	-1

y	x
-0,25	0
+1,25	+2
+2,75	+4
-1,00	-1

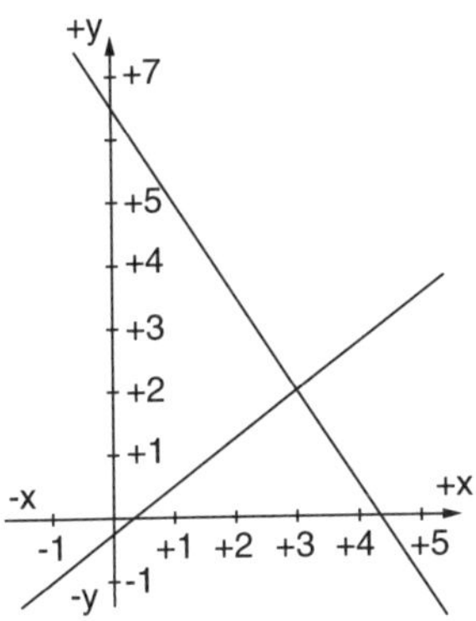

Abb. 10

Der Schnittpunkt der beiden Geraden markiert die beiden Unbekannten x=3 und y=2.
Die Punktbezeichnung ist dann 3/2, wobei zuerst der x-Wert und dann nach dem Strich der y-Wert angegeben wird.

Wenn wir Funktionen, deren unabhängige Veränderliche x in einer Potenz auftritt, graphisch auf dem Koordinatensystem darstellen, erhalten wir Kurven.
In den folgenden Beispielen sehen wir, daß der Faktor vor x sich auf die Steigung der Kurve auswirkt.

$y = 2x^2$, $y = \frac{1}{2}x^2$ Abb. 11

daß sich die Konstante in einer Funktion auf den Durchgang an der y-Achse bei $x = 0$ auswirkt.

Beispiele:

$y = x^2 + 2$, $y = x^2 - 2$, $y = -x^2 + 2$, Abb. 12

daß in einer Funktion mit positivem x die Kurven nach

$+y$ offen sind und mit negativem x nach $-y$ offen sind.
Beispiele: Abb.13
daß sich in einer mehrgliedrigen Produktfunktion durch die dort auftretenden Konstanten Verschiebungen auf der x-Achse ergeben.
Beispiele:
$y = (x+2)\cdot(x+2)$, $y = (x-2)\cdot(x-2)$, Abb. 14

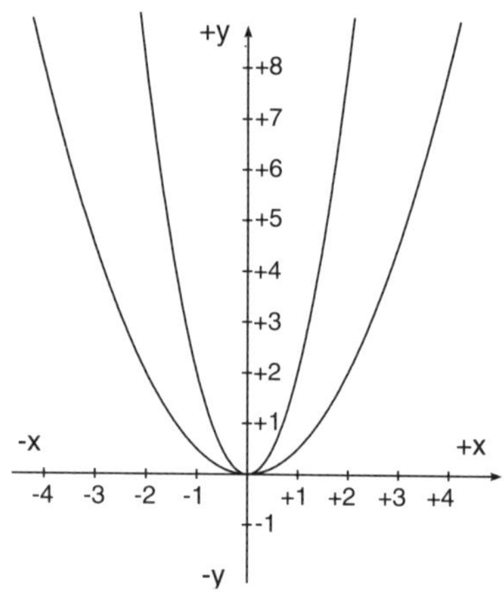

Abb. 11

Tabellen Abb. 11

Innenkurve

$y = 2x^2$

y	x
0	0
+2	+1
+8	+2
+2	-1
+8	-2

Außenkurve

$y = \frac{1}{2}x^2$

y	x
0	0
+0,5	+1
+2,0	+2
+4,5	+3
+8,0	+4
+0,5	-1
+4,5	-3

In Abb. 12 wird gezeigt, daß die Konstante der Funktionen den $x = 0$ Punkt auf der y-Achse bestimmt, egal ob die Kurven nach $+y$ oder $-y$ offen sind.

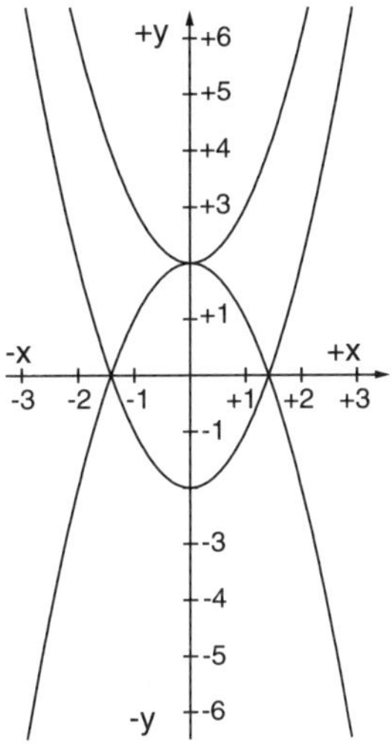

Abb. 12

Tabellen Abb. 12

$y = x^2 + 2$

y	x
+2	0
+3	+1
+6	+2
+3	-1
+6	-2

$y = x^2 - 2$

y	x
-2	0
-1	+1
+2	+2
+7	+3
-1	-1
+2	-2
+7	-3

$y = -x^2 + 2$

y	x
+2	0
+1	+1
-2	+2
-7	+3
+1	-1
-2	-2
-7	-3

Tabellen Abb.13

$y = 2x$

y	x
0	0
+1	+1
+4	+2
+1	-1
+4	-2

$y = -x^2$

y	x
0	0
-1	+1
-4	+2
-1	-1
-4	-2

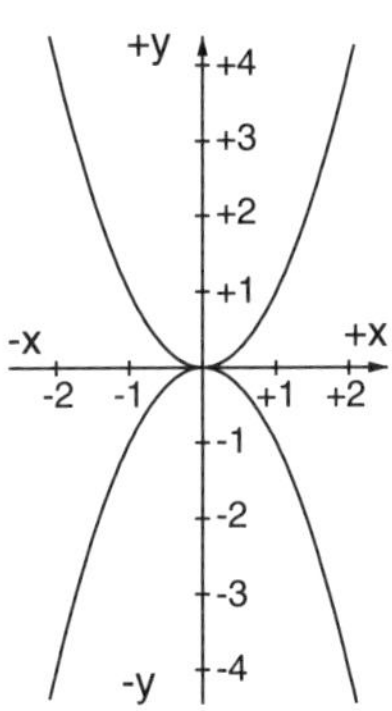

Abb. 13

In Abb. 13 wird gezeigt, daß das Vorzeichen + oder – vor der Potenz von x die Kurven nach $+y$ oder nach $-y$ öffnet.

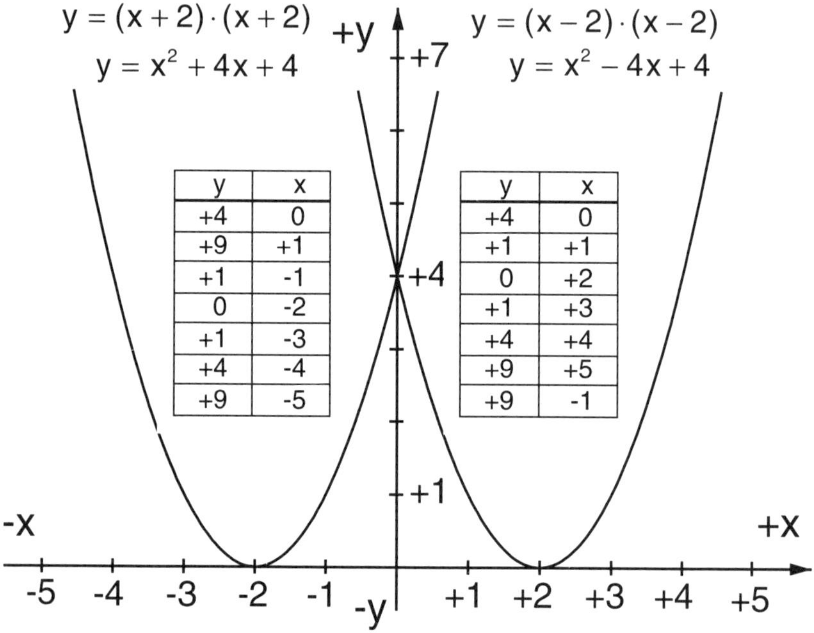

$$y = (x+2)\cdot(x+2)$$
$$y = x^2 + 4x + 4$$

y	x
+4	0
+9	+1
+1	-1
0	-2
+1	-3
+4	-4
+9	-5

$$y = (x-2)\cdot(x-2)$$
$$y = x^2 - 4x + 4$$

y	x
+4	0
+1	+1
0	+2
+1	+3
+4	+4
+9	+5
+9	-1

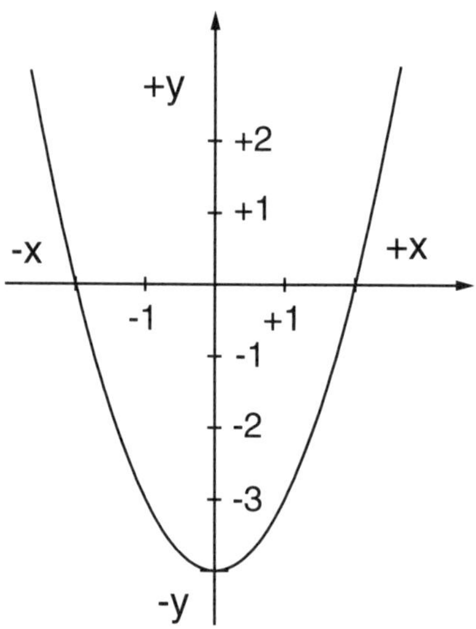

$$y = (x+2)\cdot(x-2)$$
$$y = x^2 - 4$$

y	x
-4	0
-3	+1
0	+2
+5	+3
-3	-1
0	-2
+5	-3

Es folgen Kurven, die sowohl eine Verschiebung auf der x- und y-Achse zeige, als auch nach + oder -y offen sind.

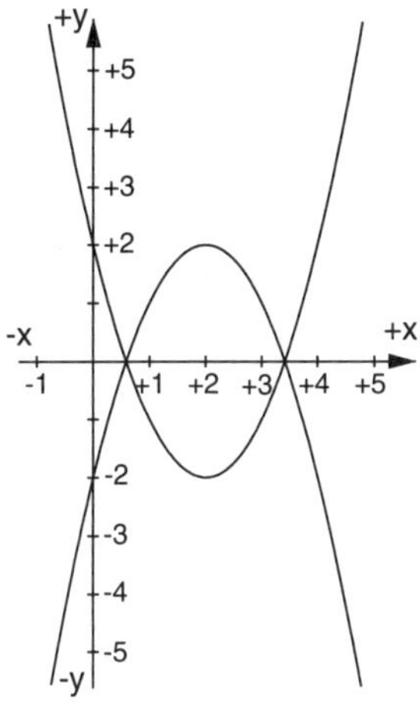

$y = x^2 - 4x + 2$

y	x
+2	0
-1	+1
-2	+2
-1	+3
+2	+4
+4,25	+4,5
+7	-1

$y = -x^2 + 4x - 2$

y	x
-2	0
+1	+1
+2	+2
+1	+3
-2	+4
-4,25	+4,5
-7	-1

Abb. 16

$$y = (x-2)^2 - 2$$
$$y = (x-2)\cdot(x-2) - 2$$
$$y = x^2 - 4x + 4 - 2$$
$$y = x^2 - 4x + 2$$

$$y = -(x-2)^2 - 2$$
$$y = -(x-2)\cdot(x-2) + 2$$
$$y = -\left(x^2 - 4x + 4\right) + 2$$
$$y = -x^2 + 4x - 4 + 2$$
$$y = -x^2 + 4x - 2$$

Bei diesen beiden Funktionen sind die Vorzeichen des x-Ausdrukkes verschieden, das bedeutet, daß mit positivem x die Kurve nach +y offen wird und mit negativem x die Kurve nach -y offen wird. Beide Kurven haben sowohl eine Verschiebung auf der x-Achse, als auch eine Verschiebung auf der y-Achse um 2.

Stamm oder Ausgangsfunktionen und Umkehrfunktionen.

Eine Umkehrfunktion erhält man, wenn man in der gegebenen Funktion x gegen y austauscht und dann nach y auflöst. Die Kurve wird dann nach +x offen.

$y = \frac{1}{2}x^2$ ausgetauscht $x = \frac{1}{2}y^2$

$y^2 = \frac{x}{\frac{1}{2}}$, $y^2 = 2x$, $y = \pm\sqrt[2]{2x}$, $y = \frac{1}{2}x^2$

$y^2 = 2x \ , \ x = \pm\sqrt[2]{2x}$

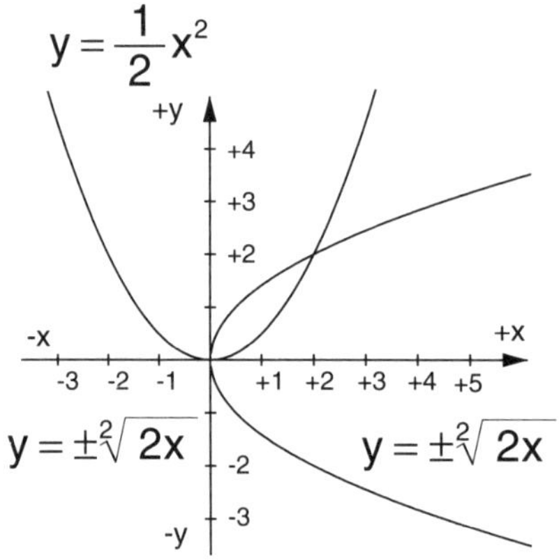

Abb. 17

$y = \frac{1}{2}x^2$

y	x
0	0
+0,5	+1
+2,0	+2
+4,5	+3
+8,0	+4
+0,5	-1
+2,0	-2
+4,5	-3
+8,0	-4

y	x
0	0
$\pm\sqrt[2]{2} = 1{,}41$	+1
$\pm\sqrt[2]{4} = 2{,}0$	+2
$\pm\sqrt[2]{6} = 2{,}45$	+3
$\pm\sqrt[2]{8} = 2{,}83$	+4
$\pm\sqrt[2]{9} = 3{,}0$	+4,5

Die Umkehrfunktion von einer Stammfunktion mit negativem x und geradem Potenzexponenten wird imaginär.

$y = -\frac{1}{2}x^2 \quad , \quad x = -\frac{1}{2}y^2$

x und y wurden ausgetauscht.

$\frac{x}{-\frac{1}{2}} = y^2 \quad , \quad -2x = y^2 \quad , \quad y^2 = -2x$

$y = \pm\sqrt[2]{-2x}$, wenn $x = 1$ dann

$y = \sqrt[2]{-2 \cdot 1} = \sqrt[2]{-2} = \sqrt[2]{-1 \cdot 2} = 2i$

denn $\sqrt[2]{-1} = i$ imaginär

imaginäre Einheit auf Seite 76

Hyperbelkurven

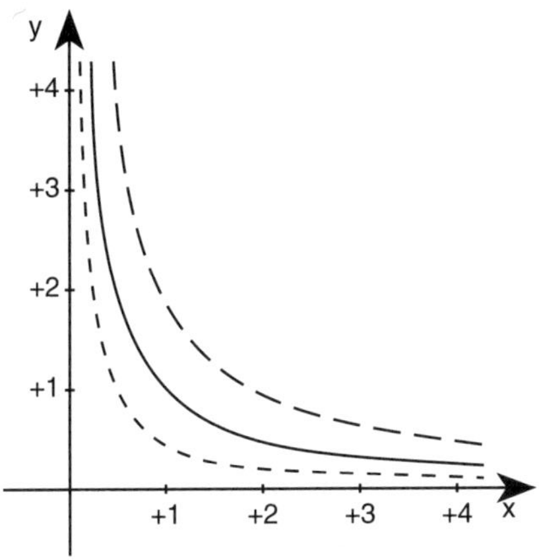

Abb. 18

$y = \frac{1}{x}$ (———)		$y = \frac{2}{x}$ (– – –)		$y = \frac{1}{2x}$ (- - -)	
y	x	y	x	y	x
1,0	1,0	2,0	1,0	0,5	1,0
0,5	2,0	1,33	1,5	0,25	2,0
0,33	3,0	1,0	2,0	0,16	3,0
2,0	0,5	0,66	3,0	1,0	0,5
3,0	0,33	2,66	0,75	1,5	0,33
4,0	0,25	4,0	0,5	2,0	0,25
				3,0	0,166

Wenn wir die Werte, die wir für x einsetzen, immer kleiner machen, wird y immer größer, bis bei $x = 0$, $y = \infty$ wird. Die Kurven nähern sich asymptotisch der y und x-Achse.

Der Kreis: r = Radius, $r = 3$

$$x^2 + y^2 = r^2 \qquad y^2 = -x^2 + 3^2$$

$$y^2 = -x^2 + r^2 \qquad y = \pm\sqrt[2]{-x^2 + 9}$$

Der Kreis

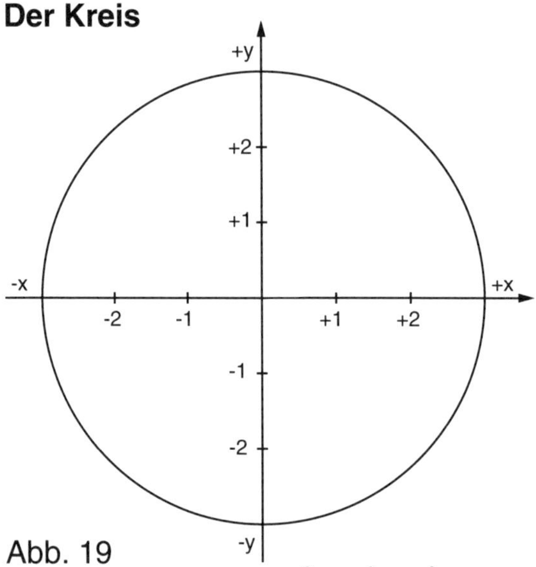

Abb. 19

y	x
3,0	0
2,83	1
2,23	2
1,66	2,5
0	3
2,83	-1
2,23	-2
1,66	-2,5
0	-3

y	x
-3,0	0
-2,83	1
-1,66	2,5
0	3
-2,83	-1
-2,23	-2
-1,66	-2,5
0	-3

$x^2 + y^2 = r^2$, $r = 3$

nach y aufgelöst

$$y = \pm\sqrt[2]{-(+x^2) + 9}$$

explizite Form

Die Ellipse

großer Radius a = 4 cm, kleiner Radius b = 3 cm

Funktion der Ellipse:

$$\frac{x^2}{a^2} + \frac{y^2}{b^2} = 1$$

$$\frac{y^2}{b^2} = -\frac{x^2}{a^2} + 1$$

$$\left(\frac{y}{b}\right)^2 = -\frac{x^2}{a^2} + 1$$

$$\frac{y}{b} = \pm\sqrt[2]{-\frac{x^2}{a^2} + 1}$$

$$y = \pm\left(\sqrt[2]{-\frac{x^2}{a^2} + 1}\right) \cdot b$$

$$y = \pm b \cdot \sqrt[2]{-\frac{x^2}{a^2} + 1}$$

$$y = \pm b \cdot \sqrt[2]{\frac{-x^2 + 1 \cdot a^2}{a^2}}$$

$$y = \pm b \cdot \sqrt[2]{\frac{-x^2 + a^2}{a^2}}$$

$$y = \pm b \cdot \frac{1}{a} \cdot \sqrt[2]{-x^2 + a^2}$$

$$\underline{\underline{y = \pm \frac{b}{a} \cdot \sqrt[2]{a^2 - (+x^2)}}}$$

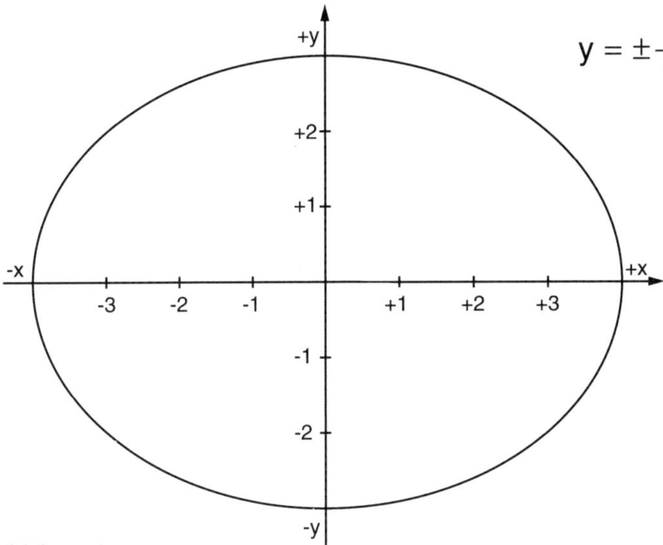

$$y = \pm \frac{b}{a} \sqrt[2]{a^2 - \left(+x^2\right)}$$

Abb. 20

Radius a = 4 cm und b = 3 cm eingesetzt

$$y = +\frac{b}{a} \cdot \sqrt[2]{a^2 - x^2}$$

$$y = +\frac{3}{4} \cdot \sqrt[2]{4^2 - x^2}$$

y	x
3,0	0
2,9	1
2,6	2
1,9	3
1,45	3,5
0	4
2,9	-1
2,6	-2
1,9	-3
1,45	-3,5
0	-4

$$y = -\frac{b}{a} \cdot \sqrt[2]{a^2 - x^2}$$

$$y = -\frac{3}{4} \cdot \sqrt[2]{4^2 - \left(+x^2\right)}$$

y	x
-3	0
-2,9	1
-2,6	2
-1,9	3
-1,45	3,5
0	4
-2,9	-1
-2,6	-2
-1,9	-3
-1,45	-3,5
0	-4

Die Parabel

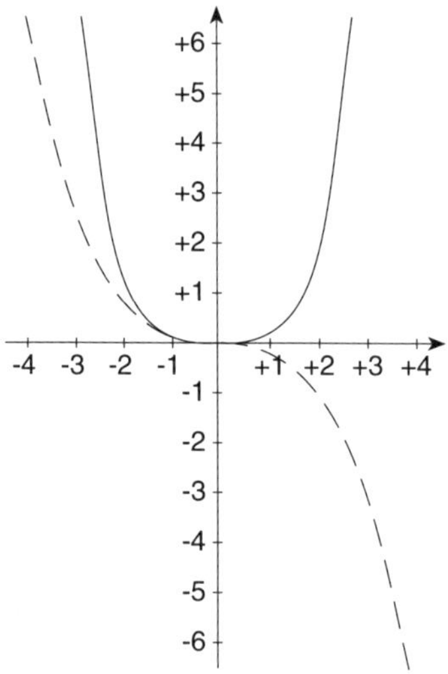

$$y = \frac{1}{10}x^4$$

———————

y	x
0,1	1
1,6	2
8,1	3
0,1	-1
1,6	-2
8,1	-3

$$y = \frac{1}{10}x^3$$

– – – – – – –

y	x
-0,1	1
-0,8	2
-2,7	3
-6,4	4
0,1	-1
0,8	-2
2,7	-3
6,4	-4

Abb. 21

Bei Funktionen mit ungeraden Potenzexponenten geht der eine Kurvenast nach plus y und der andere Kurvenast nach minus y.

Geometrie

Bevor wir uns mit geometrischen Begriffen, Punkten, Linien, Flächen und geometrischen Gebilden und deren Gesetzmäßigkeiten auseinandersetzen, sei der Grundgedanke näher erläutert. Die Aneinanderreihung eines Punktes ergibt eine Linie, die Aneinanderreihung einer Linie ergibt eine Fläche und die Aneinanderreihung einer Fläche ergibt ein Körper. In der Weise, daß eine Linie aus unendlich vielen Punkten, eine Fläche aus unendlich vielen Linien und ein Körper aus unendlich vielen Flächen besteht.
Damit ist hier schon der Grundgedanke der Infinitesimalrechnung angesprochen, daß nämlich sich jedes Gebilde aus unendlich vielen kleinen Teilen zusammensetzt. Wir müssen zunächst das System der Maßeinheiten für die Längen und Flächen kennenlernen.
Die Grundlage ist der Urmeter, der aus einer Platinlegierung besteht und in Paris unter gleichbleibenden thermischen Bedingungen aufbewahrt wird. Nur bei einer ganz bestimmten Temperatur ist dieser Meterstab wirklich genau 1 m lang, der 40 000 000 ste Teil des Erdumfangs.
Maßeinheiten auf Seite 152.
In der Geometrie stellen wir die Flächen, die aus Länge und Breite erfaßbar sind, dar und berechnen sie. In der Steriometrie kommt noch die Höhe als dritte Dimension hinzu, die uns Räume entstehen läßt.
Es folgen die Gesetze und Formeln der Geometrie.

Besprechung der geometrischen Figuren.

Das Quadrat
Das Quadrat zeichnet sich durch vier gleiche Seiten und vier rechte Winkel (90°) aus. Der Flächeninhalt ist Länge mal Breite $F = a \cdot b$ wobei die Seiten a und b gleich groß sind.

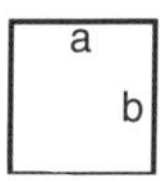

Abb. 22

Länge a und Breite b im Längenmaß ergibt Fläche F im Flächenmaß, das dazugehört.

Zugehörige Längen und Flächenmaße

Längenmaß	Flächenmaß	
in mm	$= mm^2$	qmm
cm	$= cm^2$	qcm
dm	$= dm^2$	qdm
m	$= m^2$	qm
km	$= km^2$	qkm

Der Umfang U der geometrischen Figuren ist die Summe der Seitenlängen. $a = 1{,}5$, $b = 1{,}5$

$U = 1{,}5 + 1{,}5 + 1{,}5 + 1{,}5 = 6{,}0$

Die Fläche F ist Länge mal Breite, $F = 1{,}5 \cdot 1{,}5 = 2{,}25$

Bei allen Berechnungen von Flächen und Körpern muß man streng beachten, daß man in der gleichen Größenordnung bleibt. Sind die Grundmaße in cm angegeben, erhalten wir die Fläche in cm^2 (qcm) und den Raum in cm^3 (ccm) oder in Milliliter ml. Wenn wir vom Meter m als Grundmaß ausgehen, erhalten wir bei der Fläche Quadratmeter m^2 (qm) und beim Raum Kubikmeter m^3 (cbm) oder Tonnen t.

Oft ist es zweckmäßig, die Maße in einer größeren oder kleineren Maßeinheit auszudrücken, damit man bei einer Berechnung einen besseren Überblick behält.

Das Rechteck

Das Rechteck hat jeweils zwei gleich lange, gegenüberliegende Seiten und vier rechte Winkel. Der Flächeninhalt ist Länge a mal Breite b, wobei die Seiten a und b verschieden lang sind. Gegeben: $a = 3$, $b = 2$

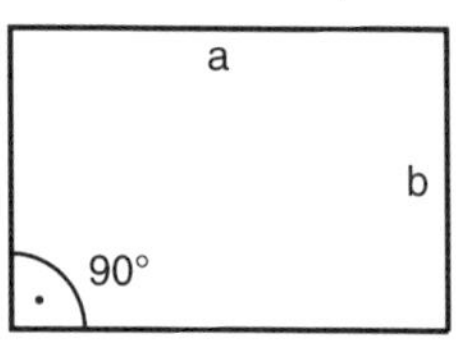

$U = a + a + b + b$, $U = 3 + 3 + 2 + 2 = 10$

$F = a \cdot b$, $F = 3 \cdot 2 = 6$

Abb. 23

 rechter Winkel

Der Winkel ∢

Ein Winkel entsteht immer dann, wenn sich 2 Linien, die nicht parallel laufen, treffen. Durch diesen Schnittpunkt (Scheitelpunkt) entsteht ein Winkel, der, wenn mehrere benannt werden müssen, mit den kleinen griechischen Buchstaben α, β, γ, u.s.w. bezeichnet werden.
Die zum Scheitelpunkt laufenden Linien nennt man Schenkel.
Der Winkel ASB heißt Winkel der Schenkel A und B am Scheitelpunkt. Die Schenkel oder Seiten werden mit großen Buchstaben bezeichnet.

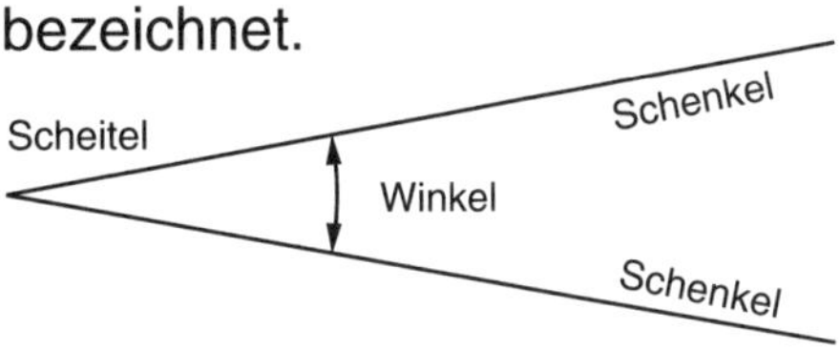

Abb. 24

Es gibt spitze Winkel, die kleiner als 90° (< 90°) sind.
Es gibt stumpfe Winkel, die größer als 90° (> 90°) aber kleiner als 180° (< 180°) sind.

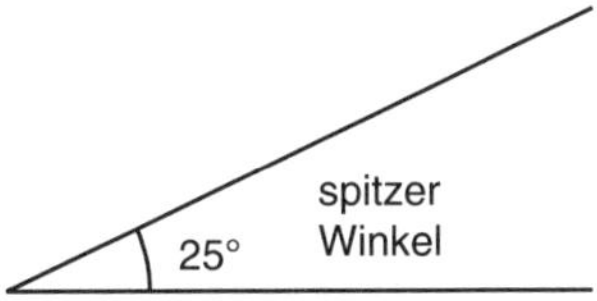

Abb. 25 a

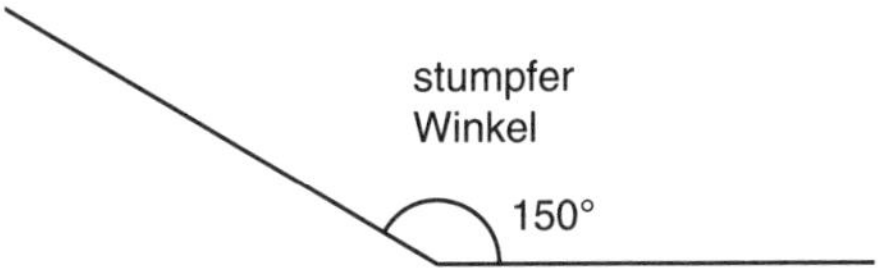

Abb. 25 b

Es gibt Komplementwinkel, Ergänzungswinkel, die sich auf 90° ergänzen. Zwei spitze Winkel ergänzen sich auf 90°.
Es gibt Supplementwinkel, Ergänzungswinkel, die sich auf 180° ergänzen. Ein stumpfer und ein spitzer Winkel ergänzen sich auf 180°.

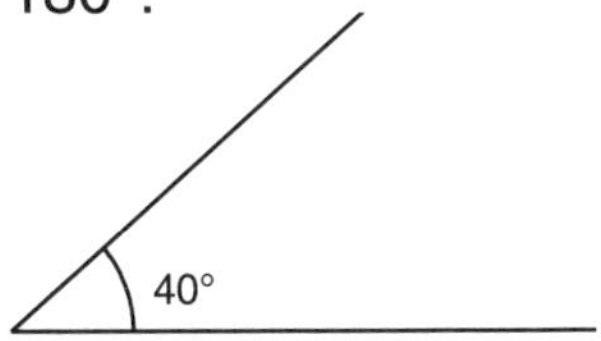

Abb. 26 a

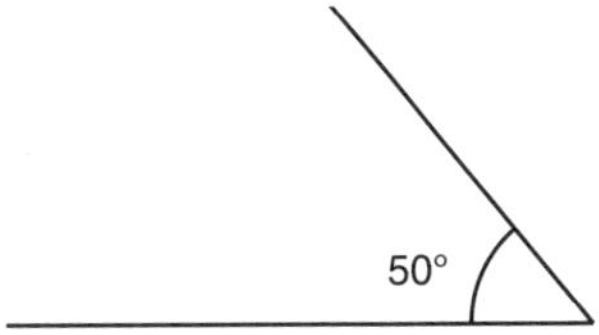

Abb. 26 b

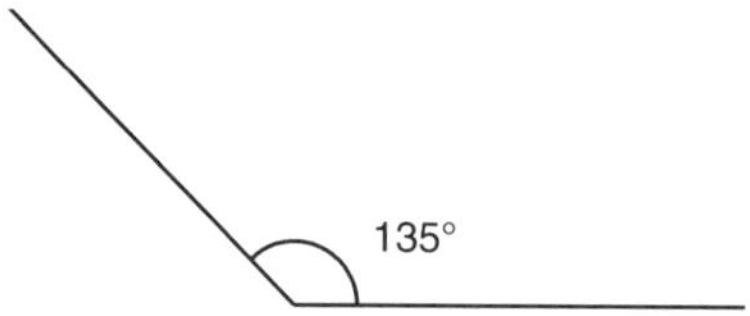

Abb. 27 a

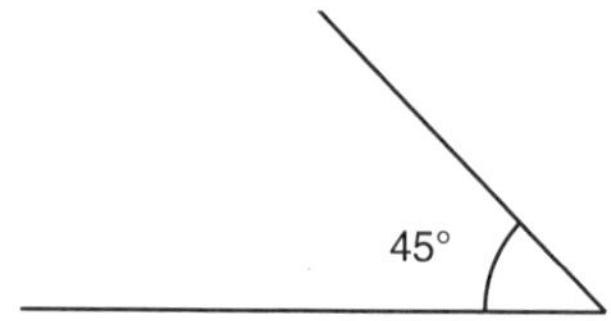

Abb. 27 b

Das Parallelogramm

Das Parallelogramm ist ein verschobenes Rechteck. Die benachbarten Winkel (Supplementwinkel) sind zusammen 180°. Der Flächeninhalt F ist Grundlinie a mal der Höhe h. $F = a \cdot h$

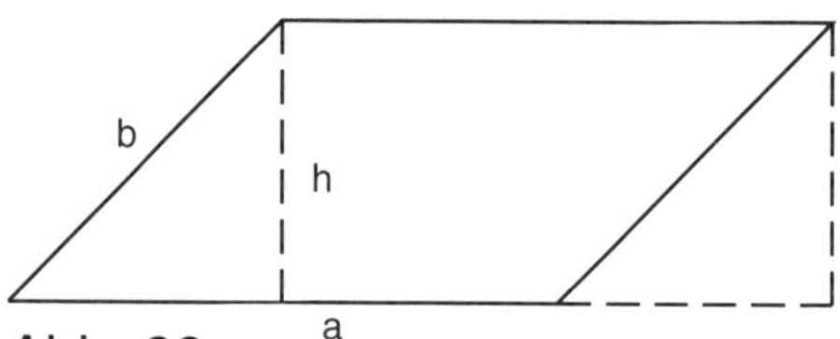

Das Dreieck, das auf der rechten Seite fehlt, ragt auf der linken Seite heraus.

Abb. 28

Eine Sonderform des Parallelogramms ist die Raute oder der Rhombus. Diese Form ist ein verschobenes Quadrat. Die Fläche wird genau wie bei dem Parallelogramm berechnet.

Das Trapez

Das Trapez ist ein einseitig oder zweiseitig abgeschrägtes Parallelogramm. Der Flächeninhalt F ergibt sich aus der Höhe h und dem Mittel der Grundlinien $a + b$.

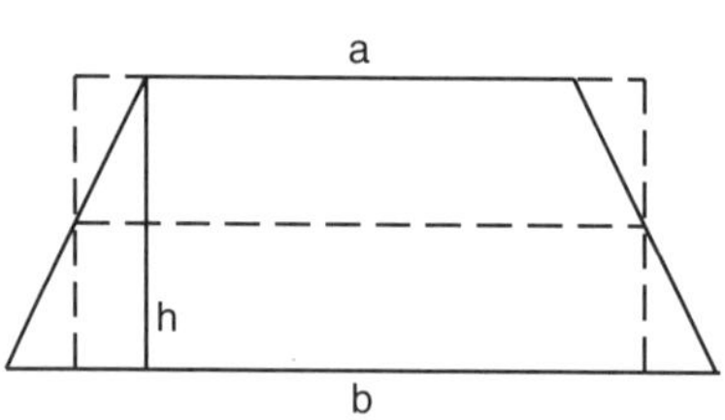

Abb. 29 a

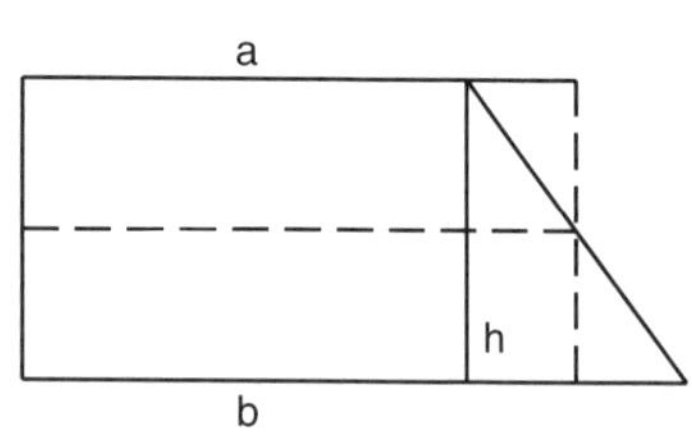

Abb. 29 b

$$F = \frac{a + b}{2} \cdot h$$

Dreiecke

Gleichschenklige, gleichseitige, schiefwinklige und rechtwinklige Dreiecke werden bei der Flächeninhaltsberechnung gleich behandelt. Die Fläche ist halbe Grundlinie mal der Höhe. $F = \frac{a}{2} \cdot h$

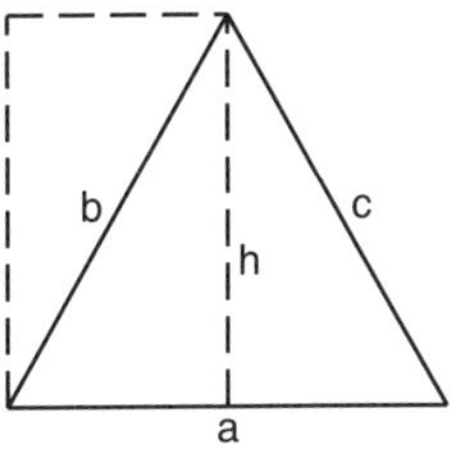

Abb. 30 a

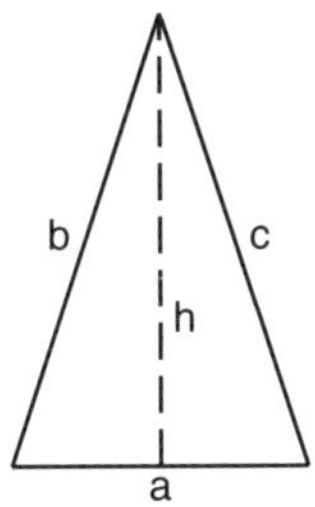

Abb. 30 b

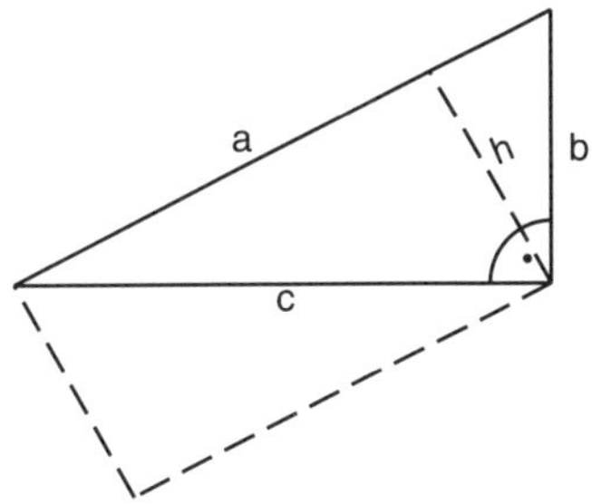

Abb. 30 c

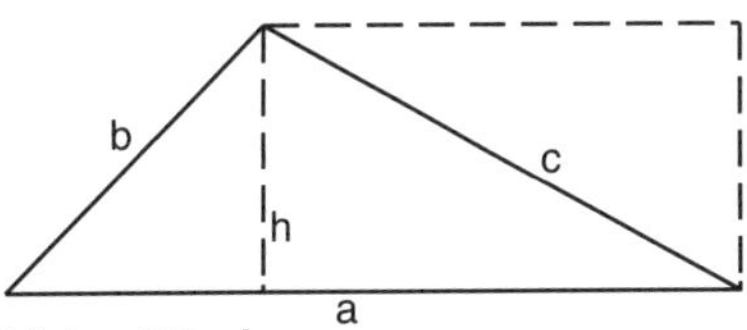

Abb. 30 d

Wie aus der gestrichelten Ergänzungsfläche zu sehen ist, wird zur Flächenberechnung nur die Hälfte der Grundlinie benötigt, die mit der Höhe h multipliziert wird. Die Summe der Innenwinkel ist bei allen Dreiecken 180°. Die Außenwinkel α eines Dreiecks sind gleich der Summe der beiden nicht anliegenden Innenwinkel β und γ

$$\alpha = \beta + \gamma$$

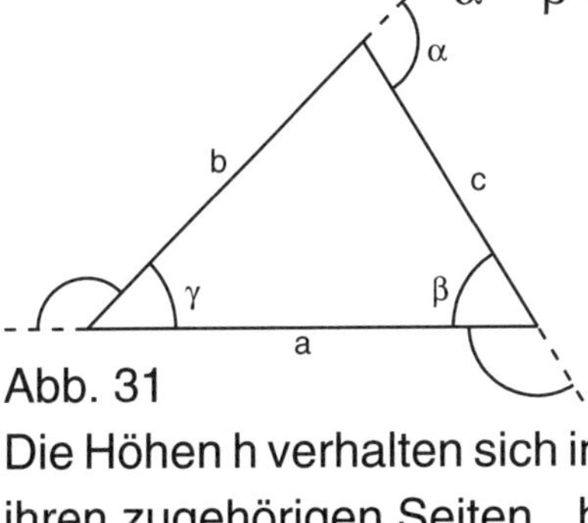

Abb. 31

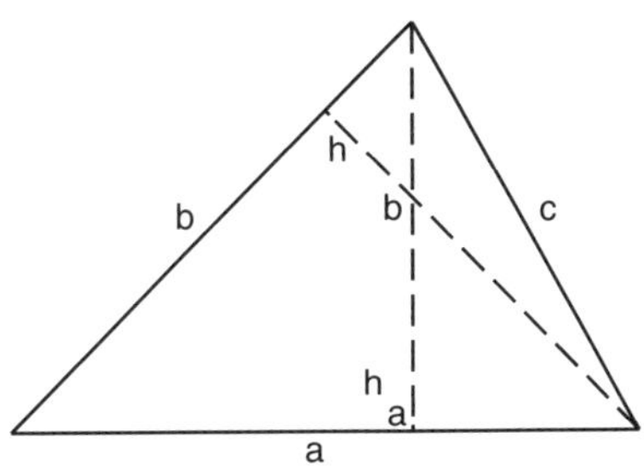

Abb. 32

Die Höhen h verhalten sich im Dreieck umgekehrt proportional zu ihren zugehörigen Seiten. $h_a : h_b = b : a$ Abb. 32

Die Seitenhalbierenden schneiden sich im Dreieck im Verhältnis

1 : 2 . Der Schnittpunkt der Seitenhalbierenden ist der Schwerpunkt.

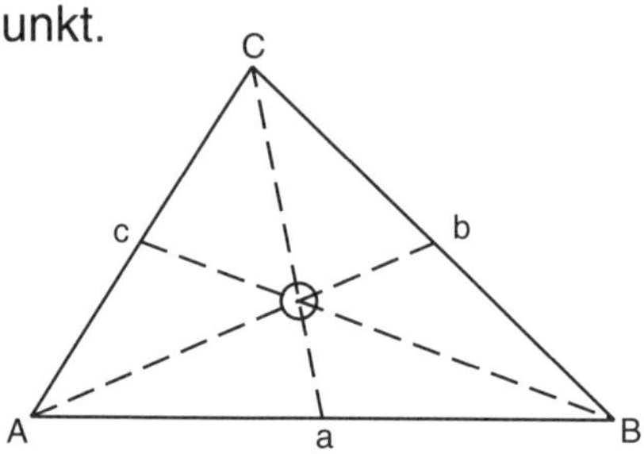

$AO : Oc = 2 : 1$

$BO : Ob = 2 : 1$

$CO : Oa = 2 : 1$

Abb. 33

Die Winkelhalbierende im Dreieck teilt die gegenüberliegende Seite im Verhältnis der anliegenden Seiten.

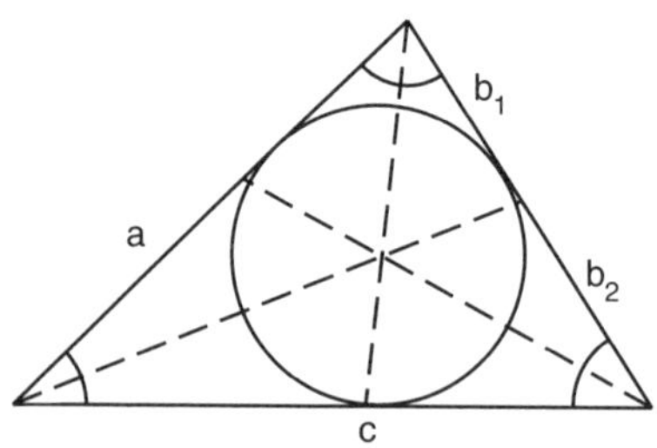

$b_1 : b_2 = a : c$

Der Schnittpunkt der Winkelhalbierenden ist der Mittelpunkt des Innenkreises.

Abb. 34

Die Mittellote schneiden sich beim Dreieck im Mittelpunkt des Außenkreises. Der Schnittpunkt ist von jeder Ecke gleich weit entfernt.

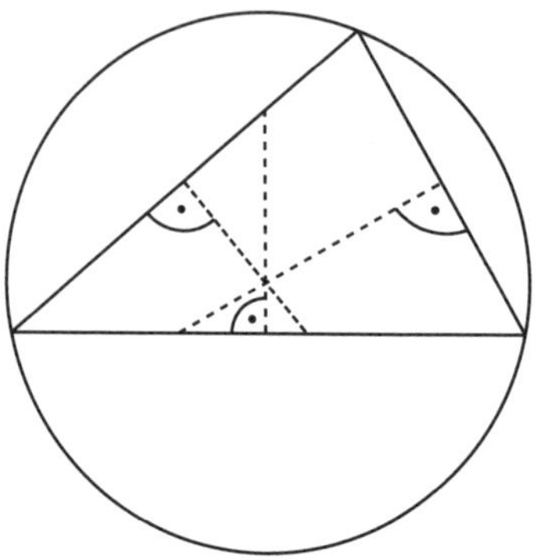

Die Mittellote sind Linien, die rechtwinklig auf der Mitte der Seiten des Dreiecks stehen. Der Schnittpunkt der Höhen, der Seitenhalbierenden und der Mittellote sind auf einer geraden Linie, und zwar verhält sich die Entfernung vom Schnittp. H zum Schnittp. S zu der vom Schnittp. S zum Schnittp. L wie 2 : 1. Seite 156

Abb. 35

Winkel, deren Schenkel senkrecht aufeinander stehen, sind gleich.

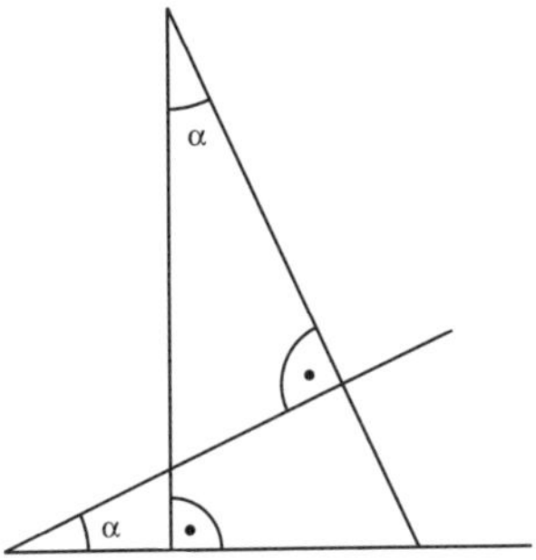

Schnittp. H (Höhen)
Schnittp. S (Seitenhalbier.)
Schnittp. L (Mittellote)

Abb. 36

Kongruentsätze

Zwei Dreiecke sind kongruent (deckungsgleich), wenn

1.) die drei Seiten gleich sind.
2.) zwei Seiten und der eingeschlossene Winkel gleich sind.
3.) zwei Seiten und der Winkel, der der größeren Seite gegenüberliegt, gleich ist.
4.) eine Seite und zwei Winkel gleich sind.

Das Achteck

Den Flächeninhalt eines Achtecks berechnet man, indem man es in 8 Dreiecke zerlegt, diese dann im einzelnen berechnet und dann mit 8 multipliziert.

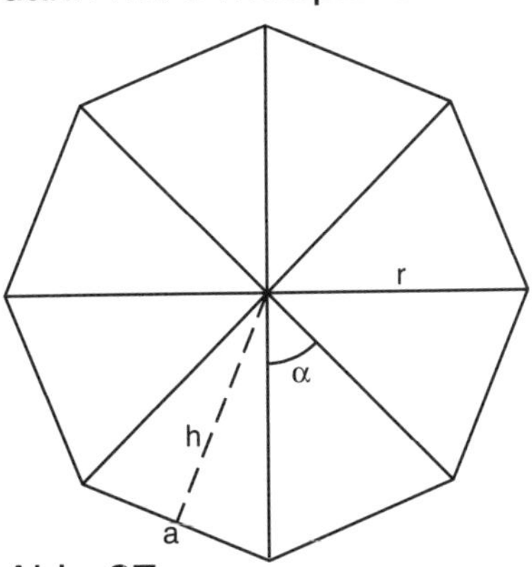

Abb. 37

Rechenbeispiel:

$r = 2{,}5$ cm , $h = 2{,}31$ cm

$a = 1{,}913$ cm , $\frac{a}{2} = 0{,}956$ cm

$\alpha = \frac{360°}{8} = 45°$

$F = \frac{a}{2} \cdot h \cdot 8$

$F = 0{,}956 \cdot 2{,}31 \cdot 8 = 17{,}65$ qcm

$F = \underline{\underline{17{,}65 \text{ cm}^2}}$

Der Satz des Pythagoras

Das Hypotenusenquadrat a^2 ist gleich der Summe der Kathetenquadrate $b^2 + c^2$.

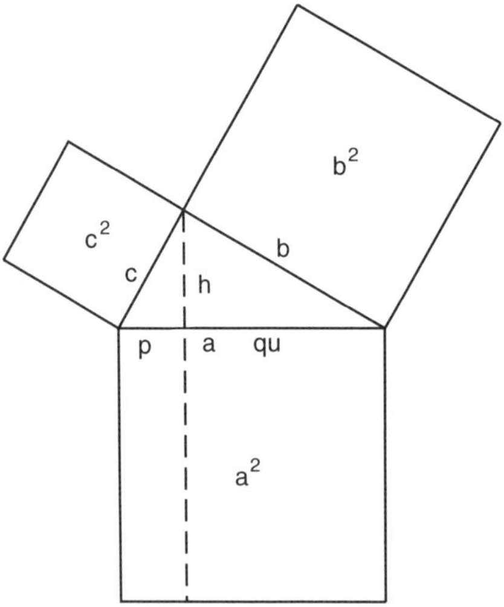

Abb. 38

a = Hypotenuse
b = Ankathete
c = Gegenkathete

$a^2 = b^2 + c^2$

Der Satz des Euklid
Das Quadrat einer Kathete ist gleich dem Rechteck aus der Hypotenuse und der Projektion der Kathete.

$b^2 = a \cdot qu$

$c^2 = a \cdot p$

$h^2 = p \cdot qu$

Der Kreis   r = 2 cm

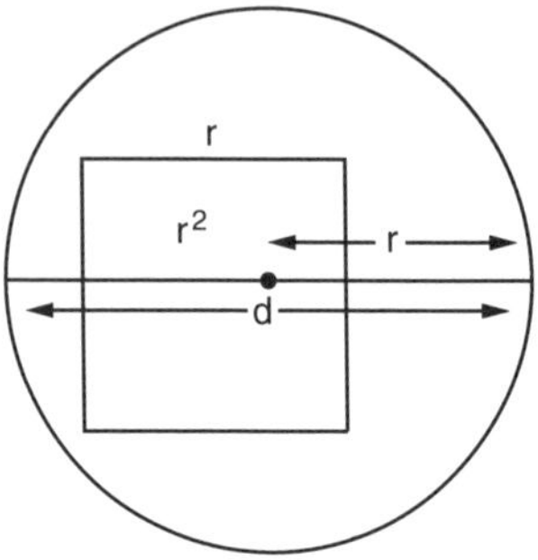

d = Durchmesser
r = Radius oder Halbmesser
U = Umfang
F = Fläche
π = Kreiszahl 3,1415 *siehe Seite 174*
$U = 2r \cdot \pi$ Kreisumfang
$F = \pi \cdot r^2$ Kreisfläche

Abb. 39

Der in Abb. 39 gezeigte Kreis $(r = 2)$ hat einen Kreisumfang $U = 2r \cdot \pi$,

$U = 2 \cdot 2 \cdot 3{,}14 = 12{,}56\ cm^2$. Die Kreisfläche ist $F = \pi \cdot r^2$,

$F = 3{,}14 \cdot 4 = 12{,}56\ cm^3$.

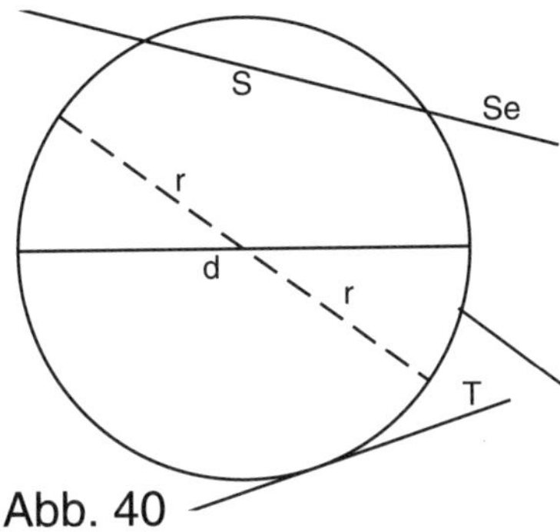

Abb. 40

r = Radius oder Halbmesser

$2r = d$

d = Durchmesser

S = Sehne ist Teil der Sekante innerhalb des Kreises.

Se = Sekante

T = Tangente, Berührungslinie des Kreises.

Kreislinie

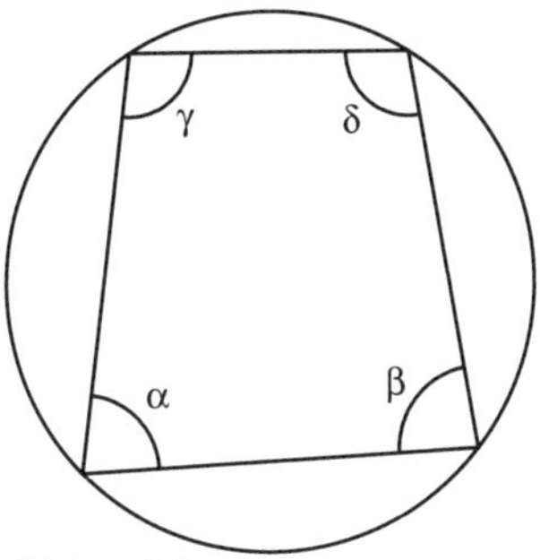

Abb. 41

Das Sehnenviereck

Im Sehnenviereck ist die Summe der gegenüberliegenden Winkel 180°.

$\alpha + \delta = 180°$

$\beta + \gamma = 180°$

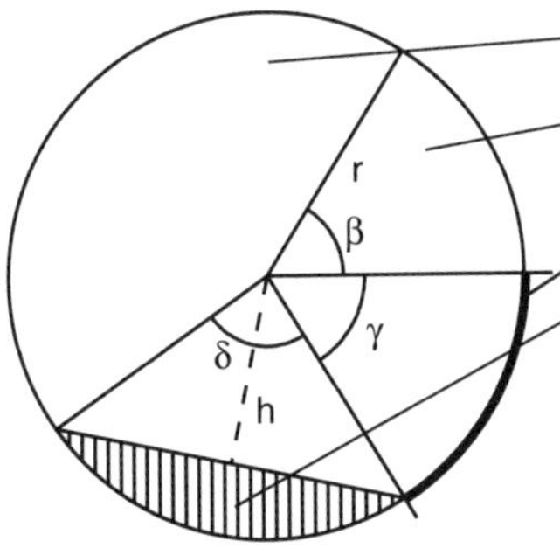

Abb. 42

Kreisfläche

Sektor oder Kreisausschnitt

Kreisbogen

Kreisabschnitt Segment

$$F_{Sektor} = r^2 \cdot \pi \cdot \frac{\beta}{360} \qquad r = 2\text{ cm}$$

$$F = 2^2 \cdot 3{,}14 \cdot \frac{58}{360} \qquad \beta = 58°$$

$$\pi = 3{,}14$$

$$F = 4 \cdot 3{,}14 \cdot 0{,}16 = \underline{\underline{2{,}00\text{ cm}^2}}$$

F Kreisabschnitt ist Sektor minus Dreieck des Sektors.

$$F_{Sektor} = r^2 \cdot \pi \cdot \frac{\delta}{360} \qquad h = 1{,}45\text{ cm}$$

$$F_{Dreieck} = \frac{a}{2} \cdot h \qquad \delta = 87°$$

$$F_{Kreisabschnitt} = r^2 \cdot \pi \cdot \frac{\delta}{360} - \frac{a}{2} \cdot h \qquad \frac{a}{2} = 1{,}37\text{ cm}$$

$$F = 4 \cdot \pi \cdot 0{,}24 - 1{,}37 \cdot 1{,}45 = \underline{\underline{1{,}03\text{ cm}^2}} \qquad r = 2{,}0\text{ cm}$$

Die Kreisbogenlänge ist

$2 \cdot \pi \cdot r \cdot \frac{\gamma}{360}$, Kreisbogen $= 6{,}28 \cdot 2 \cdot \frac{64}{360}$, $\gamma = 64°$

Kreisbogen $= 6{,}28 \cdot 2 \cdot 0{,}177 = \underline{\underline{2{,}22 \text{ cm}}}$

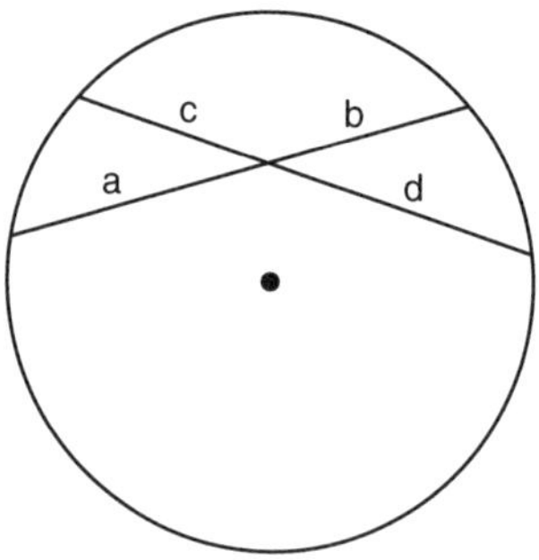

Abb. 43

Der Sehnensatz

Wenn sich 2 Sehnen schneiden, ist das Rechteck der Abschnitte der einen Sehne gleich dem Rechteck der Abschnitte der anderen Sehnen.

$a \cdot b = c \cdot d$

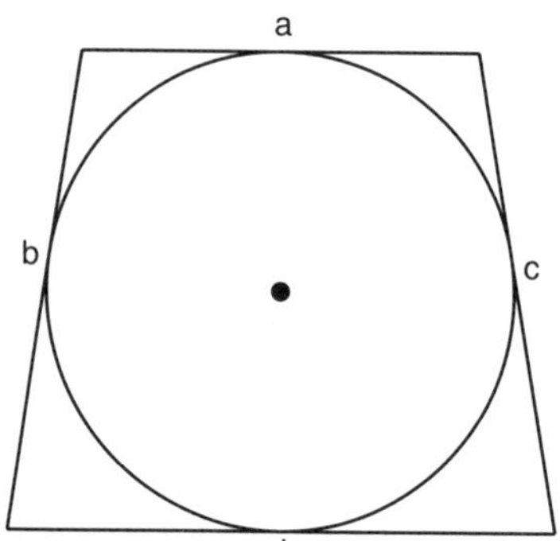

Abb. 44

Das Tangentenviereck

Die Summe der gegenüberliegenden Tangenten ist gleich.

$a + d = b + c$

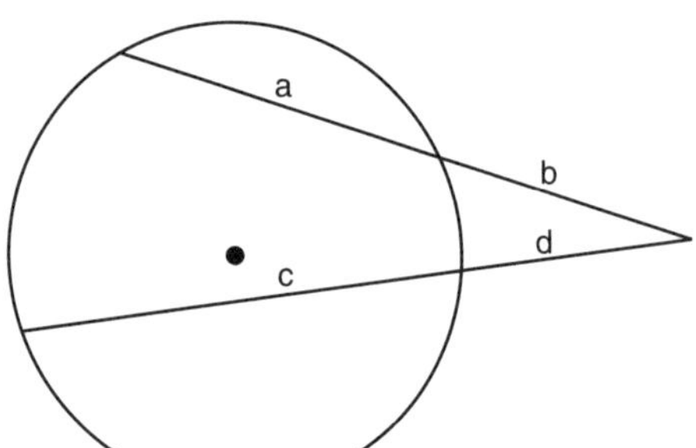

Abb. 45

Der Sekantensatz

Eine Sekante verhält sich zu ihrem äußeren Abschnitt wie eine zweite Sekante zu ihrem äußeren Abschnitt.

$(a + b) \cdot b = (c + d) \cdot d$

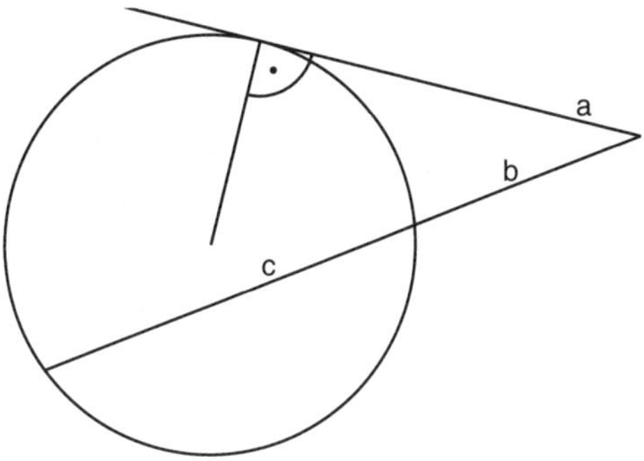

Abb. 46

Tangenten-Sekanten-satz

a = Tangente

b + c = Sekante

c = Sehne

$a^2 = (c+b) \cdot b$

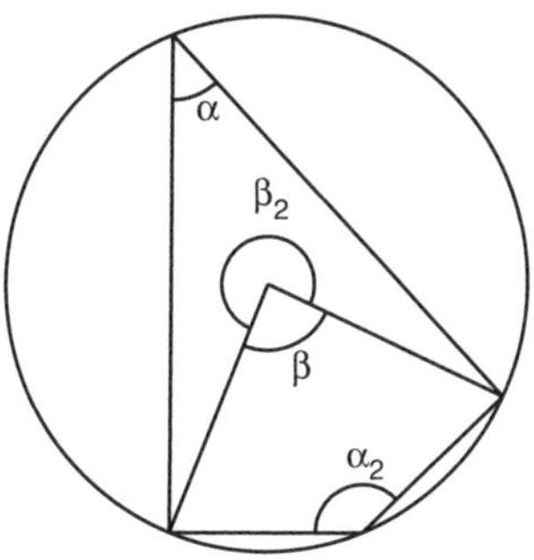

Abb. 47

Peripherie und Zentriwinkel

Ein Peripheriewinkel ist halb so groß wie der zum gleichen Kreisbogen gehörende Zentriwinkel.

$\alpha = \frac{\beta}{2}$ oder $2\alpha = \beta$

$a_2 = \frac{\beta_2}{2}$ oder $2\alpha_2 = \beta_2$

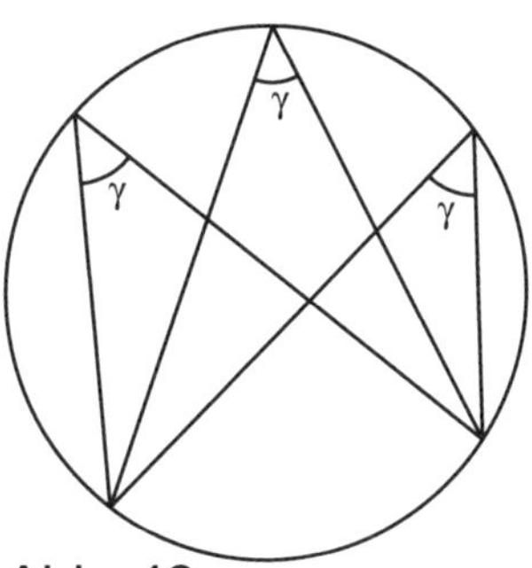

Abb. 48

Peripheriewinkel

Peripheriewinkel, die zu dem gleichen Kreisbogen gehören, sind gleich groß.

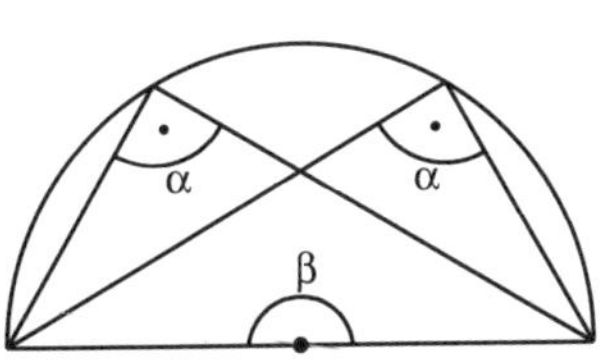

Abb. 49

Satz des Thales

Die Peripheriewinkel sind im Halbkreis rechte Winkel. Der Peripheriewinkel ist auch hier der halbe Zentriwinkel.

α = Peripheriewinkel

β = Zentriwinkel

Stetige Teilung, Goldener Schnitt

Eine Strecke ist stetig geteilt, wenn der größere Abschnitt die mittlere Proportionale zu der ganzen Strecke und dem kleineren Abschnitt ist.

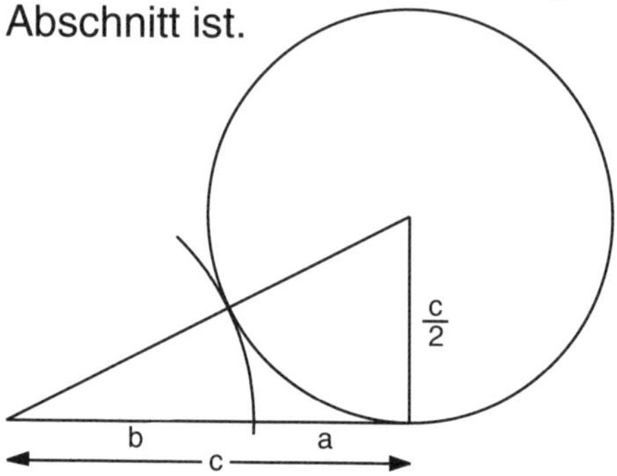

Abb. 50

$a : b = b : c$

$b : c = c : d$ u.s.w.

Rechenbeispiel:

$c = 4{,}0$ cm

$a = 1{,}545$ cm

$a : b = b : c$

$b^2 = a \cdot c$

$b = \sqrt[2]{a \cdot c}$

$b = \sqrt[2]{4 \cdot 1{,}545}$

$b = \underline{\underline{2{,}486 \text{ cm}}}$

$b : c =$

$2{,}486 : 4{,}0 = 0{,}62$

$a \cdot 1{,}613 = b = 2{,}49$

$b \cdot 1{,}613 = c = 4{,}0$

$c \cdot 1{,}613 = d = 6{,}45$

Die Ellipse

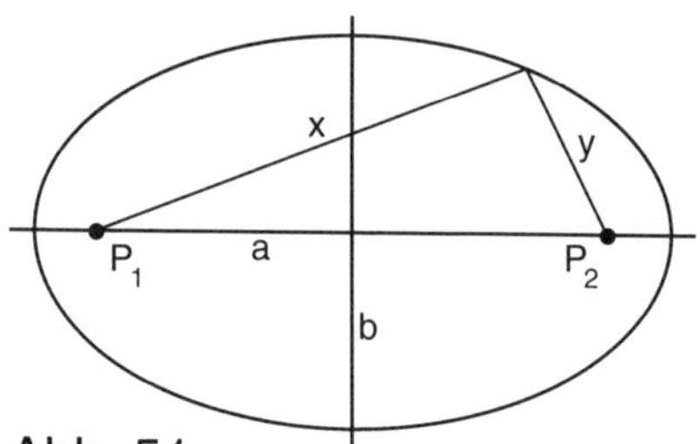

Abb. 51

a = großer Radius = 2,5 cm
b = kleiner Radius = 1,6 cm

$U = \frac{2a + 2b}{2} \cdot \pi$

$U = (a + b) \cdot \pi$

$U = (2{,}5 + 1{,}6) \cdot \pi$

$U = 4{,}1 \cdot 3{,}1415 = \underline{\underline{12{,}88 \text{ cm}}}$

$F = a \cdot b \cdot \pi$

$F = 2{,}5 \cdot 1{,}6 \cdot 3{,}14 = \underline{\underline{12{,}56 \text{ cm}^2}}$

Die Ellipse berührt alle Punkte in einer Ebene, deren Abstände von zwei festen Punkten P_1 und P_2 -den Brennpunkten- in dieser Ebene eine konstante Summe bilden. Die von den Brennpunkten P_1 und P_2 ausgehenden Strecken x und y treffen mit ihren Scheitelpunkten alle Punkte des Ellipsenumfangs. Die Summe der Strecken x und y ist gleich dem großen Durchmesser 2a der Ellipse. $2a = x + y$.

Formelsammlung zur Berechnung der geometrischen Gebilde.

	Fläche	
Quadrat	$F = a \cdot b$	$U = 2a + 2b$
Rechteck	$F = a \cdot b$	$U = 2a + 2b$
Parallelogramm	$F = a \cdot h$	T
Rhombus	$F = a \cdot h$	$2a + 2b$
Trapez	$F = (a + b) : 2 \cdot h$	T
Dreieck	$F = a / 2 \cdot h$	T
Vieleck regelmäßig unregelmäßig werden in Dreiecke zerlegt	$F = \frac{a}{2} \cdot h \cdot n$	T
Kreis	$F = r^2 \cdot \pi$	$U = 2r \cdot \pi$
Kreisausschnitt (Sektor)	$F = r^2 \cdot \pi \cdot \frac{\beta}{360}$	
Kreisabschnitt	T	
Ellipse	$F = a \cdot b \cdot \pi$	$U = \frac{D + d}{2} \cdot \pi$

Zeichenerklärung:

F = Flächeninhalt
U = Umfang
r = Radius
h = Höhe
D = Durchmesser (groß)
d = Durchmesser (klein)
a, b, c = Seiten
n = Anzahl der Ecken
$\pi = 3,14$
α, β, γ = Winkel
T bedeutet, daß die Seitenlängen mit trigonometrischen Mitteln errechnet werden müssen.

Ebene Trigonometrie und Winkelfunktionen

In der Trigonometrie wird das Verhältnis der Seiten und der Winkel eines Dreiecks mathematisch festgelegt.
Für die grundlegende Erörterung der Winkelfunktionen wurde hier ein rechtwinkliges Dreieck gewählt, und die Festlegung getroffen, daß der Seite a der Winkel α, der Seite b der Winkel β und der Seite c der Winkel γ gegenüberliegt.
An dem folgenden Beispiel des rechtwinkligen Dreiecks α 45°, β 45° und γ 90° werden die Winkelfunktionen Sinus, Cosinus, Tangens und Cotangens für den Winkel $\alpha = 45°$ abgeleitet.

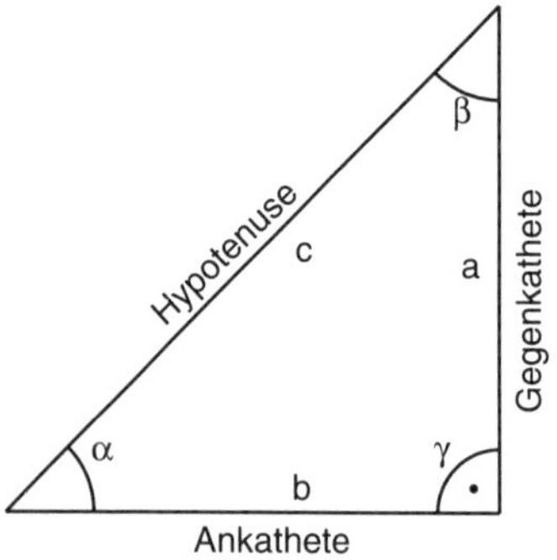

a = Gegenkathete
b = Ankathete
c = Hypotenuse
α = Winkel 45°

Abb. 52

$$\text{Sinus } \sin\alpha = \frac{\text{Gegenkathete}}{\text{Hypotenuse}} = \frac{a}{c} = \frac{5{,}0\text{ cm}}{7{,}07\text{ cm}} = 0{,}707$$

$$\text{Cosinus } \cos\alpha = \frac{\text{Ankathete}}{\text{Hypotenuse}} = \frac{b}{c} = \frac{5{,}0\text{ cm}}{7{,}07\text{ cm}} = 0{,}707$$

$$\text{Tangens } \tan\alpha = \frac{\text{Gegenkathete}}{\text{Ankathete}} = \frac{a}{b} = \frac{5{,}0\text{ cm}}{5{,}0\text{ cm}} = 1{,}0$$

$$\text{Cotangens } \cot\alpha = \frac{\text{Ankathete}}{\text{Gegenkathete}} = \frac{b}{a} = \frac{5{,}0\text{ cm}}{5{,}0\text{ cm}} = 1{,}0$$

Die trigonometrischen Funktionen werden auf der folgenden Seite am Einheitskreis, Radius 1,0, erläutert.

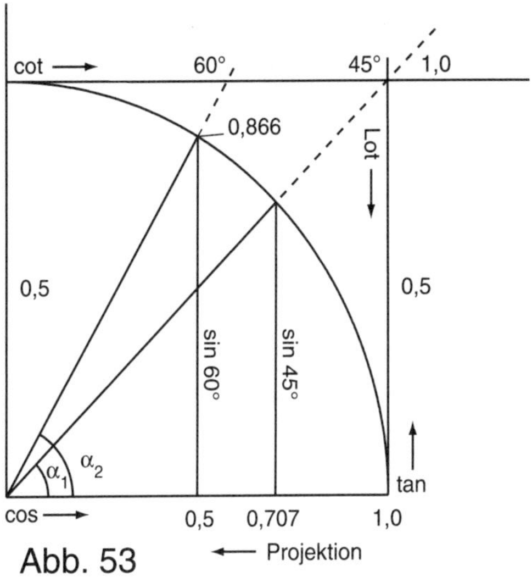

Abb. 53

$\alpha_1 = 45°$ $\alpha_2 = 60°$
Der Sinus ist das Lot, das als Gegenkathete von der Hypotenuse zur Ankathete fällt.

Der Cosinus ist die entsprechende Ankathete, auch Projektion des Sinus.

Der Tangens entsteht wie der Sinus als Lot auf die Ankathete fallend, aber außerhalb des Einheitskreises.
Der Cotangens ist die entsprechende Projektion des Tangens. Wenn man den Radius des Einheitskreises gleich 1,0 setzt, können an der *Zeichnung Abb. 53* die Winkelfunktionswerte direkt abgelesen werden.

Die Winkelfunktionen, die auf der Abb. 53 erläutert sind.
sin 45° = cos 45° = 0,707 sin 60° = 0,866
tan 45° = cot 45° = 1,0 cos 60° = 0,5

Wenn der Winkel größer wird, steigt der Sinus von 0 auf 1,0 bei 90° und der Cosinus fällt von 1,0 bei 0° auf 0 bei 90°.
Der Tangens steigt von 0 auf plus unendlich $+\infty$.
Der Cotangens fällt von plus unendlich auf 0.
Die an einem Quadranten des Einheitskreises Abb. 53 entwickelten trigonometrischen Funktionen kann man auch auf das Koordinatensystem übertragen. Der Schnittpunkt der Ordinate (y-Achse) und der Abszisse (x-Achse) im Nullpunkt des Systems muß sich mit dem 0-Punkt des Einheitskreises decken.
Für diese Darstellungsweise wird dann die Gegenkathete zu y und die Ankathete zu x. Die Hypotenuse wird zum Radius r, der

vom Zentriwinkel zur (x y)-Koordinate der Kreisperipherie reicht. Der Sinus y ist das Lot 1, das von der (x y)-Koordinate auf die x-Achse fällt.
Der Cosinus x ist die entsprechende Projektion des Sinus auf der x-Achse.

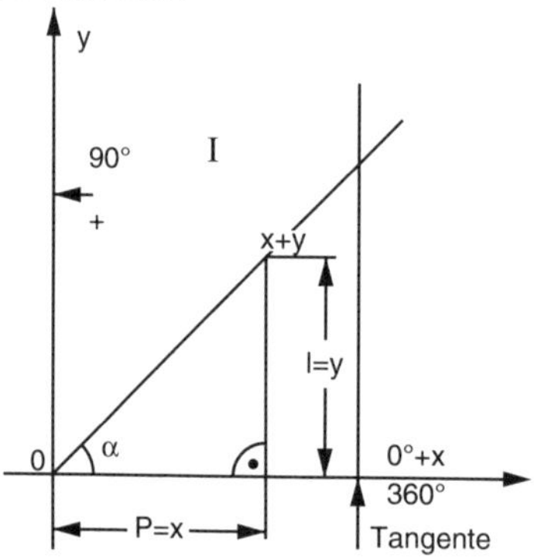

r = Radius, immer positiv
α = Zentriwinkel
l = Lot
P = Projektion
x y = Koordinaten des Peripheriepunktes
Die Vorzeichen sind wie im rechtwinkligen kartesischen Koordinatensystem.

Abb. 53 a

Winkelfunktionen im Koordinatensystem:

Sinus $= \dfrac{\text{Ordinate}}{\text{Radius}}$ $\quad \sin \alpha = \dfrac{y}{r}$

Cosinus $= \dfrac{\text{Abszisse}}{\text{Radius}}$ $\quad \cos \alpha = \dfrac{x}{r}$

Tangens $= \dfrac{\text{Ordinate}}{\text{Abszisse}}$ $\quad \tan \alpha = \dfrac{y}{x}$

Cotangens $= \dfrac{\text{Abszisse}}{\text{Ordinate}}$ $\quad \cot \alpha = \dfrac{x}{y}$

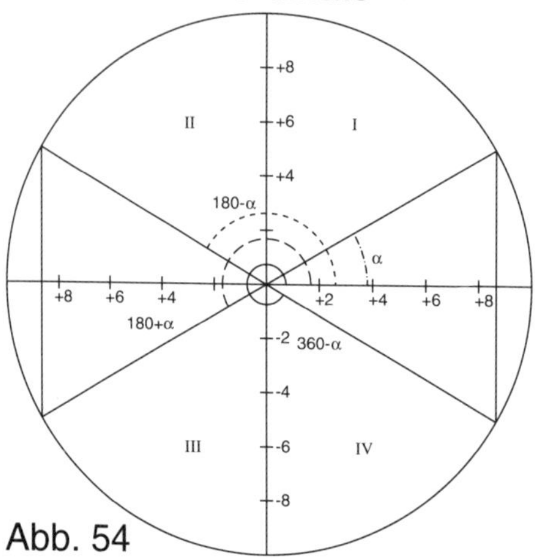

Abb. 54

Der folgende Einheitskreis mit einem Radius r von 3 cm Abb. 54 zeigt die Winkelfunktionen in allen 4 Quadranten. Die Funktionen der Winkel in den höheren Quadranten (über 90°) werden durch Funktionen der Winkel im ersten Quadranten ausgedrückt.
Im I Quadranten ·—·—·—·— sind alle Funktionen positiv.

Im II Quadranten --------

$\sin(180° - \alpha) = +\sin\alpha$

$\cos(180° - \alpha) = -\cos\alpha$

$\tan(180 - \alpha) = -\tan\alpha \qquad \frac{+\text{Lot}}{-\text{Projektion}} = -\tan$

$\cot(180° - \alpha) = -\cot\alpha \qquad \frac{-\text{Projektion}}{+\text{Lot}} = -\cot$

Im III Quadranten -·-·-·-·-

$\sin(180° + \alpha) = -\sin\alpha$

$\cos(180° + \alpha) = -\cos\alpha$

$\tan(180° + \alpha) = +\tan\alpha$

$\cot(180° + \alpha) = +\cot\alpha$

Im IV Quadranten ————

$\sin(360° - \alpha) = -\sin\alpha$

$\cos(360° - \alpha) = +\cos\alpha$

$\tan(360° - \alpha) = -\tan\alpha$

$\cot(360° - \alpha) = -\cot\alpha$

Die Vorzeichen der Winkelfunktionen in den verschiedenen Quadranten.

	I	II	III	IV
sin	+	+	–	–
cos	+	–	–	+
tan	+	–	+	–
cot	+	–	+	–

Beispiele über 90°:

$\sin 112°24' = \sin(180° - 112°24') = +\sin 67°36'$

$\cos 125°36' = \cos(180° - 125°36') = -\cos 54°24'$

$\tan 195°42' = \tan(180° + 195°42') = +\tan 15°42'$

$\cot 312°54' = \cot(360° - 312°54') = -\cot 47°06'$

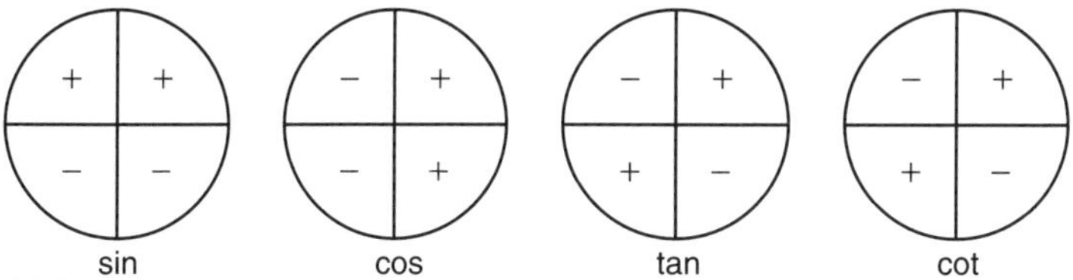

Abb. 55

Winkelfunktionen und ihre Spiegelwerte

$\sin x = 0{,}707 = 45°$

$x_1 = 45°$

$x_2 = 180° - 45° = 135°$

$\cos x = 0{,}8988 = 26°$

$x_1 = 26°$

$x_2 = 360° - 26° = 334°$

$\tan x = 0{,}7265 = 36°$

$x_1 = 36°$

$x_2 = 180° + 36° = 216°$

$\sin x = -0{,}6428$

$x_1 = 180° + 40° = 220°$

$x_2 = 360° - 40° = 320°$

Plus spiegelt sich im Plus und Minus spiegelt sich im Minusbereich.

$\cos x = -0{,}7771$

$x_1 = 180° - 39° = 141°$

$x_2 = 180° + 39° = 219°$

$\tan x = -1$

$x_1 = 180° - 45° = 135°$

$x_2 = 360° - 45° = 315°$

Gemischt quadratische Gleichung mit Sinuswerten.

Beispiel: $\sin^2 x + \frac{1}{2}\sin x - \frac{1}{2} = 0$

$$\sin^2 x = -\frac{1}{2}\sin x + \frac{1}{2}$$

$$\sin x = -\frac{1}{4} \pm \sqrt[2]{\left(\frac{1}{4}\right)^2 + \frac{1}{2}}$$

$$\sin x = -\frac{1}{4} \pm \sqrt[2]{\frac{1}{16} + \frac{8}{16}}$$

$$\sin x = -\frac{1}{4} \pm \sqrt[2]{\frac{9}{16}}$$

$$\sin x = -\frac{1}{4} \pm \frac{3}{4}$$

$$\sin x_1 = \frac{1}{2}$$

$$\sin x_2 = -1$$

$x_1 = 30°$ oder $150°$

$x_2 = 270°$

Probe mit: $x = \frac{1}{2}$

$0{,}25 + 0{,}25 - 0{,}5 = 0$

Die Beziehungen zwischen den Winkelfunktionen

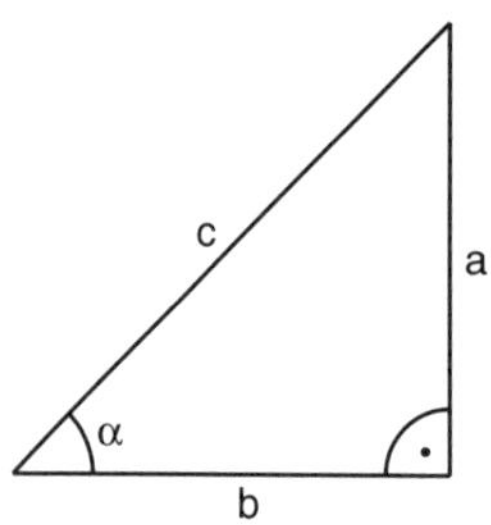

Abb. 56

Satz des Pythagoras

$a^2 + b^2 = c^2$

$\sin \alpha = \frac{a}{c}$, $\sin^2 \alpha = \frac{a^2}{c^2}$

$\cos \alpha = \frac{b}{c}$, $\cos^2 \alpha = \frac{b^2}{c^2}$

$$\sin^2 \alpha + \cos^2 \alpha = \frac{a^2}{c^2} + \frac{b^2}{c^2}$$

$$= \frac{a^2 + b^2}{c^2} = \frac{c^2}{c^2} = 1$$

daraus folgt:

$$\underline{\underline{\sin^2 \alpha + \cos^2 \alpha = 1}}$$

$\sin^2 \alpha = 1 - \cos^2 \alpha$, $\cos^2 \alpha = 1 - \sin^2 \alpha$

Diese Beziehungen zwischen den trigonometrischen Funktionen gründen sich im wesentlichen Teil auf den Satz des Pythagoras, der auf Seite 158 behandelt wurde. Er macht über die Seiten eines rechtwinkligen Dreiecks die Aussage, daß die Fläche des Hypotenusenquadrates gleich der Summe der Kathetenquadrate ist.

Formel: $a^2 + b^2 = c^2$ Seite 158

Wir erhalten daraus, wie auf Seite 168 gezeigt wurde, die Beziehungen zwischen den Sinus und Cosinuswerten.

$$\sin^2\alpha + \cos^2\alpha = 1 \text{ daraus folgt}$$

$$\sin^2\alpha = 1 - \cos^2\alpha \qquad \cos^2\alpha = 1 - \sin^2\alpha$$

$$\sin\alpha = \sqrt[2]{1 - \cos^2\alpha} \qquad \cos\alpha = \sqrt[2]{1 - \sin^2\alpha}$$

Beziehungen zwischen Sinus, Cosinus, Tangens und Cotangenswerten. *Siehe Dreieck Abb. 56.*

$$\sin\alpha = \frac{a}{c}, \quad \cos\alpha = \frac{b}{c}, \quad \tan\alpha = \frac{a}{b}, \quad \cot\alpha = \frac{b}{a}$$

$$\frac{\sin\alpha}{\cos\alpha} = \frac{a}{c} : \frac{b}{c} = \frac{a}{\cancel{c}} \cdot \frac{\cancel{c}}{b} = \frac{a}{b} = \tan\alpha$$

$$\frac{\sin\alpha}{\cos\alpha} = \tan\alpha, \quad \text{analog} \quad \frac{\cos\alpha}{\sin\alpha} = \cot\alpha$$

$$\tan\alpha \cdot \cot\alpha = \frac{a}{\cancel{b}} \cdot \frac{\cancel{b}}{a} = \frac{a}{a} = 1$$

$$\tan\alpha \cdot \cot\alpha = 1$$

umgewandelt: $\tan\alpha = \dfrac{1}{\cot\alpha}$, $\cot\alpha = \dfrac{1}{\tan\alpha}$

Rechenbeispiele:

$\sin\alpha = \dfrac{3}{5} = 0{,}6 = 36{,}83^\circ$ wie groß ist $\tan\alpha$, $\cos\alpha$, $\cot\alpha$

$\tan\alpha = \dfrac{\sin\alpha}{\cos\alpha}$, $\sin\alpha = 36{,}83^\circ = 0{,}6$, $\cos 36{,}83^\circ = 0{,}80$

$\tan\alpha = \dfrac{0{,}60}{0{,}80} = 0{,}75$, $\tan\alpha = \underline{\underline{0{,}75}}$, Probe $= 36{,}83^\circ$

$\cos \alpha = \sqrt[2]{1 - \sin}$ wenn $\sin \alpha = \frac{3}{5} = 0,6 = 36,83°$

$$\cos \alpha = \sqrt[2]{1 - \left(\frac{3}{5}\right)^2} = \sqrt[2]{1 - \frac{9}{25}} = \sqrt[2]{\frac{25-9}{25}} = \sqrt[2]{\frac{16}{25}}$$

$$\cos \alpha = \frac{4}{5} = \underline{\underline{0,8}} = 36,83°$$

$$\cot \alpha = \frac{\cos \alpha}{\sin \alpha} \quad \text{oder} \quad \cot \alpha = \frac{1}{\tan \alpha}$$

$$\cot \alpha = \frac{0,8}{0,6} = \underline{\underline{1,333}} \qquad \frac{1}{\frac{3}{4}} = \frac{1}{1} \cdot \frac{4}{3} = \frac{4}{3} = \underline{\underline{1,333}}$$

Die Winkelfunktionen, oder auch goniometrische Funktionen genannt, kann man unter den entsprechenden Winkelgraden einer Logarithmentafel finden und vergleichen. Man kann sie auch einem Taschenrechner entnehmen, bekommt dann aber die Werte nicht in Grad, Minuten und Sekunden, sondern in Grad und Graddezimaleinteilung.

Beispiel:

$\alpha = 30° 30'$	$= 30,5°$
$\sin \alpha = 0,507538$	$= 0,507538$
$\alpha = 30° 50'$	$= 30,83333°$
$\sin \alpha = 0,5125375$	$= 0,5125375$

Der Sinussatz

Es wird erst sin α zu β, dann α zu γ abgeleitet.

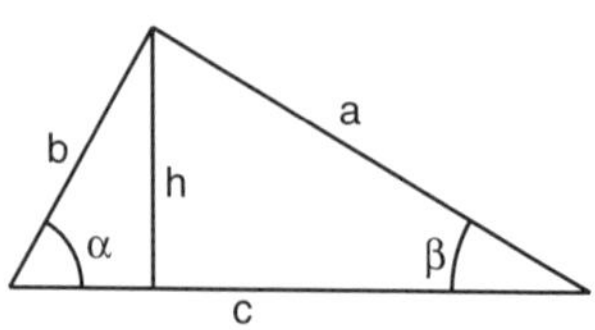

Abb. 57

$$\sin \alpha = \frac{h}{b} \quad , \quad \sin \beta = \frac{h}{a}$$

$$\frac{\sin \alpha}{\sin \beta} = \frac{h}{b} : \frac{h}{a} = \frac{\not{h}}{b} \cdot \frac{a}{\not{h}} = \frac{a}{b}$$

$$\underline{\underline{\frac{\sin \alpha}{\sin \beta} = \frac{a}{b}}}$$

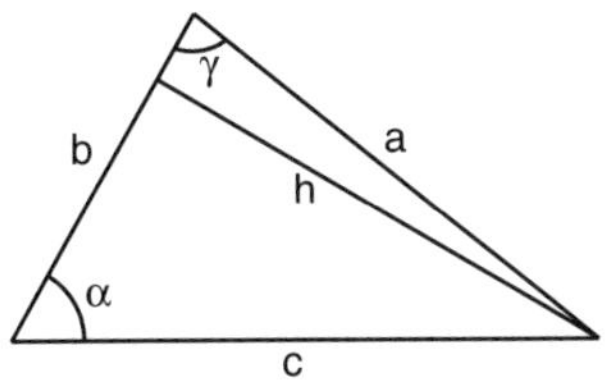

Abb. 58

$$\sin\alpha = \frac{h}{c} \quad , \quad \sin\gamma = \frac{h}{a}$$

$$\frac{\sin\alpha}{\sin\gamma} = \frac{h}{c} : \frac{h}{a} = \frac{\not{h}}{c} \cdot \frac{a}{\not{h}} = \frac{a}{c}$$

$$\underline{\underline{\frac{\sin\alpha}{\sin\gamma} = \frac{a}{c}}}$$

$\sin\alpha : \sin\beta = a : b$

$\sin\alpha : \sin\gamma = a : c$

$\sin\beta : \sin\gamma = b : c$

$$\underline{\underline{\sin\alpha : \sin\beta : \sin\gamma = a : b : c}}$$

Um den Sinussatz bei Dreiecken anwenden zu können, müssen 2 Seiten und ein gegenüberliegender Winkel oder 2 Winkel und eine gegenüberliegende Seite gegeben sein.

Cosinussatz

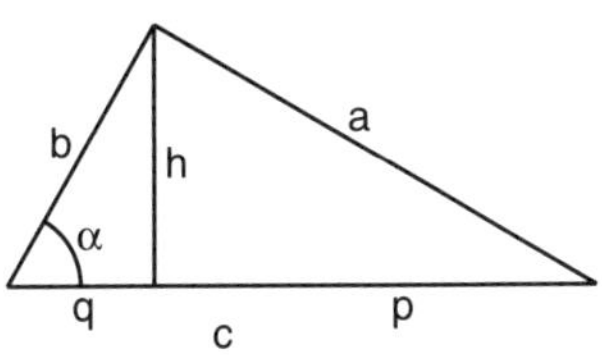

Abb. 59

$$a^2 + b^2 = c^2$$
$$a^2 = h^2 + p^2$$
$$a^2 = (c - q)^2 + h^2$$
$$a^2 = c^2 - 2cq + q^2 + h^2$$
$$b^2 = q^2 + h^2$$

für $q^2 + h^2$ wird b^2 eingesetzt, dann ist $a^2 = c^2 - 2cq + b^2$

$\cos\alpha = \frac{q}{b}$, $q = b \cdot \cos\alpha$, für q wird $b \cdot \cos\alpha$ eingesetzt dann

entsteht aus $a^2 = c^2 - 2cq + b^2$, $a^2 = c^2 - 2cb \cdot \cos\alpha + b^2$

entsprechend sind
$$a^2 = b^2 + c^2 - 2bc \cdot \cos\alpha$$
$$b^2 = a^2 + c^2 - 2ac \cdot \cos\beta$$
$$c^2 = b^2 + a^2 - 2ab \cdot \cos\gamma$$

Die Formel des Cosinussatzes $c^2 = b^2 + a^2 - 2ab \cdot \cos\gamma$ erscheint zunächst unverständlich, da der Satz des Pythagoras $c^2 = b^2 + a^2$ lautet. Was soll also das $-2ab \cdot \cos\gamma$? Im rechtwinkligen Dreieck ist $\gamma = 90°$, $\cos\gamma$ also 0, womit $-2ab \cdot \cos\gamma$ zu 0 wird und wegfällt. Ist aber das Dreieck nicht rechtwinklig, gibt der Ausdruck $-2ab \cdot \cos\gamma$ einen Wert, der dann seinen Zweck erfüllt.

Heronische Formel

Flächen und Winkelberechnung aus den Seiten eines ungleichen Dreiecks.

Flächenberechnung eines ungleichen Dreiecks ohne die Kenntnis der Höhe.

Heronische Formel

$a + b + c = 2s$

$a + b - c = 2s - 2c = 2(s - c)$

$a - b + c = 2s - 2b = 2(s - b)$

$-a + b + c = 2s - 2a = 2(s - a)$

$$F = \sqrt[2]{s(s-a) \cdot (s-b) \cdot (s-c)}$$

a, b, c sind die Seiten eines Dreiecks, F = Fläche

Beispiel:

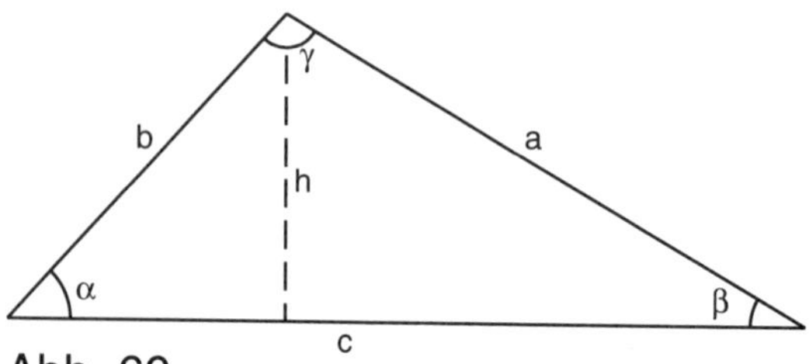

Abb. 60

gegeben:

$a = 5{,}25$ cm

$b = 3{,}59$ cm

$c = 7{,}00$ cm

$F = ?$

$a + b + c = 2s$

$a + b + c = 15{,}84$

$2s = 15{,}84$

$s = 7{,}92$

$$F = \sqrt[2]{s \cdot (s-a) \cdot (s-b) \cdot (s-c)}$$

$$F = \sqrt[2]{7{,}92 \cdot 2{,}67 \cdot 4{,}33 \cdot 0{,}92}$$

$$F = \sqrt[2]{84{,}238} \quad , \quad F = \underline{\underline{9{,}178}}$$

$$F = \frac{1}{2} \cdot a \cdot b \cdot \sin\gamma \quad \text{daraus wird} \quad \sin\gamma = \frac{F}{0{,}5 \cdot a \cdot b}$$

$$\sin\gamma = \frac{9{,}18}{0{,}5 \cdot 5{,}25 \cdot 3{,}59} = 0{,}9745 = \underline{\underline{102{,}97°}}$$

$F = \frac{1}{2} \cdot b \cdot c \cdot \sin\alpha$ daraus wird $\sin\alpha = \frac{F}{0,5 \cdot b \cdot c}$

$$\sin\alpha = \frac{9,18}{0,5 \cdot 3,59 \cdot 7} = 0,7305 = \underline{\underline{47^\circ}}$$

$F = \frac{1}{2} \cdot a \cdot c \cdot \sin\beta$ daraus wird $\sin\beta = \frac{F}{0,5 \cdot a \cdot c}$

$$\sin\beta = \frac{9,18}{0,5 \cdot 5,25 \cdot 7} = 0,499 = \underline{\underline{30^\circ}}$$

Die Höhe h Abb. 60 errechnet sich wie folgt.

$\frac{h}{b} = \sin\alpha$, $h = \sin\alpha \cdot b$, $h = 0,73 \cdot 3,59$, $h = \underline{\underline{2,62\ \text{cm}}}$

Die wichtigsten trigonometrischen Formeln

1.) $\sin^2\alpha + \cos^2\alpha = 1$

2.) $\frac{\sin\alpha}{\cos\alpha} = \tan\alpha$, $\frac{\cos\alpha}{\sin\alpha} = \cot\alpha$

3.) *Sinussatz:*
$\sin\alpha : \sin\beta = a : b$
$\sin\alpha : \sin\gamma = a : c$
$\sin\beta : \sin\gamma = b : c$
$\sin\alpha : \sin\beta : \sin\gamma = a : b : c$

4.) *Cosinussatz:*
$a^2 = b^2 + c^2 - 2bc \cdot \cos\alpha$
$b^2 = a^2 + c^2 - 2ac \cdot \cos\beta$
$c^2 = b^2 + a^2 - 2ab \cdot \cos\gamma$

5.) *Tangenssatz:* $\frac{\tan\alpha + \beta}{2} : \frac{\tan\alpha - \beta}{2} = \frac{a+b}{a-b}$

6.) *Satz des Pythagoras:* $a^2 + b^2 = c^2$

7.) Die Summe der Winkel eines Dreiecks ist 180°
$\alpha + \beta + \gamma = 180^\circ$

8.) $\tan\alpha \cdot \cot\alpha = 1$
$\tan\alpha = \frac{1}{\cot\alpha}$
$\cot\alpha = \frac{1}{\tan\alpha}$

9.) $2F = c \cdot b \cdot \sin\alpha$
$2F = c \cdot a \cdot \sin\beta$

Das Vieleck

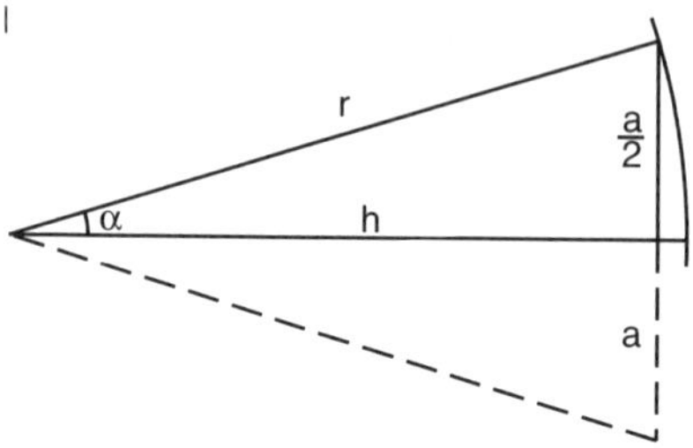

Abb. 61

$r = 1{,}0$

$\frac{a}{2} = \sin\alpha$

$h = \cos\alpha$

$n = \text{Ecken} = 360$

$\alpha = \frac{360}{n}$

$F = \text{Fläche}$

$$F_{Vieleck} = \frac{\frac{a}{2}\cdot h}{2}\cdot n$$

$$F = \sin\alpha\cdot\cos\alpha\cdot\frac{n}{2}$$

Berechnung 360 Eck $\alpha = 1^\circ$

$n = 360$

$\alpha = \frac{360}{360} = 1^\circ$

$\sin\alpha = 0{,}017452$

$\cos\alpha = 0{,}999847$

$$F = \sin\alpha\cdot\cos\alpha\cdot\frac{n}{2}$$

$$F = 0{,}017452\cdot 0{,}999847\cdot 180 = 3{,}14087$$

Das bedeutet, daß ein Kreis mit einem Radius von 1,0 eine Fläche von 3,14 hat. Damit haben wir den Kreisfaktor π 3,14, den wir jetzt noch genauer berechnen wollen, erhalten.

Das 3600-Eck liefert uns sehr angenähert einen Kreis.

$r = 1{,}0$

$h = \cos\alpha = 0{,}99999$

$\alpha = \frac{360}{3600} = 0{,}1^\circ$

$\frac{a}{2} = \sin\alpha = 0{,}001745328$

$F = \sin\alpha\cdot\cos\alpha\cdot\frac{n}{2}$, $F = 0{,}0017453\cdot 1800 = 3{,}1415\underline{6}$

Vergleich: $\pi = 3{,}1415\underline{9}$

Zum besseren Verstehen der Winkelfunktionen folgen einige kleine Aufgaben mit rechtwinkligen Dreiecken.

1.) Gegeben: Hypotenuse 12 cm, Winkel $\sphericalangle\ \alpha$ 48,36°
gesucht: Gegenkathete G, Ankathete A
Wir erinnern uns, daß der Sinus α Gegenkathete durch

Hypotenuse ist. Seite 164 , wir haben also die Beziehung

$$\frac{G}{H} = \frac{G}{12} = \sin 48,36^\circ$$

$$G = 12 \cdot \sin 48,36^\circ$$

$$G = 12 \cdot 0,7473 = \underline{\underline{8,968 \text{ cm}}}$$

$$\frac{A}{12} = \cos 48,36^\circ$$

$$A = 12 \cdot \cos 48,63^\circ$$

$$A = 12 \cdot 0,6644 = \underline{\underline{7,973 \text{ cm}}}$$

Logarithmische Berechnung:

$$\sin 48^\circ 21' = 9,87345 - 10$$

$$12 = \underline{1,07918}$$

$$10,95263 - 10$$

$$0,95263$$

$$G = \underline{\underline{8,967 \text{ cm}}}$$

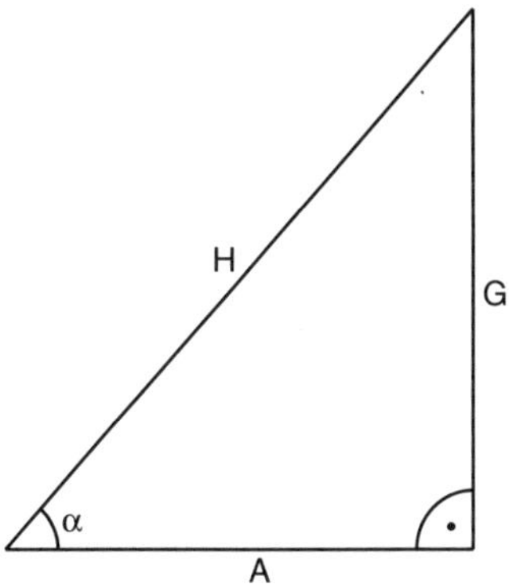

Abb. 62

2.) Gegeben: Ankathete 12 cm, Gegenkathete 17 cm
gesucht: Winkel x, Hypotenuse
Gegenkathete durch Ankathete ist Tangens x

$$\frac{17}{12} = \tan x \quad , \quad \tan x = 1,4166$$

$$x = \underline{\underline{54,78^\circ}}$$

Gegenkathete durch Hypotenuse ist $\sin x$

$$\frac{17}{H} = \sin 54,78^\circ = 0,8169$$

$$\frac{17}{0,8169} = H \quad , \quad H = \underline{\underline{20,81 \text{ cm}}}$$

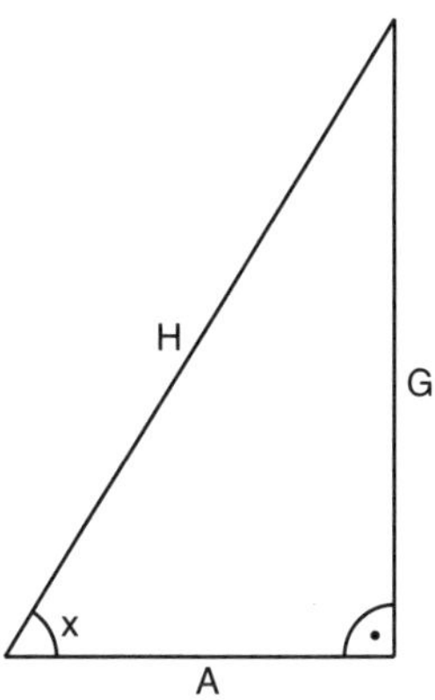

Abb. 63

Logarithmische Berechnung:

$$\frac{17}{H} = \sin 54^\circ 47'$$

$$H = \frac{17}{\sin 54^\circ 47'}$$

$$17 = 1,23045$$

$$\sin 54^\circ 47' = \underline{-(0,91221 - 1)}$$

$$0,31824 + 1$$

$$H = 1,31824$$

$$H = \underline{\underline{20,81 \text{ cm}}}$$

3.) Gegeben: Ankathete 12 cm, Hypotenuse 18,3 cm
gesucht: Winkel x, Gegenkathete.
Ankathete durch Hypotenuse ist Cosinus x.

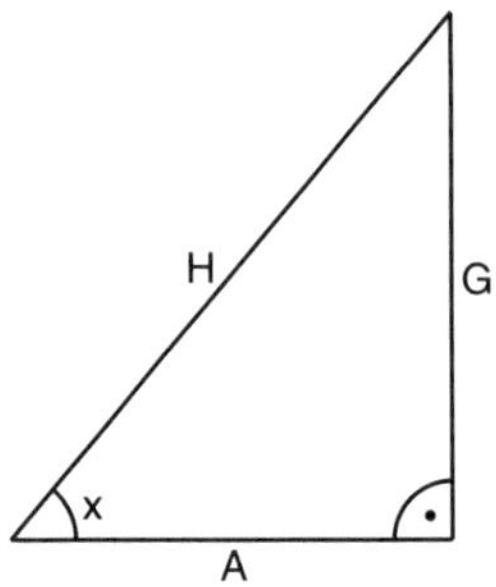

$$\frac{12}{18{,}3} = \cos x$$

$$\cos x = 0{,}655 = 49{,}024°$$

$$x = 49{,}024°$$

$$x = \underline{\underline{49°\,1'\,26''}}$$

$$\frac{G}{18{,}3} = \sin 49{,}024°$$

$$G = \sin 49{,}024° \cdot 18{,}3$$

$$G = 0{,}755 \cdot 18{,}3 = \underline{\underline{13{,}81\text{ cm}}}$$

Abb. 64

4.) Gegeben: Gegenkathete 13,1 cm, Hypotenuse 17,3 cm
gesucht: Winkel x, Ankathete.
Gegenkathete durch Hypotenuse ist Sinus x

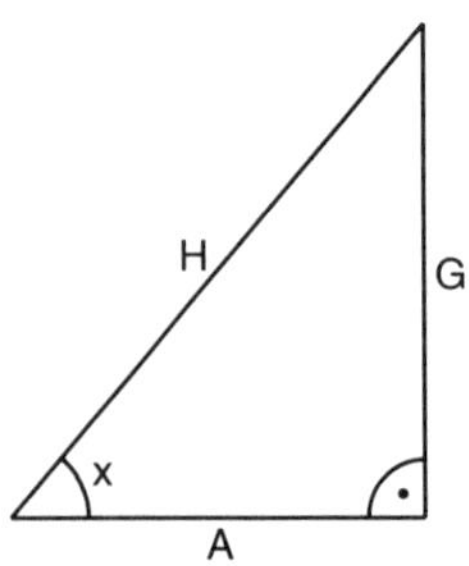

$$\frac{G}{H} = \frac{13{,}1}{17{,}3} = \sin x \quad , \quad \sin x = 0{,}757$$

$$x = \underline{\underline{49{,}22° = 49°\,13'}}$$

$$\frac{A}{H} = \cos 49{,}22°$$

$$A = \cos 49{,}22° \cdot H$$

$$A = 0{,}653 \cdot 17{,}3$$

$$A = \underline{\underline{11{,}29\text{ cm}}}$$

Abb. 65

5.) Gegeben: Ankathete 9,4 cm, Winkel $\alpha = 26°$.
gesucht: Hypotenuse, Gegenkathete.
Ankathete durch Hypotenuse ist Cosinus α

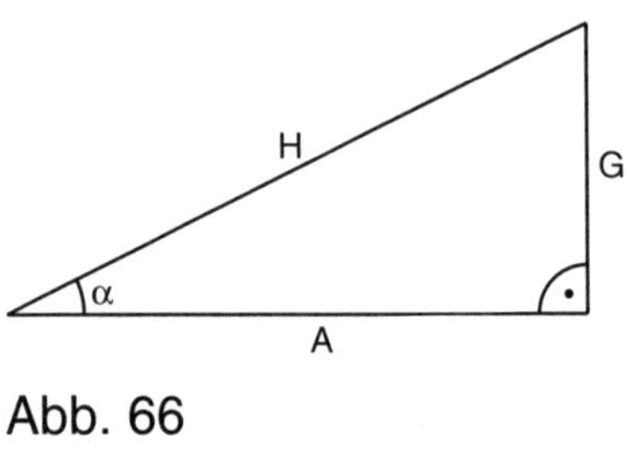

$$\frac{A}{H} = \cos \alpha \quad , \quad \frac{9{,}4}{H} = \cos 26°$$

$$\frac{9{,}4}{\cos 26°} = H$$

$$\frac{9{,}4}{0{,}898} = 10{,}47\text{ cm}$$

$$H = \underline{\underline{10{,}47\text{ cm}}}$$

Abb. 66

$\frac{A}{H} = \sin 26°$, $G = \sin 26° \cdot H$

$G = 0,438 \cdot 10,47 = 4,58$, $G = \underline{\underline{4,58 \text{ cm}}}$

Beispielaufgaben mit Sinussatz, *der auf Seite 170 behandelt wurde.*

Für die Dreiecksberechnung ist festgelegt, daß α der Seite a, β der Seite b und γ der Seite c gegenüberliegt. Um den Sinussatz anwenden zu können, benötigt man 2 Seiten und einen gegenüberliegenden Winkel oder 2 Winkel und eine gegenüberliegende Seite. Wenn man 2 Winkel und die eingeschlossene Seite hat, muß man erst den dritten Winkel, der der eingeschlossenen Seite gegenüberliegt, aus der Summe der Winkel = 180° errechnen. Im Dreieck ist die Summe der Winkel 180°.

1.) Gegeben: eine Seite und zwei Winkel, $c = 35,5$ cm

$\alpha = 61° 36' = 61,60°$, $\beta = 49° 48' = 49,80°$

gesucht: a , b , γ

$\alpha + \beta + \gamma = 180°$, $\gamma = 180° - (\alpha + \beta)$

α 61° 36' 180° = 179° 60'

β + $\underline{49° 48'}$ $\underline{-111° 24'}$ $\underline{\gamma = 68° 36'} = 68,6°$

111° 24' 68° 36' *siehe Seite 101 Taschenrechner*

$\sin\alpha : \sin\gamma = a : c$

$$a = \frac{\sin\alpha \cdot c}{\sin\gamma}$$

lg c	=	1,54407
+ lg sin α	=	9,94431 − 10
		11,48838 − 10
− lg sin γ	=	9,96898 ± 10
lg a	=	1,51940
a	=	$\underline{\underline{33,07 \text{ cm}}}$

$\sin\gamma : \sin\beta = c : b$

$$b = \frac{\sin\beta \cdot c}{\sin\gamma}$$

logarithmisch gerechnet:

lg c	=	1,54407
+ lg sin β	=	9,88298 − 10
		11,42705 − 10
− lg sin γ	=	9,96898 ± 10
lg b	=	1,45807
b	=	$\underline{\underline{28,71 \text{ cm}}}$

2.) Gegeben: $a = 13$ cm , $b = 18$ cm , $\alpha = 23{,}8°$
gesucht: c , β und γ

$a : b = \sin\alpha : \sin\beta$

$$\sin\beta = \frac{b \cdot \sin\alpha}{a} = \frac{18 \cdot 0{,}4035}{13} = 0{,}5586 \quad , \quad \beta = \underline{\underline{33{,}96°}}$$

$$\alpha + \beta + \gamma = 180° \quad , \quad \gamma = 180 - (\alpha + \beta) \quad , \quad \gamma = \underline{\underline{122{,}24°}}$$

$a : c = \sin\alpha : \sin\gamma$

$$c = \frac{a \cdot \sin\gamma}{\sin\alpha} = \frac{13 \cdot 0{,}8458}{0{,}4035} = 27{,}25 \text{ cm} \quad , \quad c = \underline{\underline{27{,}25 \text{ cm}}}$$

3.) Gegeben: $c = 16{,}97$ cm , $\gamma = 37{,}266°$, $\alpha = 49{,}65°$
gesucht: a , b , β

$c : a = \sin\gamma : \sin\alpha$

$$a = \frac{c \cdot \sin\alpha}{\sin\gamma} = \frac{16{,}97 \cdot 0{,}7621}{0{,}6055} = 21{,}35 \quad , \quad a = \underline{\underline{21{,}35 \text{ cm}}}$$

$$\beta = 180 - (\alpha + \gamma) = 180 - (49{,}65 + 37{,}266) = 93{,}084°$$

$$\beta = \underline{\underline{93{,}084°}}$$

$c : b = \sin\gamma : \sin\beta$

$$b = \frac{c \cdot \sin\beta}{\sin\gamma} = \frac{16{,}97 \cdot 0{,}9985}{0{,}6055} = 27{,}985 \quad , \quad b = \underline{\underline{27{,}985 \text{ cm}}}$$

Probe:

$\sin\alpha : \sin\beta = a : b$

$$\frac{a \cdot \sin\beta}{\sin\alpha} = \frac{21{,}35 \cdot 0{,}9985}{0{,}7621} = 27{,}97 \quad , \quad b = \underline{\underline{27{,}97 \text{ cm}}}$$

Textaufgaben

1.) *Kräfteparallelogramm.*
Auf einen Körper wirken im rechten Winkel zwei Kräfte von 10 und 15 kg ein. Bestimme die Mittelkraft (Resultierende r) nach Größe und Einfallswinkel.
Die angreifenden Kräfte in kg werden in Längen umgesetzt und dann geometrisch berechnet. In diesem Falle der rechtwinklig angreifenden Kräfte, entsteht ein Kräfterechteck, dessen Diagonale die Resultierende ist. Wir erhalten so 2 rechtwinklige Dreiecke, die wir mit dem Satz des Pythagoras berechnen.

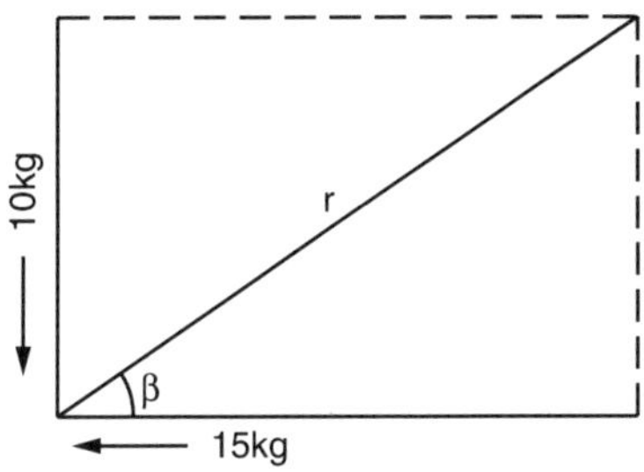

$$r^2 = 15^2 + 10^2$$

$$r^2 = 225 + 100 \quad , \quad r^2 = 325$$

$$r = \sqrt[2]{325} \quad , \quad r = \underline{\underline{18,02\ kg}}$$

$$\sin\beta = \frac{10}{18,02} = 0,5549$$

$$\beta = \underline{\underline{33,70°}}$$

Abb. 67

$$\text{oder} \quad \tan\beta = \frac{10}{15} = 0,6666 \quad , \quad \beta = \underline{\underline{33,69°}}$$

2.) Die Höhe eines Berges soll gemessen werden.
Gegeben: Luftlinie Meßpunkt M - Gipfel = 930 m, Winkel 32,5°.
Gesucht: Gipfelhöhe und Entfernung vom Meßpunkt M, M = 250 m über Meeresniveau.

$\beta = 32,5°$

$a = 930$ m

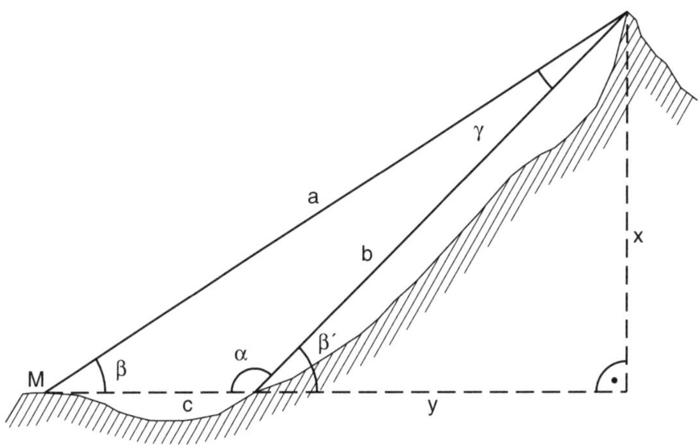

Abb. 68

$$\frac{x}{930} = \sin 32,5° \quad , \quad x = \sin 32,5° \cdot 930 \quad , \quad x = 0,537 \cdot 930$$

$$x = \underline{\underline{499,68\ m}}$$

$$\frac{y}{930} = \cos 32,5° \quad , \quad y = \cos 32,5° \cdot 930 \quad , \quad y = 0,8434 \cdot 930$$

$$y = \underline{\underline{784,35\ m}}$$

Die Berghöhe kann auch noch anders gemessen werden.
Gegeben: $c = 285$ m, $\beta = 32,5°$, $\beta' = 45,019°$
gesucht: Berghöhe x. Abb. 68

$\alpha = 180° - \beta' = 134{,}981°$, $\alpha = \underline{\underline{134{,}981°}}$

$\gamma = 180° - (\alpha + \beta) = 180° - (134{,}981° + 32{,}5°)$, $\gamma = \underline{\underline{12{,}519°}}$

$b : c = \sin\beta : \sin\gamma$

$$b = \frac{c \cdot \sin\beta}{\sin\gamma} = \frac{285 \cdot 0{,}537}{0{,}2167} = 706{,}252, \quad b = \underline{\underline{706{,}252 \text{ cm}}}$$

$$\frac{x}{b} = \sin\beta', \quad x = \sin\beta' \cdot b, \quad x = 0{,}7073 \cdot 706{,}252 = 499{,}53$$

$x = \underline{\underline{499{,}53 \text{ m}}}$

Cosinussatz, Dreiecksberechnungen

$a^2 = b^2 + c^2 - 2bc \cdot \cos\alpha$

$b^2 = a^2 + c^2 - 2ac \cdot \cos\beta$

$c^2 = b^2 + a^2 - 2ab \cdot \cos\gamma$

Wenn bei einem Dreieck 2 Seiten und der eingeschlossene Winkel gegeben ist, kann man den Sinussatz nicht anwenden.

In diesem Falle muß man den Cosinussatz heranziehen. Das gilt auch, wenn 3 Seiten und keine Winkel gegeben sind.

Beispielaufgaben:

1.) Gegeben: 2 Seiten und der eingeschlossene Winkel.

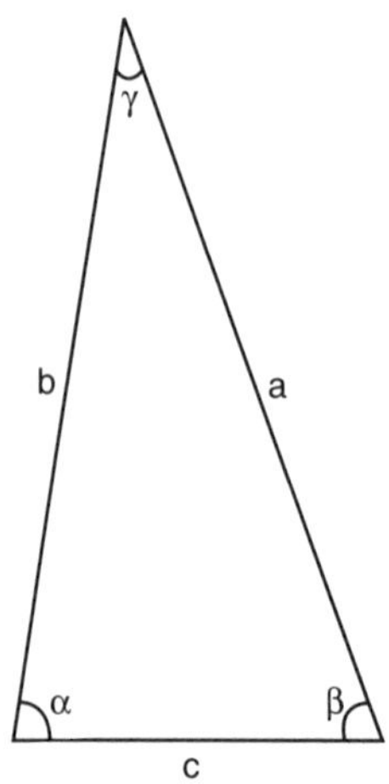

Abb.69

$a = 60$ cm gesucht: b, α, γ

$c = 30$ cm

$\beta = 70°$

$b^2 = a^2 + c^2 - 2ac \cdot \cos\beta$

$b^2 = 60^2 + 30^2 - 2 \cdot 60 \cdot 30 \cdot 0{,}3420$

$b^2 = 3600 + 900 - 3600 \cdot 0{,}342$

$b^2 = 4500 - 1231{,}2$

$b = \sqrt[2]{3268{,}8}$, $b = \underline{\underline{57{,}17 \text{ cm}}}$

weiter mit Sinussatz

$a : b = \sin\alpha : \sin\beta$

$$\sin\alpha = \frac{a \cdot \sin\beta}{b} = \frac{60 \cdot 0{,}9397}{57{,}17} = 0{,}9862, \quad \alpha = \underline{\underline{80{,}47°}}$$

$\gamma = 180 - (\alpha + \beta) = 180 - (70 + 80{,}47)$, $\gamma = \underline{\underline{29{,}53°}}$

2.) Gegeben: 3 Seiten ohne Winkel.

$a = 60$ cm, $b = 57{,}17$ cm, $c = 30$ cm

gesucht: Winkel α, β, γ

$$a^2 = b^2 + c^2 - 2bc \cdot \cos\alpha$$

$$a^2 - b^2 - c^2 = -2bc \cdot \cos\alpha \;,\quad \frac{a^2 - b^2 - c^2}{-2bc} = \cos\alpha$$

$$\frac{3600 - 3268{,}40 - 900}{-3430{,}2} = 0{,}16570 \;,\quad \alpha = \underline{\underline{80{,}46^\circ}}$$

weiter mit Sinussatz

$$a : b = \sin\alpha : \sin\beta$$

$$\sin\beta = \frac{b \cdot \sin\alpha}{a} = \frac{57{,}17 \cdot 0{,}98617}{60} = 0{,}9396 \;,\quad \beta = \underline{\underline{69{,}993^\circ}}$$

3.) Zwei Kräfte $p_1 = 5{,}3$ kg, $p_2 = 7{,}1$ kg wirken unter einem Winkel von 51°. Wie groß ist die Resultierende r und unter welchem Winkel wirkt diese.

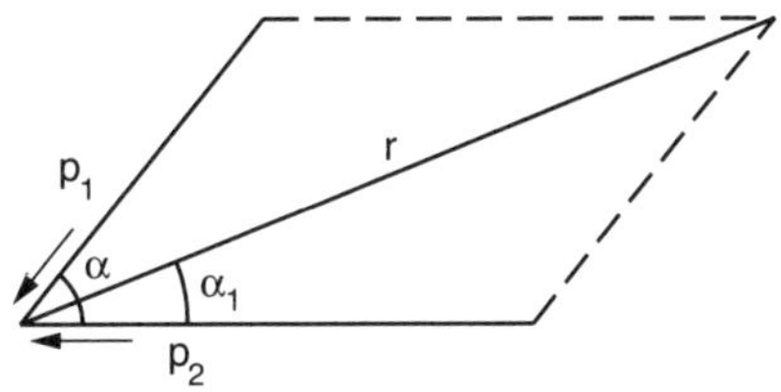

gegeben:

$p_1 = 5{,}3$ kg, $p_2 = 7{,}1$ kg

$\alpha = 51^\circ$

gesucht:

r, α_1

Abb. 70

Cosinussatz

$$r^2 = p_1^2 + p_2^2 - 2p_1 \cdot p_2 \cdot \cos(180^\circ - \alpha) \;,\quad \cos 180^\circ - \alpha = -\cos\alpha$$

$\cos 180^\circ - 51^\circ = 129^\circ$, $-\cos\alpha = 129^\circ$, weil Cosinuswerte im 2 ten Quadranten negativ sind.

$$r^2 = p_1^2 + p_2^2 - 2p_1 \cdot p_2 \cdot -\cos\alpha$$

$$r^2 = p_1^2 + p_2^2 + 2p_1 \cdot p_2 \cdot \cos\alpha$$

$$r^2 = 5{,}3^2 + 7{,}1^2 + 2 \cdot 5{,}3 \cdot 7{,}1 \cdot \cos 51^\circ$$

$$r^2 = 28{,}09 + 50{,}41 + 47{,}36 = 125{,}86,\; r = \sqrt[2]{125{,}86} \;,\; r = \underline{\underline{11{,}22 \text{ kg}}}$$

$\sin 180^\circ - \alpha : \sin \alpha_1 = r : p_1$

$\sin \alpha : \sin a_1 = r : p_1$

$$\sin \alpha_1 = \frac{p_1 \cdot \sin \alpha}{r} = \frac{5{,}3 \cdot 0{,}777}{11{,}22} = 0{,}367 \;,\quad \alpha_1 = \underline{\underline{21{,}53^\circ}}$$

Dreiecksberechnung mit der Flächenformel

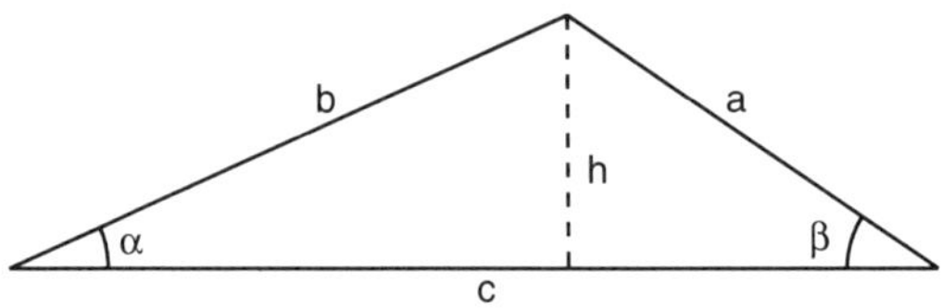

Abb. 71

$$F = \frac{c \cdot h}{2} \;,\quad \frac{h}{b} = \sin \alpha \;,\quad h = b \cdot \sin \alpha \;,\quad \frac{h}{a} = \sin \beta \;,\quad h = a \cdot \sin \beta$$

Wenn man in die Flächenformel $F = \frac{c \cdot h}{2}$ anstelle von h $b \cdot \sin \alpha$ oder $a \cdot \sin \beta$ einsetzt erhält man die folgenden Formeln.

$$F = \frac{c \cdot b \cdot \sin \alpha}{2} \qquad \text{oder} \qquad F = \frac{c \cdot a \cdot \sin \beta}{2}$$

$$2F = c \cdot b \cdot \sin \alpha \qquad\qquad 2F = c \cdot a \cdot \sin \beta$$

Beispiel Dreieck auch Seite 172

Gegeben: $F = 98{,}97\ \text{cm}^2$, $c = 27{,}25$ cm , $b = 18$ cm

gesucht: α

$2F = c \cdot b \cdot \sin \alpha$

$$\frac{2F}{c \cdot b} = \sin \alpha \;,\quad \frac{2 \cdot 98{,}97}{27{,}25 \cdot 18} = \frac{197{,}94}{490{,}5} = 0{,}4035 \;,\quad \alpha = \underline{\underline{23{,}8^\circ}}$$

weiter mit Cosinussatz ergibt die Seite a.

Die räumliche Diagonale eines Quaders Abb. 72

Die räumliche Diagonale eines Quaders soll berechnet werden. Die Aufgabe ist eine Fortsetzung der Vektorrechnung auf den vorigen Seiten.

Gegeben: Ein Quader, Bodenfläche, Kante $a = 4$ cm, Kante $c = 4{,}5$ cm, Höhe Kante $b = 5$ cm.

Rechengrundlage ist der Satz des Pythagoras.

1. Schritt. Die Diagonale der Bodenfläche DBF wird berechnet.

$$DBF = \sqrt[2]{a^2 + c^2} = \sqrt[2]{16 + 20{,}25} = \sqrt[2]{36{,}25} = 6{,}02 \text{ cm}$$

2. Schritt. Die Diagonale des Quaders wird berechnet. DQ ist die Diagonale des Quaders.

$$DQ = \sqrt[2]{6{,}02^2 + 5^2} = \sqrt[2]{36{,}25 + 25} = \sqrt[2]{61{,}25} = \underline{\underline{7{,}825 \text{ cm}}}$$

Die Formel kann wie folgt vereinfacht werden.

$$DBF = \sqrt[2]{a^2 + c^2} \quad , \quad DQ = \sqrt[2]{\left(\sqrt[2]{a^2 + c^2}\right)^2 + b^2}$$

Die Exponenten der inneren Wurzel und der Klammer heben sich gegenseitig auf und man kommt zu folgender Formel.

$$DQ = \sqrt[2]{a^2 + c^2 + b^2}$$

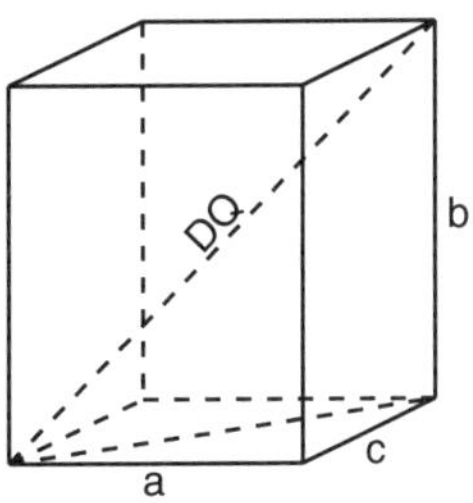

$$DQ = \sqrt[2]{a^2 + b^2 + c^2} = \sqrt[2]{4^2 + 5^2 + 4{,}5^2}$$

$$DQ = \sqrt[2]{16 + 25 + 20{,}25}$$

$$DQ = \sqrt[2]{61{,}25} = 7{,}82$$

$$DQ = \underline{\underline{7{,}82}}$$

Abb. 72

Diagonale durch den schiefwinkligen Quader

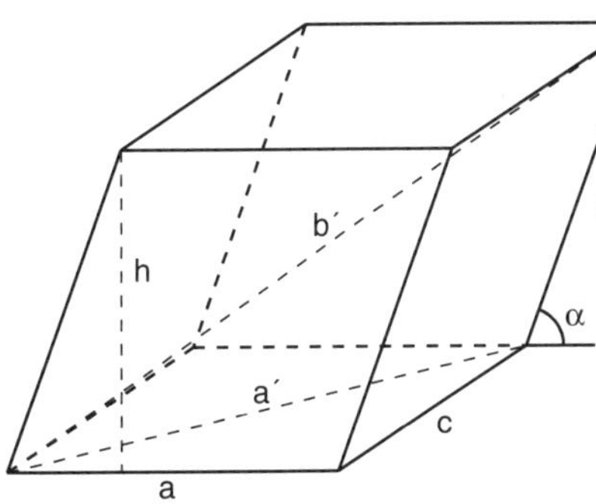

gegeben:

$a = 4$ cm

$b = 5$ cm

$c = 4{,}5$ cm

$\alpha = 70°$

Abb. 73

1. Schritt. mit dem Satz des Pythagoras

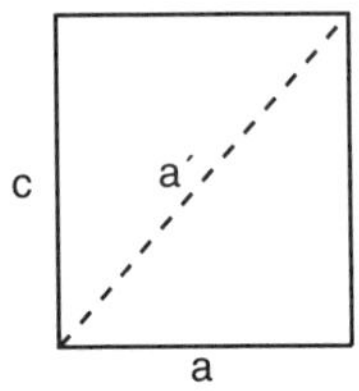

$$a'^2 = a^2 + c^2$$
$$a' = \sqrt[2]{a^2 + c^2}$$
$$a' = \sqrt[2]{16 + 20{,}25}$$
$$a' = \sqrt[2]{36{,}25}$$
$$a' = \underline{\underline{6{,}02\ \text{cm}}}$$

Abb. 74

2. Schritt.

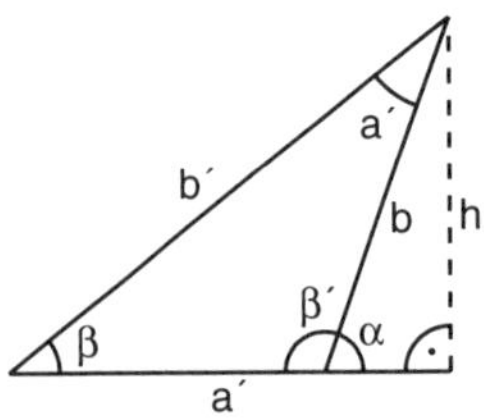

$$\sin\alpha = \frac{h}{b} = \frac{h}{5}$$
$$h = 5 \cdot \sin\alpha$$
$$h = 5 \cdot 0{,}9396$$
$$h = \underline{\underline{4{,}698\ \text{cm}}}$$

Abb. 75

3. Schritt. mit dem Cosinussatz Abb. 59

gegeben:

$b = 5$ cm

$a' = 6{,}02$ cm

$\alpha = 70°$

$\beta' = 110°$

$h = 4{,}698$ cm

gesucht: b'

$$b'^2 = b^2 + a'^2 - 2a'b \cdot \cos\beta'$$
$$b' = \sqrt[2]{b^2 + a'^2 - 2a'b \cdot \cos\beta'}$$
$$b' = \sqrt[2]{25 + 36{,}25 - (60{,}2 \cdot -0{,}342)}$$
$$b' = \sqrt[2]{61{,}25 - (-20{,}588)}$$
$$b' = \sqrt[2]{81{,}838}\ ,\ b' = \underline{\underline{9{,}046\ \text{cm}}}$$

4. Schritt. Winkel der Diagonale durch den schiefwinkligen Quader, Vektorenwinkel. Mit dem Sinussatz.

$$b' : b = \sin\beta' : \sin\beta$$

$$9{,}046 : 5 = 0{,}9397 : \sin\beta\ ,\ \sin\beta = \frac{4{,}698}{9{,}046} = 0{,}519$$

$$\beta = \underline{\underline{31{,}29°}}$$

5. Schritt. Winkel α' mit Sinussatz

$$\sin\beta' : \sin\alpha' = b' : a'$$

$$0{,}9396 : \sin\alpha' = 9{,}046 : 6{,}02$$

$$\sin\alpha' = \frac{6{,}02 \cdot 0{,}936}{9{,}046} = \frac{5{,}656}{9{,}046} = 0{,}625$$

$\sin\alpha' = 0{,}625$, $\alpha' = \underline{\underline{38{,}70°}}$

Additionstheoreme, Additionssätze

Ableitung:

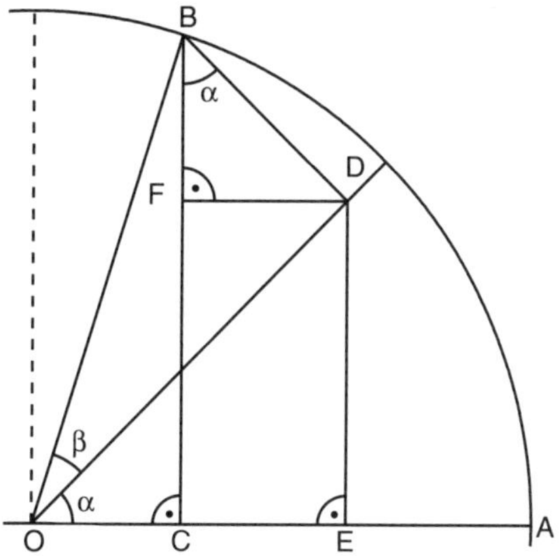

Abb. 76

$\sin(\alpha+\beta) = \overline{BC}$

$\overline{BC} = \overline{DE} + \overline{BF}$

$\sin\alpha = \dfrac{\overline{DE}}{\overline{OD}}$

$\overline{DE} = \overline{OD} \cdot \sin\alpha$

$\cos\alpha = \dfrac{\overline{BF}}{\overline{BD}}$

$\overline{BF} = \overline{BD} \cdot \cos\alpha$

$\underline{\underline{\overline{BC} = \overline{DE} + \overline{BF}}}$

Für $\overline{BC}$ wird $\sin(\alpha+\beta)$, für $\overline{DE}$ wird $\overline{OD} \cdot \sin\alpha$, und für $\overline{BF}$ wird $\overline{BD} \cdot \cos\alpha$ eingesetzt. $\overline{BC}$ bedeutet Strecke von B nach C.

Wir erhalten dann

$$\sin(\alpha+\beta) = \overline{OD} \cdot \sin\alpha + \overline{BD} \cdot \cos\alpha$$

Wenn wir uns das rechtwinklige Dreieck $\overline{ODB}$ aus der Abb. 76 ansehen, dann erkennen wir, daß $\overline{OD}$ gleich $\cos\beta$ und BD gleich $\sin\beta$ ist.

Setzen wir jetzt in die obige Formel für $\overline{OD}$, $\cos\beta$ und für BD, $\sin\beta$ ein, dann erhalten wir folgende Formel:

$$\sin(\alpha+\beta) = \cos\beta \cdot \sin\alpha + \sin\beta \cdot \cos\alpha$$

umgestellt

$$\underline{\underline{\sin(\alpha+\beta) = \sin\alpha \cdot \cos\beta + \cos\alpha \cdot \sin\beta}}$$

$\cos(\alpha+\beta) = \overline{OC} = \overline{OE} - \overline{CE}$

$\cos(\alpha+\beta) = \overline{OE} - \overline{CE}$

$\cos(\alpha+\beta) = \overline{OE} - \overline{FD}$

Analog der Winkelsumme $\sin(\alpha+\beta)$ erhalten wir auch die Formel für $\cos(\alpha+\beta)$

$$\cos\alpha = \frac{\overline{OE}}{\overline{DO}} \;, \quad \overline{OE} = \overline{DO}\cdot\cos\alpha$$

$$\sin\alpha = \frac{\overline{DF}}{\overline{DB}} \;, \quad \overline{DF} = \overline{DB}\cdot\sin\alpha$$

Anstelle von $\overline{OE}$ und $\overline{DF} = \overline{FD}$ wird in die letzte Formel der vorherigen Seite $\cos(\alpha+\beta) = \overline{OE} - \overline{FD}$ der Teil $\overline{DO}\cdot\cos\alpha$ und $\overline{DB}\cdot\sin\alpha$ eingesetzt.
Wir erhalten dann $\cos(\alpha+\beta) = \overline{DO}\cdot\cos\alpha - \overline{DB}\cdot\sin\alpha$
$\overline{DO} = \cos\beta$, $\overline{DB} = \sin\beta$ oben eingesetzt erhalten wir

$$\underline{\underline{\cos(\alpha+\beta) = \cos\alpha\cdot\cos\beta - \sin\alpha\cdot\sin\beta}}$$

Wenn man anstelle von $+\beta$ die Größe $-\beta$ einsetzt, erhält man $\sin(\alpha-\beta)$ oder $\cos(\alpha-\beta)$.

Additionssätze

1.) $\sin(\alpha+\beta) = \sin\alpha\cdot\cos\beta + \cos\alpha\cdot\sin\beta$
2.) $\cos(\alpha+\beta) = \cos\alpha\cdot\cos\beta - \sin\alpha\cdot\sin\beta$
3.) $\sin(\alpha-\beta) = \sin\alpha\cdot\cos\beta - \cos\alpha\cdot\sin\beta$
4.) $\cos(\alpha-\beta) = \cos\alpha\cdot\cos\beta + \sin\alpha\cdot\sin\beta$

Sinn und Zweck der Additions- oder Subtraktionstheoreme ist die Berechnung der Funktionswerte von Winkelsummen oder Differenzen aus den Funktionswerten ihrer einzelnen beteiligten Winkel.
Die Additions- oder Subtraktionstheoreme stellen die Beziehung her, mit der man die Funktionswerte der Winkelsummen oder Differenzen aus den Funktionswerten der einzelnen Winkel errechnen kann, ohne die Winkelgrade zu benutzen.
An dem folgenden Beispiel wird der Wert der Formeln der Additionstheoreme klar. In der Abb. 76 ist eine Summe von 2 Winkeln $\alpha = 50°$, $\beta = 25°$ gezeigt. Die Summe der Winkel $\alpha+\beta$ ist $75°$ und die zugehörige Sinusfunktion $\sin 75°$ ist $0{,}9659$.
Diesen Funktionswert bekomme ich aber nicht, wenn ich die

Funktionen von sin 50° und sin 25° addiere, nämlich $0,766 + 0,4226 = 1,1886$, und das ist falsch. Siehe unten auf der vorigen Seite.
Kenne ich den Funktionswert der Summe nicht, bekomme ich ihn mit der folgenden oben abgeleiteten Formel.

$$\sin \alpha + \beta = \sin \alpha \cdot \cos \beta + \cos \alpha \cdot \sin \beta$$

$$\sin 75° = 0,766 \cdot 0,9063 + 0,6428 \cdot 0,4226$$

$$\sin 75° = 0,6942 + 0,2716$$

$$\sin 75° = \underline{\underline{0,9658}}$$

Dieser Wert stimmt mit dem Funktionswert von sin 75° überein.

Die Formel der Additionstheoreme sind nur bei Winkeln unter 90° gültig.
Die Sinusfunktionen können zum Unterschied der Winkelgrade nicht addiert oder subtrahiert werden.

Beíspiel mit dem Subtraktionstheorem:

gegeben: $\alpha = 50°$, $\beta = 25°$, $\Delta = 25° \sin 25° = 0,4226$

$$\sin \alpha - \beta = \sin \alpha \cdot \cos \beta - \cos \alpha \cdot \sin \beta$$

$$\sin 25° = 0,766 \cdot 0,9063 - 0,6427876 \cdot 0,422618$$

$$\sin 25° = 0,6942258 - 0,2716536$$

$$\sin 25° = \underline{\underline{0,42257}}$$

Additionstheoreme für Tangens und Cotangens erhalten wir, wenn wir für tan die entsprechenden sin- und cos-Werte einsetzen.

$$\tan \alpha = \frac{\sin \alpha}{\cos \alpha} \quad , \quad \tan(\alpha + \beta) = \frac{\sin(\alpha + \beta)}{\cos(\alpha + \beta)}$$

$$\frac{\sin(\alpha + \beta)}{\cos(\alpha + \beta)} = \frac{\sin \alpha \cdot \cos \beta + \cos \alpha \cdot \sin \beta}{\cos \alpha \cdot \cos \beta - \sin \alpha \cdot \sin \beta}$$

Zähler und Nenner des rechten Bruches werden durch $\cos \alpha \cdot \cos \beta$ geteilt.

$$\frac{\dfrac{\sin \alpha \cdot \cos \beta + \cos \alpha \cdot \sin \beta}{\cos \alpha \cdot \cos \beta}}{\dfrac{\cos \alpha \cdot \cos \beta - \sin \alpha \cdot \sin \beta}{\cos \alpha \cdot \cos \beta}} = \tan(\alpha + \beta)$$

$$\frac{\dfrac{\sin\alpha\cdot\cancel{\cos\beta}}{\cos\alpha\cdot\cancel{\cos\beta}}+\dfrac{\cancel{\cos\alpha}\cdot\sin\beta}{\cancel{\cos\alpha}\cdot\cos\beta}}{\dfrac{\cos\alpha\cdot\cancel{\cos\beta}}{\cos\alpha\cdot\cancel{\cos\beta}}-\dfrac{\sin\alpha\cdot\sin\beta}{\cos\alpha\cdot\cos\beta}}=\tan(\alpha+\beta)$$

$$\tan(\alpha+\beta)=\frac{\tan\alpha\cdot 1+1\cdot\tan\beta}{1\cdot 1-\tan\alpha\cdot\tan\beta}$$

$$\underline{\underline{\tan(\alpha+\beta)=\frac{\tan\alpha+\tan\beta}{1-\tan\alpha\cdot\tan\beta}}}\;,\quad\underline{\underline{\tan(\alpha-\beta)=\frac{\tan\alpha-\tan\beta}{1+\tan\alpha\cdot\tan\beta}}}$$

Anwendung der Additionssätze zur Vereinfachung gegebener Formeln.

Zunächst die Beziehungen zwischen den Funktionen des doppelten und des einfachen Winkels.

Grundlage ist der 1. Additionssatz.

$\sin(\alpha+\beta)=\sin\alpha\cdot\cos\beta+\cos\alpha\cdot\sin\beta$

Wenn wir für $\beta=\alpha$ einsetzen, erhalten wir

$\sin(\alpha+\alpha)=\sin\alpha\cdot\cos\alpha+\cos\alpha\cdot\sin\alpha$

vereinfacht $\quad\underline{\underline{\sin 2\alpha=2\cdot\sin\alpha+\cos\alpha}}$

Der Sinus des doppelten Winkels ist gleich dem doppelten Produkt aus dem Sinus und dem Cosinus des einfachen Winkels.

Aus dem 2. Additionssatz folgt entsprechend, wenn wir $\beta=\alpha$ setzen.

$\cos(\alpha+\alpha)=\cos\alpha\cdot\cos\alpha-\sin\alpha\cdot\sin\alpha$

vereinfacht $\quad\underline{\underline{\cos 2\alpha=\cos^2\alpha-\sin^2\alpha}}$

weiter bekommen wir aus $\tan(\alpha+\beta)$

$$\tan(\alpha+\alpha)=\frac{\tan\alpha+\tan\alpha}{1-\tan\alpha\cdot\tan\alpha}$$

vereinfacht $\quad\underline{\underline{\tan 2\alpha=\dfrac{2\tan\alpha}{1-\tan^2\alpha}}}$

Anwendungsbeispiele:

1.) gegeben: $\frac{\sin 2\alpha}{2 \cdot \sin \alpha}$

Wenn wir anstelle von $\sin 2\alpha = 2 \cdot \sin \alpha \cdot \cos \alpha$ einsetzen,

erhalten wir $\frac{\sin 2\alpha}{2 \cdot \sin \alpha} = \frac{\cancel{2 \cdot \sin \alpha} \cdot \cos \alpha}{\cancel{2 \cdot \sin \alpha}} = \underline{\underline{\cos \alpha}}$

2.) gegeben: $\frac{\cancel{2 \cdot \sin \alpha} + \sin 2\alpha}{\cancel{2 \cdot \sin \alpha} - \sin 2\alpha}$

Im Zähler und Nenner jeweils für $\sin 2\alpha = 2 \cdot \sin \alpha \cdot \cos \alpha$ eingesetzt, erhalten wir

$$\frac{2 \cdot \sin \alpha + \sin 2\alpha}{2 \cdot \sin \alpha - \sin 2\alpha} = \frac{2 \cdot \sin \alpha + 2 \cdot \sin \alpha \cdot \cos \alpha}{2 \cdot \sin \alpha - 2 \cdot \sin \alpha \cdot \cos \alpha}$$

Im Zähler und Nenner wurde $2 \cdot \sin \alpha$ ausgeklammert und dann gekürzt.

$$= \frac{\cancel{2 \cdot \sin \alpha} \cdot (1 + \cos \alpha)}{\cancel{2 \cdot \sin \alpha} \cdot (1 - \cos \alpha)} = \underline{\underline{\frac{1 + \cos \alpha}{1 - \cos \alpha}}}$$

3.) gegeben: $\frac{\cos^2 \alpha - \cos 2\alpha}{1 - \cos 2\alpha}$

für $\cos 2\alpha$ wird $\cos^2 \alpha - \sin^2 \alpha$ eingesetzt.

$$\frac{\cos^2 \alpha - \cos 2\alpha}{1 - \cos 2\alpha} = \frac{\cos^2 \alpha - (\cos^2 \alpha - \sin^2 \alpha)}{1 - (\cos^2 \alpha - \sin^2 \alpha)}$$

$$= \frac{\cos^2 \alpha - \cos^2 \alpha + \sin^2 \alpha}{1 - \cos^2 \alpha + \sin^2 \alpha} = \frac{\sin^2 \alpha}{1 - \cos^2 \alpha + \sin^2 \alpha}$$

Im Nenner kann man für $1 - \cos^2 \alpha = \sin^2 \alpha$ einsetzen.

$$\frac{\sin^2 \alpha}{1 - \cos^2 \alpha + \sin^2 \alpha} = \frac{\sin^2 \alpha}{\sin^2 \alpha + \sin^2 \alpha} = \frac{\cancel{\sin^2 \alpha}}{2 \cdot \cancel{\sin^2 \alpha}} = \underline{\underline{\frac{1}{2}}}$$

4.) gegeben: $\frac{1 - \tan^2 \alpha}{\cos 2\alpha}$

$\tan \alpha = \frac{\sin \alpha}{\cos \alpha}$, dann ist $\tan^2 \alpha = \frac{\sin^2 \alpha}{\cos^2 \alpha}$

$\cos 2\alpha = \cos^2 \alpha - \sin^2 \alpha$

Im Zähler wird für $1-\tan^2\alpha = 1-\dfrac{\sin^2\alpha}{\cos^2\alpha}$ eingesetzt

und im Nenner wird für $\cos 2\alpha = \cos^2\alpha - \sin^2\alpha$ eingesetzt.

$$\frac{1-\tan^2\alpha}{\cos 2\alpha} = \frac{1-\dfrac{\sin^2\alpha}{\cos^2\alpha}}{\cos^2\alpha-\sin^2\alpha} = \frac{\dfrac{\cos^2\alpha}{\cos^2\alpha}-\dfrac{\sin^2\alpha}{\cos^2\alpha}}{\cos^2\alpha-\sin^2\alpha}$$

$$\frac{\dfrac{\cos^2\alpha-\sin^2\alpha}{\cos^2\alpha}}{\dfrac{\cos^2\alpha-\sin^2\alpha}{1}} = \frac{\cos^2\alpha-\sin^2\alpha}{\cos^2\alpha}\cdot\frac{1}{\cos^2\alpha-\sin^2\alpha} = \frac{1}{\cos^2\alpha\cdot\cos 2\alpha}$$

Das Bogenmaß

Die Länge des Kreisbogens ist eine Funktion des Mittelpunktswinkels. Der Einheitskreis mit dem Radius 1,0 bildet die Grundlage für das Bogenmaß.
Bei 360°, also bei einem vollen Kreis, ist die Länge des Umfangs $U = 2r\cdot\pi$. Wenn $r = 1$ dann wird $U = 2\cdot 1\cdot\pi$, $U = 2\pi$, $U = 2\cdot 1\cdot 3{,}14 = 6{,}28$.
Der Kreisbogen ist bei 360°, $2\pi = 6{,}28$, bei 180° $\pi = 3{,}14$, bei 90° $\dfrac{\pi}{2} = 1{,}57$.
Die Länge des Kreisbogens ist vom Winkel im Kreismittelpunkt abhängig und stellt für den Einheitskreis $r = 1$ das Bogenmaß dar. Es wird in Tabellenwerken als Maßeinheit aufgeführt.
Jeder Kreisbogen irgendeines Kreises kann unter Zuhilfenahme des Bogenmaßes berechnet werden. Dazu muß aber der Mittelpunktswinkel des Kreises und der Radius bekannt sein.
Der Kreisbogen ist also vom Mittelpunktswinkel und vom Radius abhängig, das heißt, der Kreisbogen ist sowohl eine Funktion des Mittelpunktswinkels als auch eine Funktion des Kreisradiuses.
Ist der Radius 1,5, statt 1,0 wie beim Einheitskreis, muß man das

Bogenmaß, das sich zum Radius proportional verhält, mit 1,5 multiplizieren.

Beispiele:

Grad	Bogenmaß	Radiuslänge		Bodenlänge
45°	0,7854 mal	120 m	=	92,24 m
45°	0,7854	1,5 m	=	1,178 m
45°	0,7854	0,8 m	=	0,628 m
90°	1,57	120 m	=	188,49 m
120°	2,094	120 m	=	251,32 m

Das Bogenmaß spielt bei den trigonometrischen Funktionen in der Differential- und Integralrechnung eine große Rolle.

Graphische Darstellung 45° und 120° Bogenmaß.

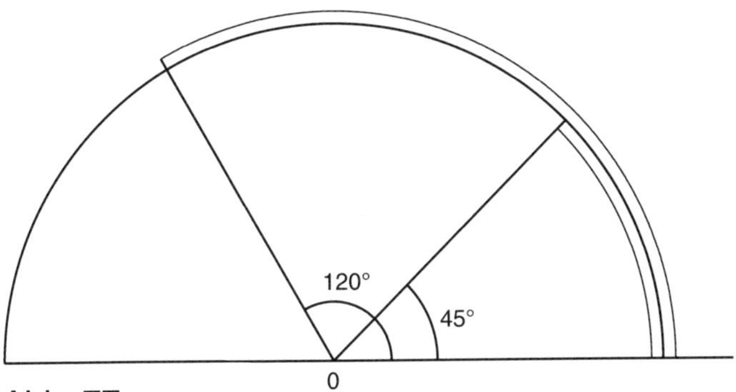

Abb. 77

Stereometrie

Während wir uns bei der Behandlung der Geometrie im zweidimensionellen Bereich also in der Ebene bewegt haben, müssen wir uns bei der Stereometrie im dreidimensionalen Raum bewegen, also mit Körpern beschäftigen.

Maßeinheiten

Name	Kurzzeichen	Gewicht in Wasser	
Kubikmillimeter	cmm, mm^3	1 mg,	1/1000ccm
Kubikzentimeter	ccm, cm^3	1 g,	1/1000 l
Milliliter	ml	1 g,	1/1000 l
Kubikdezimeter	cdm, dm^3	1 kg	
Liter	l	1 kg	
Kubikmeter	cbm, m^3	1 t,	1000 l
		1 t,	1000 kg

Besprechung der verschiedenen Körper:

Der Würfel, Kubus

Der Würfel ist ein Körper mit gleichen Kantenlängen, gleichen quadratischen Grenzflächen und nur rechten Winkeln.

a, b, c gleiche Kantenlängen

F = Oberfläche besteht aus 6 Quadraten

$F = a \cdot b \cdot 4 + a \cdot c \cdot 2$

V = Volumen

$V = a \cdot b \cdot c$

Wenn wir für a, b und c, die gleich sind, x setzen, erhalten wir $V = x^3$ oder wenn wir aus dem Inhalt V die Kantenlänge berechnen wollen ist x die 3. Wurzel aus V. $x = \sqrt[3]{V}$

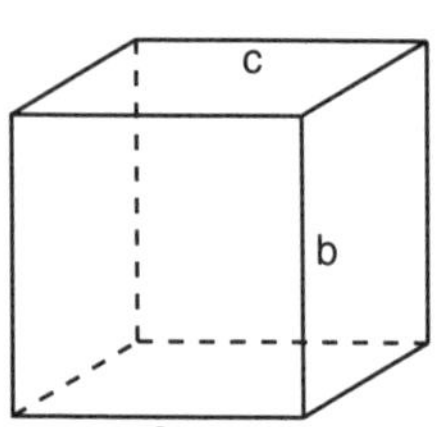

Abb. 78

Rechenbeispiel:

a, b, c = 4 cm

$V = 4 \cdot 4 \cdot 4 = \underline{\underline{64\ cm^3}}$

$F = 4 \cdot 4 \cdot 4 + 4 \cdot 4 \cdot 2 = 64 + 32 = \underline{\underline{96\ cm^3}}$

Der Quader

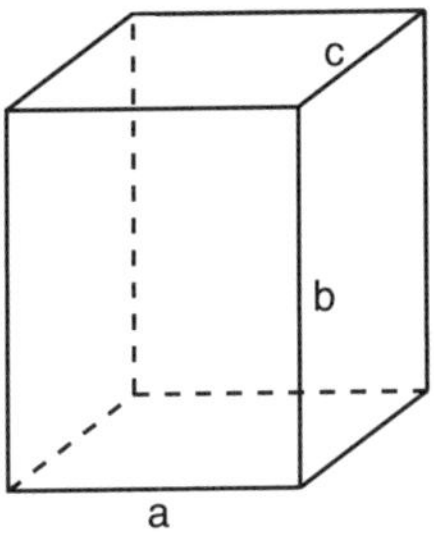

Abb. 79

$a = 4$ cm, $b = 5$ cm, $c = 4{,}5$ cm

$F = a \cdot b \cdot 2 + a \cdot c \cdot 2 + b \cdot c \cdot 2$

$V = a \cdot b \cdot c$

Rechenbeispiel:

$F = 4 \cdot 5 \cdot 2 + 4 \cdot 4{,}5 \cdot 2 + 5 \cdot 4{,}5 \cdot 2$

$F = 40 + 36 + 45 = \underline{\underline{121\ cm^2}}$

$V = 4 \cdot 5 \cdot 4{,}5 = \underline{\underline{90\ cm^3}}$

Quaderdiagonale bei Trigonometrie Seite 183

Der schiefe Quader

$F = a \cdot h \cdot 2 + b \cdot c \cdot 2 + a \cdot c \cdot 2$

$V = a \cdot h \cdot c$

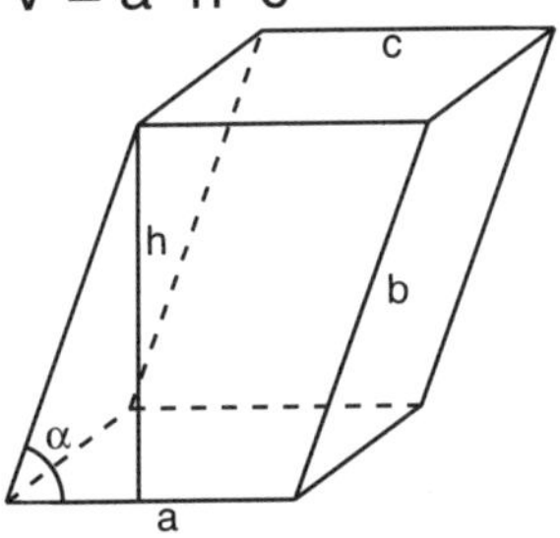

Abb. 80

Rechenbeispiel:

$a = 4$ cm, $b = 5$ cm, $c = 4{,}5$ cm

$h = 4{,}698$ cm, $\alpha = 70°$

$F = 4 \cdot 4{,}698 \cdot 2 + 5 \cdot 4{,}5 \cdot 2 + 4 \cdot 4{,}5 \cdot 2$

$F = 37{,}58 + 45 + 36 = \underline{\underline{118{,}58\ cm^2}}$

$V = 4 \cdot 4{,}698 \cdot 4{,}5 = \underline{\underline{84{,}56\ cm^3}}$

Das Prisma

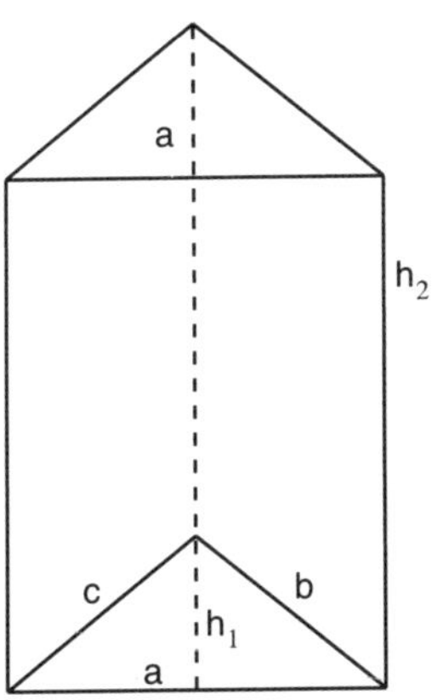

Abb. 81

Dreikantiger Körper mit einem Dreieck als Grundfläche G.

Grundfläche $F = \frac{a}{2} \cdot h_1$

Gesamtoberfläche

$F_{ges.} = \cancel{2} \cdot \frac{a}{\cancel{2}} \cdot h_1 + (a + b + c) \cdot h_2$

$V = \frac{a}{2} \cdot h_1 \cdot h_2$

Rechenbeispiel:

$a = 3{,}83$ cm, $b = 2{,}5$ cm, $c = 2{,}5$ cm

$h_1 = 1{,}6$, $h_2 = 4{,}0$

Grundfläche $F = \frac{3,83}{2} \cdot 1,6 = \underline{\underline{3,064\ cm^2}}$

Volumen $V = 3,064 \cdot 4,0 = \underline{\underline{12,256\ cm^3}}$

Gesamtoberfläche $F_{ges.} = \frac{a}{2} \cdot h_1 + (a + b + c) \cdot h_2$

$F_{ges.} = 1,915 \cdot 1,6 + 3,83 \cdot 4 + 2,5 \cdot 4,0 + 2,5 \cdot 4 = \underline{\underline{38,38\ cm^2}}$

Das schiefe Prisma

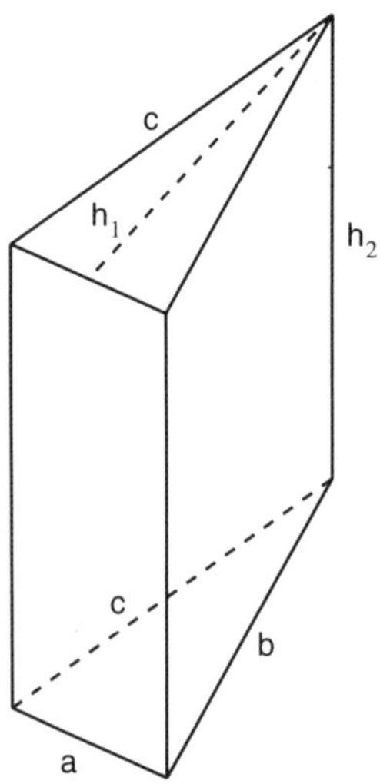

Abb. 82

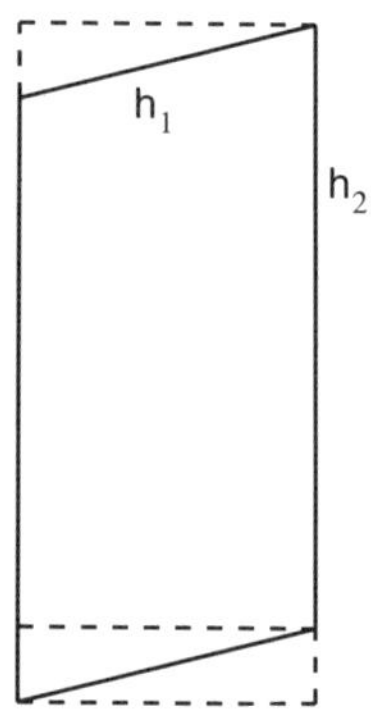

Abb. 83

Grundfläche F

$F = \frac{a}{2} \cdot h_1$

$V = \frac{a}{2} \cdot h_1 \cdot h_2$

Die Pyramide

Eine Pyramide ist ein Körper, dessen Seiten aus Dreiecken bestehen, die zu einer Spitze zusammenlaufen.
Pyramide aus einer quadratischen Grundfläche und vier gleichen gleichseitigen Dreiecken.

gegeben:

$a = 10$ cm

$\alpha = 60°$

Die Werte h_1, h_2, b und c wurden aus a und α mit trigonometrischen Mitteln errechnet.

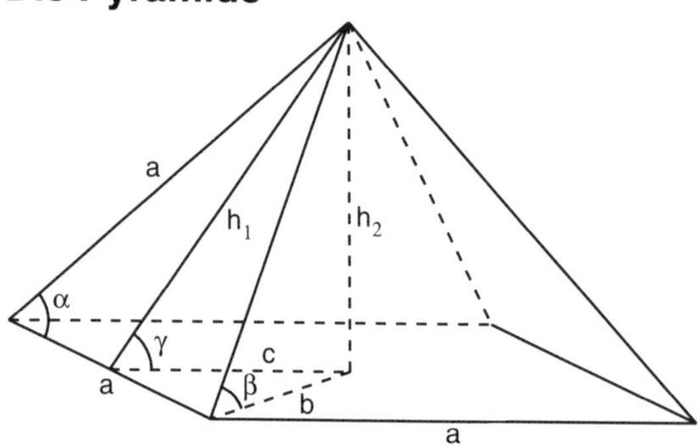

Abb. 84

Volumenformel $V = \frac{a^2 \cdot h_2}{3}$, a^2 = Grundfläche

Rechenbeispiel:

$a = 10$ cm, $h_1 = 8{,}66$ cm, $h_2 = 7{,}07$ cm, $c = 5{,}0$ cm

$$V = \frac{a^2 \cdot h_2}{3} = \frac{100 \cdot 7{,}07}{3} = \underline{\underline{235{,}66\ cm^3}}$$

Oberfläche $O = a^2 + (c \cdot h_1) \cdot 4$, $V = 100 + (5 \cdot 8{,}66) \cdot 4$

$O = 100 + 43{,}3 \cdot 4$ $\qquad c = \frac{a}{2}$ siehe Abb. 84

$O = 100 + 173{,}2 = \underline{\underline{273{,}2\ cm^2}}$

Pyramidenstumpf

Der Pyramidenstumpf ist eine an der Spitze abgestumpfte Pyramide.

G = große Grundfläche, g = kleine Grundfläche

Gegeben: $a = 10$ cm, $h_1 = 5$ cm, $\alpha = 45°$

gesucht: g und V

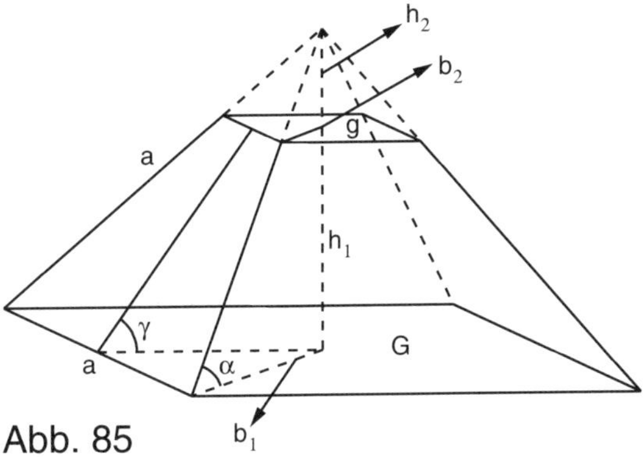

Abb. 85

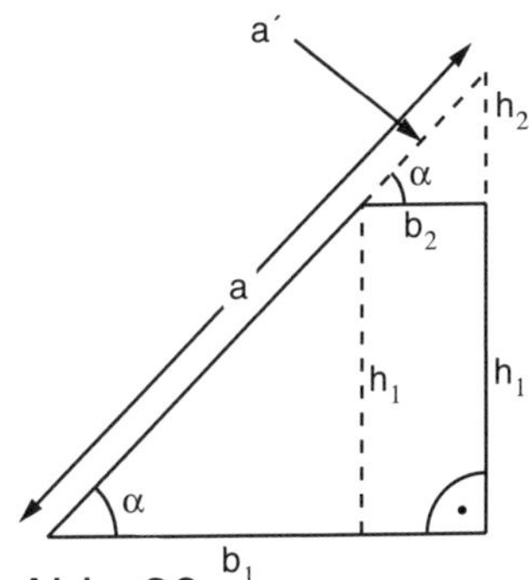

Abb. 86

Um das Volumen des Pyramidenstumpfes zu bekommen, kann man die große Pyramide berechnen und die kleine Pyramide davon abziehen oder man kann für den Stumpf folgende Formel anwenden. $\quad V = \frac{1}{3} h \cdot \left(G + g + \sqrt[2]{G \cdot g}\right)$

Große Pyramide Abb. 84 Seite 194

$a = 10$ cm, $h_2 = 7{,}07$ cm hat ein Volumen von $\underline{\underline{235{,}66\ cm^3}}$

Jetzt soll die kleine Pyramide Abb. 85 berechnet werden, wenn $h_1 = 5$ cm und $\alpha = 45°$, dann ist $\sin\alpha = \frac{h_1 + h_2}{a}$ und bei $45°$ auch $\cos\alpha = \frac{b_1}{a}$, $\sin\alpha = \frac{h_1 + h_2}{10}$

$$(h_1 + h_2) = 10 \cdot \sin\alpha$$
$$h_1 + h_2 = 10 \cdot 0{,}707$$
$$h_1 + h_2 = 7{,}07$$
$$h_2 = 7{,}07 - h_1$$
$$h_2 = 7{,}07 - 5$$
$$h_2 = \underline{\underline{2{,}07\ \text{cm}}}$$

$$\cos\alpha = \frac{b_1}{10}$$
$$10 \cdot \cos\alpha = b_1$$
$$b_1 = 10 \cdot \cos\alpha$$
$$b_1 = 10 \cdot 0{,}707$$
$$b_1 = \underline{\underline{7{,}07\ \text{cm}}}$$

$$\sin\alpha = \frac{h_2}{a'}$$
$$a' \cdot \sin\alpha = h_2$$
$$a' = \frac{h_2}{\sin\alpha}$$
$$a' = \frac{2{,}07}{0{,}707} = \underline{\underline{2{,}93\ \text{cm}}}$$

$$\cos\alpha = \frac{b_2}{a'}$$
$$a' \cdot \cos\alpha = b_2$$
$$b_2 = 2{,}93 \cdot 0{,}707 = \underline{\underline{2{,}07\ \text{cm}}}$$

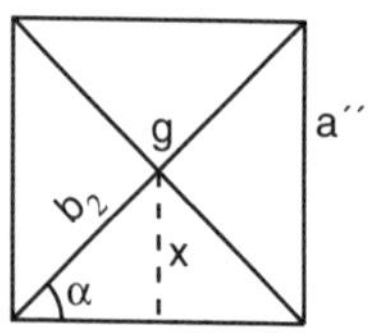

Abb. 87

$$\sin\alpha = \frac{x}{b_2}$$
$$b_2 \cdot \sin\alpha = x$$
$$x = 2{,}07 \cdot 0{,}707 = \underline{\underline{1{,}464\ \text{cm}}}$$

$$a'' = 2x$$
$$a'' = \underline{\underline{2{,}927\ \text{cm}}}$$

$$g = a'' \cdot a''$$
$$g = 2{,}927 \cdot 2{,}927 = \underline{\underline{8{,}567\ \text{cm}^2}}$$

V Pyramidenstumpf

$$V = \frac{1}{3} h_1 \cdot \left(G + g \cdot \sqrt[2]{G \cdot g}\right)$$
$$V = \frac{1}{3} \cdot 5 \cdot \left(100 + 8{,}567 + \sqrt[2]{100 \cdot 8{,}567}\right)$$
$$V = 1{,}666 \cdot \left(108{,}567 + \sqrt[2]{856{,}7}\right)$$
$$V = 1{,}666 \cdot (108{,}567 + 29{,}27)$$
$$V = 1{,}666 \cdot 137{,}837 = \underline{\underline{229{,}63\ \text{cm}^3}}$$

Probe: Summe aus Pyramidenstumpf und der kleinen Ergänzungspyramide

$$V = \frac{g \cdot h_2}{3}$$

$$V = \frac{8{,}567 \cdot 2{,}07}{3}$$

$$V = \underline{\underline{5{,}91\ cm^3}}$$

Vergleich mit der Pyramide gleicher Größe, Seite 194

$$= \underline{\underline{235{,}66\ cm^3}}$$

Pyramidenstumpf	229,63
kleine Pyramide	+ 5,91
	= 235,54 cm³

Der Zylinder

Der Kreiszylinder ist ein runder Körper, der auf beiden Seiten mit einer Kreisfläche abschließt. Man bezeichnet diesen Körper auch als Rolle oder Säule.
Ein elliptischer Zylinder schließt mit zwei Ellipsen ab.

Der Volumeninhalt ist in allen Fällen Grundfläche mal der Höhe.

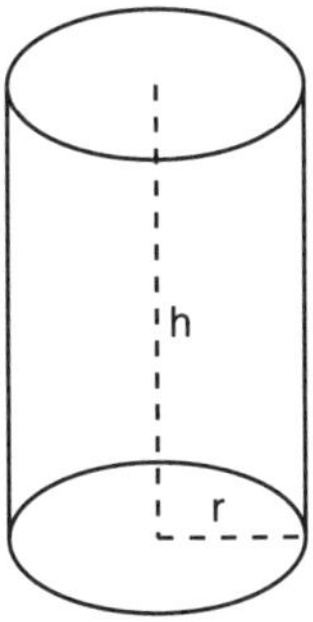

Abb. 88

$r = 1\ cm, \quad h = 3\ cm$

$V = G \cdot h$

$V = r^2 \cdot \pi \cdot h, \quad V = 1 \cdot 3{,}14 \cdot 3, \quad V = \underline{\underline{9{,}42\ cm^3}}$

$M = U \cdot h$

$M = 2r \cdot \pi \cdot h, \quad M = 2 \cdot 3{,}14 \cdot 3, \quad M = \underline{\underline{18{,}84\ cm^2}}$

$O = 2G + M, \quad O = 6{,}28 + 18{,}84 = \underline{\underline{25{,}12\ cm^2}}$

r = Radius, V = Volumen, U = Umfang,
U = Umfang, h = Höhe, O = Oberfläche,
M = Mantel, G = Grundfläche

Der elliptische Zylinder

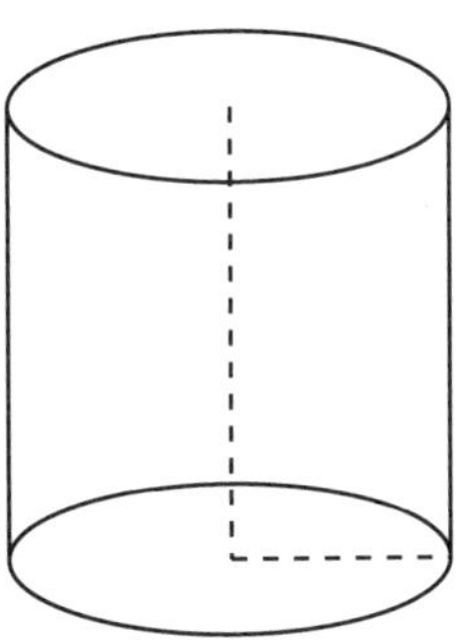
Abb. 89

gegeben: $r = 1\ cm, \quad R = 1{,}5\ cm$

$h = 2\ cm$

$V = G \cdot h$

$V = R \cdot r \cdot \pi \cdot h$

$V = 1{,}5 \cdot 1 \cdot 3{,}14 \cdot 2 = \underline{\underline{9{,}42\ cm^3}}$

$M = U \cdot h, \quad M = (R + r) \cdot \pi \cdot h$

$M = (1{,}5 + 1) \cdot 3{,}14 \cdot 2 = \underline{\underline{15{,}7\ cm^2}}$

$U = (R + r) \cdot \pi$, $U = (1{,}5 + 1) \cdot 3{,}14 = \underline{\underline{7{,}85\ cm}}$

$O = 2G + M$, $2G = (1 \cdot 1{,}5) \cdot 2 \cdot 3{,}14 = \underline{\underline{25{,}12\ cm^2}}$

Der schiefe Zylinder

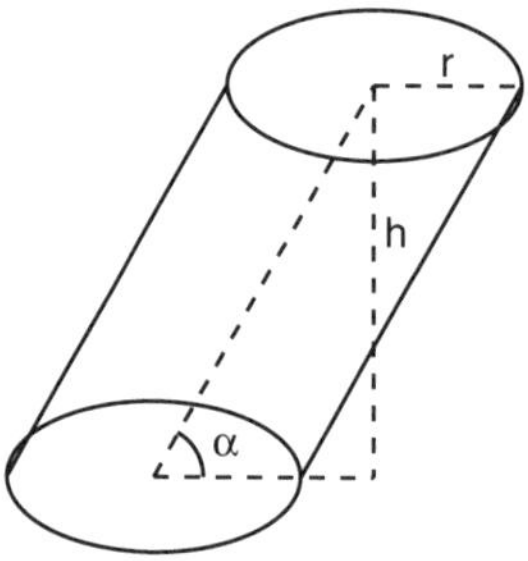

Abb. 90

gegeben: $r = 1\ cm$, $h = 2{,}6\ cm$

$\alpha = 60°$

$V = G \cdot h$

$V = r^2 \cdot \pi \cdot h$, $V = 1 \cdot 3{,}14 \cdot 2{,}6$

$V = \underline{\underline{8{,}16\ cm^3}}$

$M = 2r \cdot \pi \cdot h$

$M = 2 \cdot 3{,}14 \cdot 2{,}6 = \underline{\underline{16{,}32\ cm^2}}$

Der gerade Zylinder schief abgeschnitten

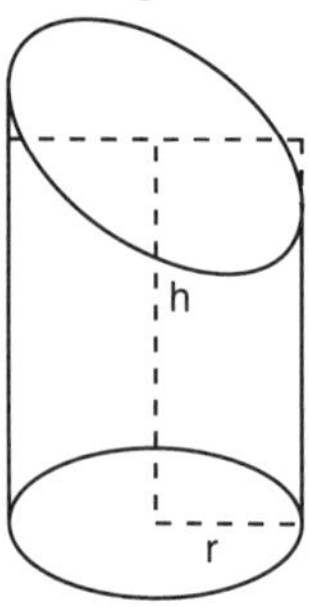

Abb. 91

gegeben: $r = 1\ cm$, $h = 3\ cm$

$V = G \cdot h$

$V = r^2 \cdot \pi \cdot h$

$V = 1 \cdot 3{,}14 \cdot 3 = \underline{\underline{9{,}42\ cm^3}}$

$M = 2r \cdot \pi \cdot h$

$M = 2 \cdot 3{,}14 \cdot 3 = \underline{\underline{18{,}84\ cm^2}}$

Der Zylinderabschnitt auch Zylinderhuf

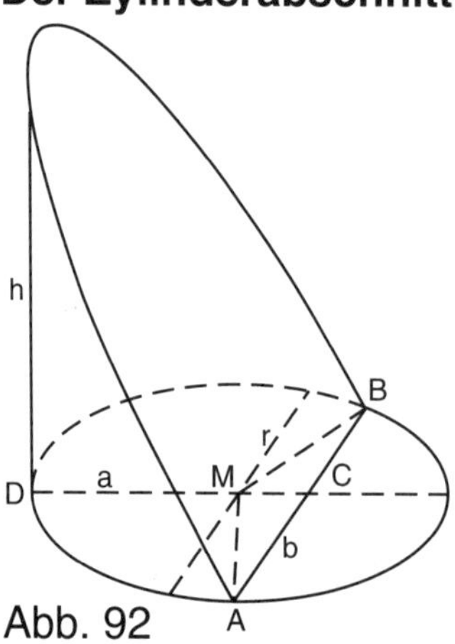

Abb. 92

In Abb. 92 und 93 sind die wichtigsten Punkte der Grundfläche mit großen Buchstaben markiert M für den Mittelpunkt und A, B, C, D für die Randpunkte der Grundfläche.

$\overline{DC} = a$, $\overline{AC}$ oder $\overline{BC} = b$

$\sphericalangle$ $\overline{DMB}$ oder $\overline{DMA} = \varphi$ im Bogenmaß, DM, $\overline{AM}$ und $\overline{BM} = r$

gegeben:

$r = 2\ cm$, $h = 4\ cm$, Phi $\varphi_1 = 105°$

Bogenmaß bei 105° $r = 1 = 1{,}83$, $a = 2{,}52$ cm, $b = 1{,}93$ cm

Grundfläche des Zylinderhufs

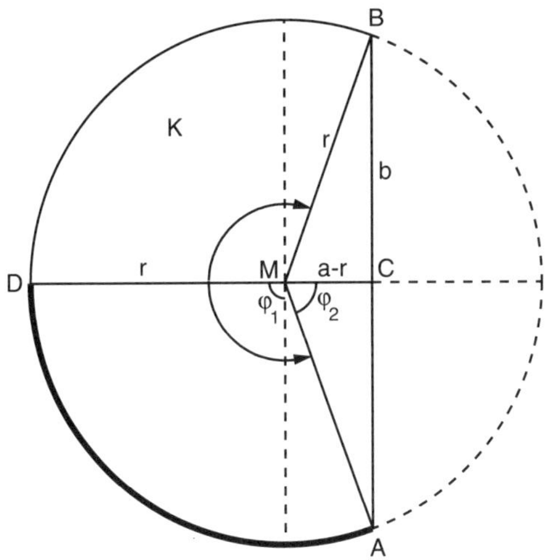

Abb. 93

$a - r = \cos \varphi_2 \cdot r$

$a - r = \cos 75° \cdot r$

$a - r = 0{,}2588 \cdot 2 = 0{,}517$

$a - r = 0{,}517$

$a = 0{,}517 + 2 = 2{,}517$

$\frac{b}{r} = \sin \varphi_2$

$b = \sin 75° \cdot r$

$b = 0{,}9659 \cdot 2 = 1{,}93$

Kreisfläche K

$2\varphi_1 = 2 \cdot 105° = 210°$

$360 : r^2 \cdot \pi = 210 : x$

$\frac{12{,}566 \cdot 210}{360} = \underline{\underline{7{,}33 \text{ cm}^2}}$

plus Dreieck $(a - r) \cdot \frac{b}{2} \cdot 2$

$\frac{\not{2} \cdot 0{,}52 \cdot 1{,}93}{\not{2}} = 1{,}0$

$G = 7{,}33 + 1{,}0 = \underline{\underline{8{,}33 \text{ cm}^2}}$

Die Berechnung des Zylinderhufvolumens V wird nach der folgenden Formel vorgenommen.

$$V = \frac{h}{3a} \cdot \left[b \cdot \left(3r^2 - b^2\right) + 3r^2 \cdot (a - r) \cdot \varphi_1\right]$$

wobei folgende Werte gegeben sind:
der Radius $r = 2$ cm
die Höhe $h = 4$ cm
der Winkel Phi $\varphi_1 = 105°$ im Bogenmaß $= 1{,}83$
das Lot vom Fußpunkt h auf die Hufkante $a = 2{,}517$ cm
die Hufkante $2b = 3{,}86$ cm, $b = 1{,}93$ cm
Die Werte in die Formel eingesetzt.

$$V = \frac{4}{3 \cdot 2{,}52} \cdot \left[1{,}93 \cdot \left(3 \cdot 4 - 1{,}93^2\right) + 3 \cdot 4 \cdot (0{,}52) \cdot 1{,}832\right]$$

$$V = \frac{4}{7{,}56} \cdot \left[1{,}93 \cdot (12 - 3{,}72) + 12 \cdot (0{,}52) \cdot 1{,}832\right]$$

$$V = 0{,}529 \cdot \left[1{,}93 \cdot (8{,}28) + 6{,}24 \cdot 1{,}832\right]$$

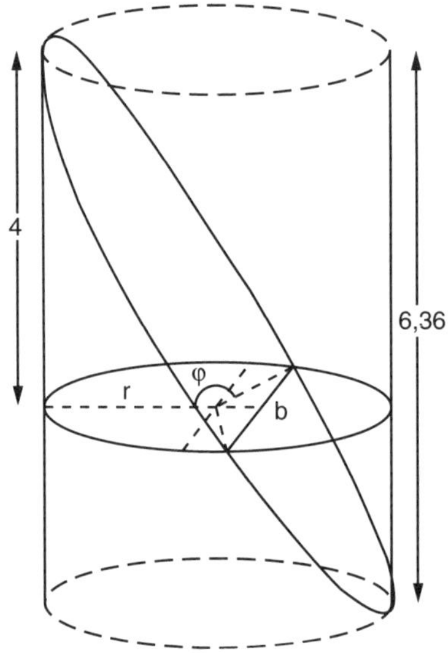

$V = 0,529 \cdot (15,98 + 11,43)$

$V = 0,529 \cdot 27,41$

$V = \underline{\underline{14,49\ cm^3}}$

Abb. 92, Abb. 93, Abb. 94

Bezeichnungen wie bei der Grundfläche Abb. 93

V Gesamtzylinder

$V = r^2 \cdot \pi \cdot h$

$V = 2^2 \cdot 3,14 \cdot 6,35$

$V = \underline{\underline{79,79\ cm^3}}$

V schräg durchgeschnittene Hälfte $= \underline{\underline{39,89\ cm^3}}$

Abb. 94

Zylinderhuf im oberen Zylinder $V = \underline{\underline{14,49\ cm^3}}$ Abb. 94

Oberer größerer Zylinder Abb. 94

gegeben h = 4 cm, r = 2 cm

$V = r^2 \cdot \pi \cdot 4$

$V = 2^2 \cdot 3,14 \cdot 4$

$V = 4 \cdot 3,14 \cdot 4$

$V = \underline{\underline{50,26\ cm^3}}$

Oberer Zylinder minus Zylinderhuf,

$\Delta = 50,26 - 14,49 = \underline{\underline{35,77\ cm^3}}$

Unterer kleiner Zylinderhuf im unteren kleinen Zylinder nach der gleichen Formel wie oben berechnet. Abb. 94

gegeben h = 2,35 cm, a = 1,48 cm, b = 1,93 cm, a − r = 1,48 − 2 = 0,52

Phi $\varphi_2 = 75° = 1,309$

$$V = \frac{h}{3a} \cdot \left[b \cdot \left(3r^2 - b^2\right) + 3r^2 \cdot (a - r) \cdot \varphi_2\right]$$

$$V = \frac{2,35}{3 \cdot 1,48} \cdot \left[1,93 \cdot \left(3 \cdot 2^2 - 1,93^2\right) + 3 \cdot 2^2 \cdot (-0,52) \cdot 1,309\right]$$

$$V = \frac{2,35}{4,44} \cdot \left[1,93(12 - 3,72) + 12 - 0,52 \cdot 1,309\right]$$

$$V = 0,529 \cdot \left[1,93 \cdot 8,28 - 6,24 \cdot 1,309\right]$$

$$V = 0,529 \cdot (15,98 - 8,17)$$

$$V = 0,529 \cdot 7,81 \qquad V = \underline{\underline{4,13 \text{ cm}^3}}$$

Der obere Zylinder minus oberer Zylinderhuf plus kleiner Zylinderhuf muß das Volumen des schräg durchgeschnittenen Gesamtzylinders ergeben $\left(39,89 \text{ cm}^3\right)$.

$50,26 - 14,49 + 4,13 = \underline{\underline{39,90 \text{ cm}^3}}$ Abb. 94

Mit diesem gleichen Ergebnis haben die Zylinderhufformeln ihre Richtigkeit bewiesen.
Eine einfachere Prüfung der gegebenen Formel ist gegeben, wenn man den Zylinder, der in seiner Größe von dem Abschrägungswinkel abhängt, in 2 gleiche Teile teilt, wobei dann auch 2 gleiche Zylinderhufe mit je 90° Phi entstehen.

gegeben: $r = 2$ cm, $h = \frac{6,35}{2} = 3,175$ cm, $\varphi = 90° = 1,57$

$a = 2$ cm, $b = 2$ cm

$$V = \frac{h}{3a} \cdot \left[b \cdot \left(3r^3 - b^2\right) + 3r^2 \cdot (a - r) \cdot \varphi\right]$$

$$V = \frac{3,175}{6} \cdot \left[2 \cdot (12 - 4) + 12 \cdot 0 \cdot 1,57\right] \text{ , } V = 0,529 \cdot 16 = \underline{\underline{8,466 \text{ cm}^3}}$$

Halber Zylinder

$V = 2^2 \cdot \pi \cdot 3,175$, $V = 4 \cdot 3,14 \cdot 3,175$, $V = \underline{\underline{39,898 \text{ cm}^3}}$

Das Volumen der oberen Zylinderhälfte minus oberer Huf plus unterer Huf $= \underline{\underline{39,898 \text{ cm}^3}}$

Damit ist ein weiterer Beweis für die Richtigkeit der Zylinderhufformel gegeben. Die Differenz des Zylinderhufs zum Viertelzylinder muß größer als der Zylinderhuf sein. Abb. 94, Abb. 95

1/4 Zylinder $= 19,949 \text{ cm}^3$, Huf $= 8,466 \text{ cm}^3$, $= 11,483 \text{ cm}^3$

Der Kegel

Der Kegel ist ein Körper mit einem Kreis als Grundfläche und Seiten, die konzentrisch wie bei einer Pyramide zu einer Spitze zusammenlaufen. Die Seiten ergänzen sich zu einem Mantel, der aufgerollt die Fläche eines Kreisausschnittes (Kreissektor) zeigt.

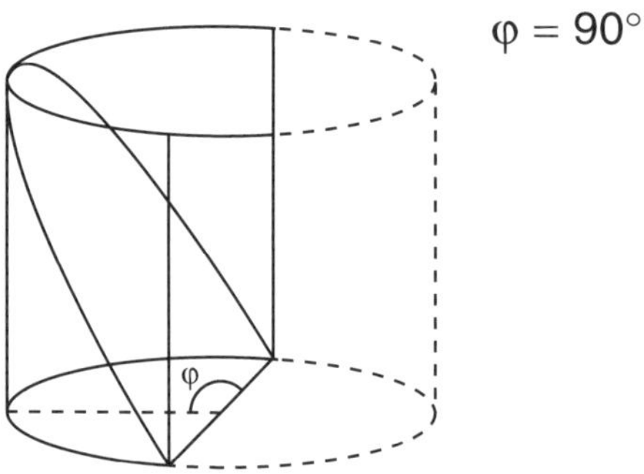

Abb. 95

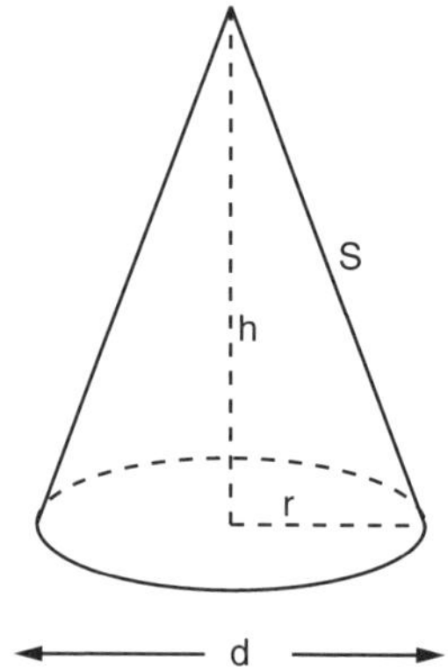

Abb. 96

gegeben: $r = 1{,}5$ cm, $h = 4$ cm

$$V = \frac{G \cdot h}{3}, \quad G = r^2 \cdot \pi$$

$$V = \frac{r^2 \cdot \pi \cdot h}{3}, \quad V = \frac{1}{3} \cdot r^2 \cdot \pi \cdot h, \quad V = \frac{1}{3} \cdot 2{,}25 \cdot 3{,}14 \cdot 4 = \underline{\underline{9{,}42 \text{ cm}^3}}$$

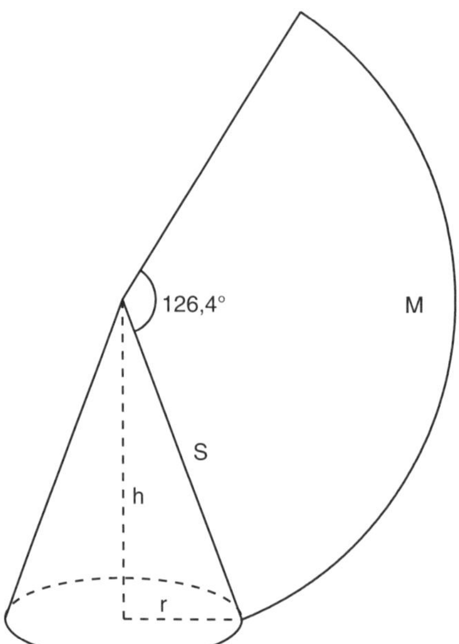

Abb. 97

Der aufgerollte Mantel M ist ein Kreisausschnitt eines Kreises mit dem Radius S. Die Bogenlänge des Kreisausschnittes hat dabei die Länge des Kegelkreises. Abb. 97 .

Wenn man den Mantel des Kegels berechnen will, muß man zunächst aus den gegebenen Werten $r = 1{,}5$ cm und $h = 4$ cm die Seite S ermitteln. Die Seiten h, r und S bilden bei dem Kegel ein rechtwinkliges Dreieck, das mit dem Satz des Pythagoras berechnet werden kann.

gesucht wird S.

$S = \sqrt[2]{r^2 + h^2}$, $S = \sqrt[2]{1{,}5^2 + 4^2}$, $S = \sqrt[2]{2{,}25 + 16}$

$S = \sqrt[2]{18{,}25}$, $S = \underline{\underline{4{,}272 \text{ cm}}}$

Der Kegelmantel M kann mit folgender Formel berechnet werden.

$$M = \frac{1}{2} d \cdot \pi \cdot S$$

$M = r \cdot \pi \cdot s$, $M = 1{,}5 \cdot 3{,}14 \cdot 4{,}272$, $M = \underline{\underline{20{,}13 \text{ cm}^2}}$

Zur Beweisführung dieser Formel wird der Umfang des Kegelgrundkreises, der gleich der Bogenlänge des Kreisausschnittes ist, berechnet.

$U = 2r \cdot \pi$, Bogenlänge $U = 2 \cdot 1{,}5 \cdot 3{,}14 = \underline{\underline{9{,}42 \text{ cm}}}$

Dann wird das Bogenmaß des Kreisausschnittes aus der Bogenlänge berechnet. Das Bogenmaß bezieht sich auf den Radius 1,0 des Einheitskreises.

Kreisausschnitt des Mantels

$$\text{Bogenmaß} = \frac{\text{Bogenlänge}}{\text{Radius}} = \frac{9{,}4248}{4{,}272} = 2{,}206$$

Das Bogenmaß bei $360° = 6{,}2832 = 2\pi$

$6{,}2832 : 360 = 2{,}206 : x° = \underline{\underline{126{,}4°}}$

Der Kreisausschnitt hat das Bogenmaß $2{,}206 = 126{,}4$

Gesamtkreis Radius S

Grundfläche $= r^2 \cdot \pi = 4{,}272^2 \cdot 3{,}14 = \underline{\underline{57{,}334 \text{ cm}^2}}$

Verhältnis Gesamtkreis zu Kreisausschnitt ist 6,2832 zu 2,206

$6{,}2832 : 57{,}334 = 2{,}206 : x = \underline{\underline{20{,}13 \text{ cm}^2}}$

Die Fläche des Kreisausschnittes = Mantel = $\underline{\underline{20{,}13 \text{ cm}^2}}$

Die Mantelformel ist also richtig.

Der Kegelstumpf

Der Kegelstumpf ist ein Kegel, dessen Spitze oben abgeschnitten ist.

Volumen

Sein Volumen kann man berechnen, wenn man das Volumen des

Großen und des kleinen Kegels berechnet und dieses vom großen Kegel abzieht.

Beispiel:

Gegeben sind:
großer Radius R = 1,5 cm
kleiner Radius r = ?
Kegelhöhe $h_1 = 4$ cm
kleine Höhe $h_2 = 2$ cm
Kegelstumpf =höhe $h_3 = 2$ cm

Seite des großen Kegels S = 4,272 cm
Wie groß ist das Volumen V des Kegelstumpfs?

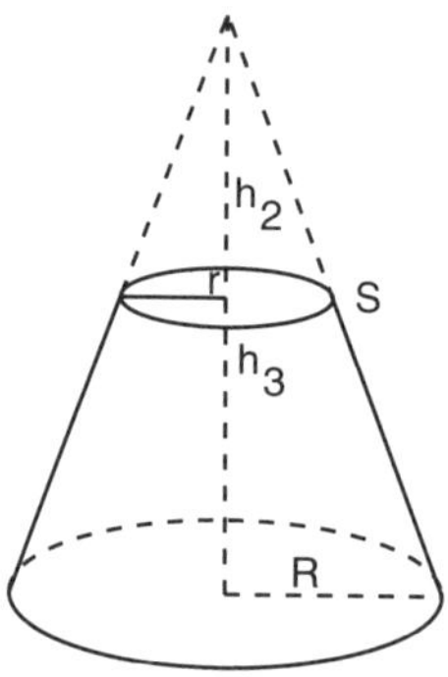

Abb. 98

Wenn wir das Volumen des kleinen Kegels oder des Kegelstumpfs berechnen wollen, müssen wir zunächst klein r berechnen. Abb. 98, 99

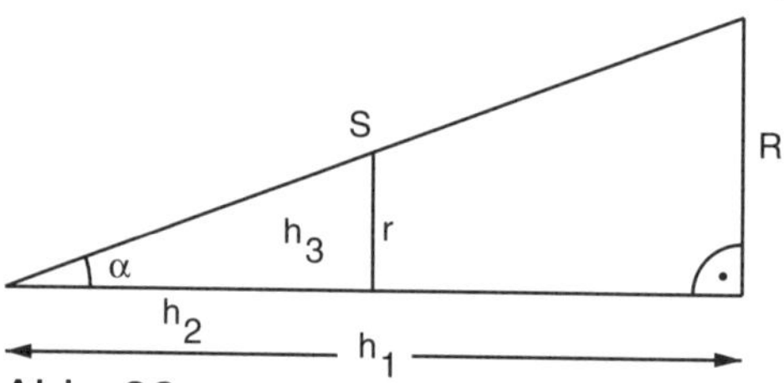

Abb. 99

Radius klein r kann nur über den Winkel berechnet werden, da die Hypotenuse und die Gegenkathete unbekannt sind.

$$\cos\alpha = \frac{h_1}{S} = \frac{4,0}{4,272} = 0,9363,\quad \alpha = \underline{\underline{20,556^\circ}}$$

oder

$$\tan\alpha = \frac{1,5}{4,0} = \underline{\underline{0,375}} = 20,556^\circ$$

Auf das kleine rechtwinklige Dreieck übertragen.

$$\tan\alpha = \frac{r}{h_2} = \frac{r}{2},\quad 2\cdot\tan\alpha = r,\quad r = 2\cdot\tan\alpha$$

$$\text{klein } r = \underline{\underline{0,75\text{ cm}}}$$

$V_{Kegelstumpf}$ mit der Kegelstumpfformel.

$$V = \frac{1}{3} \cdot \pi \cdot h_3 \cdot \left(R^2 + r^2 + Rr\right)$$

$$V = \frac{1}{3} \cdot 3{,}14 \cdot 2 \cdot (2{,}25 + 0{,}5625 + 1{,}125)$$

$$V = \frac{1}{3} \cdot 6{,}28 \cdot 3{,}9375, \quad V = \underline{\underline{8{,}24\ cm^3}}$$

Beweisführung der obigen Kegelstumpfformel

$$V_{\text{großer Kegel}} \quad V = \frac{1}{3} \cdot R^2 \cdot \pi \cdot h_1$$

$$V = \frac{1}{3} \cdot 2{,}25 \cdot 3{,}14 \cdot 4 = \underline{\underline{9{,}42\ cm^3}}$$

$$V_{\text{kleiner Kegel}} \quad V = \frac{1}{3} \cdot 0{,}75^2 \cdot 3{,}14 \cdot 2 = \underline{\underline{1{,}178\ cm^3}}$$

$$V_{\text{Kegelstumpf}} = 9{,}24 - 1{,}178 = \underline{\underline{8{,}24\ cm^3}}$$ also richtig.

Mantel des geraden Kegelstumpfes

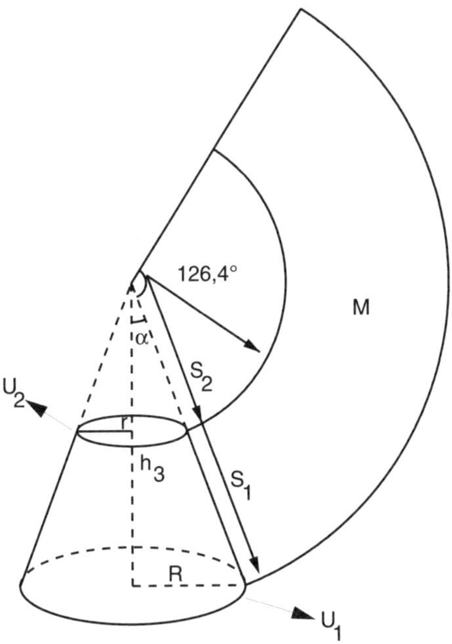

Abb. 100

gegeben:

$R = 1{,}5$ cm

$r = 0{,}75$ cm

$h_3 = 2$ cm

$S_1 = 4{,}27$ cm

$S_2 = 2{,}13$ cm

$\alpha = 20{,}556°$

$\sin\alpha = 0{,}3511$

Grundkreis U_1

$= 2 \cdot 1{,}5 \cdot \pi = 9{,}42$ cm

Kreis am Stumpf U_2

$= 2 \cdot 0{,}75 \cdot \pi = 4{,}71$ cm

Großer Mantelbogen

$2R\pi = 9{,}42$ cm für R wird

S_1 als Radius eingesetzt.

Gesamtkreis $= 2S_1 \cdot \pi =$

$2 \cdot 4{,}27 \cdot \pi = \underline{\underline{26{,}83\ cm}}$

Der Sektorbogen des Mantels ist bei einem Radius S_1 von 4,27 cm 9,42 cm.

Radius S_1 : Sektorbogen = 1 : Bogenmaß

4,27 : 9,42 = 1 : Bogenmaß

$$\frac{9{,}42 \cdot 1}{4{,}27} = \underline{\underline{2{,}206}}$$

$2\pi : 360° = 2{,}206 : x°$ $\qquad \frac{360° \cdot 2{,}206}{6{,}28} = \underline{\underline{126{,}4°}}$

Kreisfläche des Mantels $= r^2 \cdot \pi$ für r wird S_1 eingesetzt.

$S_1^2 \cdot \pi = 4{,}27^2 \cdot 3{,}14 = 57{,}33 \text{ cm}^2$

$360 : 57{,}33 = 126{,}4 : x = \underline{\underline{20{,}13 \text{ cm}^2}}$ *Wie auf Seite 202.*

Bevor wir den kleinen Sektor berechnen können, müssen wir erst die Seite S_2 des kleinen Kegels berechnen.

$\sin \alpha = \frac{r}{S_2}$, $\qquad S_2 = \frac{0{,}75}{0{,}3511} = \underline{\underline{2{,}13 \text{ cm}}}$

Kleiner Sektorbogen des Mantels oder Kreisumfang am Stumpf $= 2 \cdot 0{,}75 \cdot \pi = 4{,}71$ cm

Kreisfläche Gesamtkreis kleiner Kegelmantel

$r^2 \cdot \pi$, $S_2^2 \cdot \pi = 14{,}25 \text{ cm}^2$ ist Gesamtkreis

Mit Grad	mit Bogenmaß
$360 : 14{,}25 = 126{,}4 : x$	$6{,}28 : 14{,}25 = 2{,}206 : x$
$x = 5{,}0$	$x = 5{,}0$

Mantel großer Kegel	=	$20{,}13 \text{ cm}^2$
Mantel kleiner Kegel	=	$\underline{5{,}00 \text{ cm}^2}$
Mantel des Kegelstumpfs	=	$\underline{\underline{15{,}13 \text{ cm}^2}}$

Die Kugel

Die Kugel ist ein Körper, der sich von einem Mittelpunkt aus nach allen Seiten gleich weit ausdehnt. Die Strecke, die nach allen Seiten gleich groß ist, nennt man wie beim Kreis, Radius r. Der Kreis ist die Grundlage der Kugel, weil er sich bei gleichem Radius in jeder Richtung und Winkelstellung mit der Kugel deckt, wenn nur der Mittelpunkt der Kugel gleich Mittelpunkt des Kreises ist. Man spricht dann von den Großkreisen einer Kugel. Die Kleinkreise einer Kugel, die immer eine Kugelklappe oder einen Kugelabschnitt (Kugelsegment) beschreiben, haben ihren Mittelpunkt nicht im Mittelpunkt der Kugel, sondern auf irgend einem Radius der Kugel, immer abweichend vom Kugelmittelpunkt.

Kugelberechnungen:

gegeben: $r = 2,5$ cm , $d = 5$ cm

Volumen V

$$V = \frac{4}{3} \cdot \pi \cdot r^3 \text{ oder } \frac{\pi}{6} \cdot d^3$$

$$V = \frac{4}{3} \cdot 3,14 \cdot 2,5^3 = 65,45 \text{ cm}^3$$

$$V = \underline{\underline{65,45 \text{ cm}^3}}$$

Oberfläche O

$$O = 4 \cdot \pi \cdot r^2 \text{ oder } \pi \cdot d^2$$

$$O = 4 \cdot 3,14 \cdot 6,25 = 78,53 \text{ cm}^2$$

$$O = \underline{\underline{78,53 \text{ cm}^2}}$$

Kugelabschnitt (Kugelsegment)

gegeben: $r = 2,5$ cm , $h = 1,5$ cm , $S = ?$

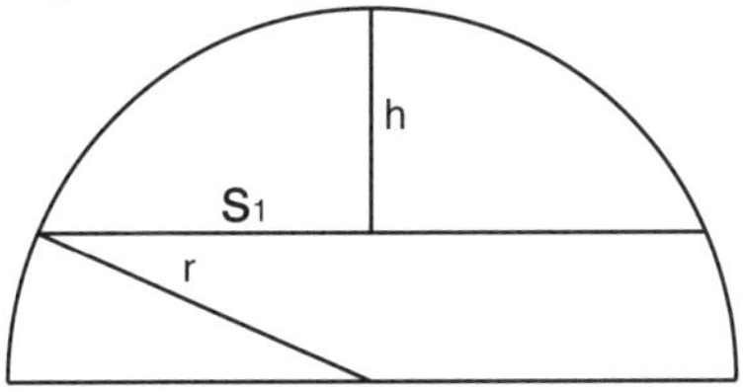

Abb. 101 a

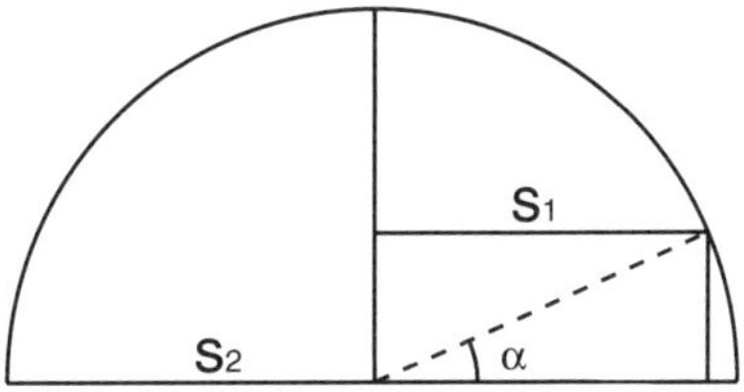

Abb. 101 b

$\sin \alpha = 1 : 2,5$

$\sin \alpha = 0,4$

$\alpha = 23,58°$

$\cos \alpha = 0,916$

$2,5 \cdot \cos \alpha = S$

$2,5 \cdot \cos \alpha = 2,29$ cm

$S = \underline{\underline{2,29 \text{ cm}}}$

$$V = \frac{1}{6} \cdot \pi \cdot h \cdot \left(3 \cdot S^2 + h^2\right)$$
$$V = \frac{1}{6} \cdot 3{,}14 \cdot 1{,}5 \cdot \left(3 \cdot 2{,}29^2 + 1{,}5^2\right)$$
$$V = \frac{1}{6} \cdot 4{,}71 \cdot (15{,}73 + 2{,}25)$$
$$V = 0{,}785 \cdot 17{,}98$$
$$V = \underline{\underline{14{,}11\ cm^3}}$$

Kugelzone (Kugelschicht)

Volumen

gegeben:
$h = 1\ cm$
$S_1 = 2{,}29\ cm$
$S_2 = r = 2{,}5\ cm$

$$V = \frac{1}{6} \cdot \pi \cdot h \cdot \left(3S_1^2 + 3S_2^2 + h^2\right)$$
$$V = \frac{1}{6} \cdot 3{,}14 \cdot 1 \cdot \left(3 \cdot 2{,}29^2 + 3 \cdot 2{,}5^2 + 1\right)$$
$$V = 0{,}523 \cdot 35{,}48$$
$$V = \underline{\underline{18{,}55\ cm^3}}$$

Kugelabschnitt	14,11
Kugelzone	<u>18,55</u>
=Halbkugel	32,66 cm^3

Dieser Wert stimmt mit dem halben Kugelvolumen auf der vorigen Seite überein.

Kugelabschnitt

Oberfläche ist Kappe plus Grundkreisfläche

gegeben: $h = 1{,}5\ cm$, $S_1 = 2{,}29\ cm$

$$O = \pi \cdot \left(2r \cdot h + S^2\right)$$
$$O = 3{,}14 \cdot \left(2 \cdot 2{,}5 \cdot 1{,}5 + 2{,}29^2\right)$$
$$O = 3{,}14 \cdot (7{,}5 + 5{,}24)$$
$$O = \underline{\underline{40{,}0\ cm^2}}$$

Grundkreisfläche

$$\pi \cdot r^2 = \pi \cdot S_1^2$$
$$3{,}14 \cdot 2{,}29^2$$
$$3{,}14 \cdot 5{,}24 = \underline{\underline{16{,}47\ cm^2}}$$

$$\text{Kappe} = 40{,}0 - 16{,}47 = \underline{\underline{23{,}53\ cm^2}}$$

$$O_k = \text{Kappe}$$
$$O_k = 2 \cdot \pi \cdot r \cdot h$$
$$O_k = 2 \cdot 3{,}14 \cdot 2{,}5 \cdot 1{,}5$$
$$O_k = \underline{\underline{23{,}56\ cm^2}}$$

Die Halbkugeloberfläche wurde mit der Formel für die Kappe berechnet.

$O_k = 2 \cdot \pi \cdot r \cdot h$

$O_k = 2 \cdot 3{,}14 \cdot 2{,}5 \cdot 2{,}5$

$O_k = \underline{\underline{39{,}26\ cm^2}}$

Dieses Ergebnis stimmt mit dem der halben Kugeloberfläche überein, weil in diesem Fall h gleich r ist.

Kugelschicht Kugelzone

Oberfläche Mantel M

gegeben: $h = 1{,}0$ cm , $S_1 = 2{,}29$ cm , $r = 2{,}5$ cm

$M = 2 \cdot \pi \cdot r \cdot h$ oder $d \cdot h$

$M = 2 \cdot 3{,}14 \cdot 2{,}5 \cdot 1$

$M = \underline{\underline{15{,}70\ cm^2}}$

Mantel $M = 15{,}70$

$+$Kappe $O_k = \underline{23{,}56}$

$39{,}26\ cm^2$ ist die Halbkugeloberfläche

Kugelsektor Kugelausschnitt

Volumen

gegeben: $r = 2{,}5$, $h = 1{,}5$, $S = 2{,}29$

$$V = \frac{2 \cdot \pi \cdot r^2 \cdot h}{3}$$

$$V = \frac{2 \cdot 3{,}14 \cdot 2{,}5^2 \cdot 1{,}5}{3} = 19{,}63$$

$V = \underline{\underline{19{,}63\ cm^3}}$

Zusammenstellung der Formeln für die Berechnung der Volumen und Oberflächen der Körper.

Würfel	$V = a \cdot b \cdot c$	$O = a \cdot b \cdot 4 + a \cdot c \cdot 2$
Quader	$V = a \cdot b \cdot c$	$O = 2ab + 2ac + 2bc$
Schiefer Quader	$V = a \cdot h \cdot c$	$O = 2ah + 2bc + 2ac$
Prisma	$V = \frac{a}{2} \cdot h_1 \cdot h_2$	$O = \frac{\not{2}a}{\not{2}} \cdot h_1 + h_2 \cdot (a + b + c)$
Schiefes Prisma	$V = \frac{a}{2} \cdot h_1 \cdot h_2$	$O = \frac{a}{2} \cdot h_1 + a \cdot h_2 + b \cdot h_2 \cdot 2$
Pyramide	$V = \frac{a^2 \cdot h_2}{3}$	$O = a^2 + \left(\frac{a}{2} \cdot h_1\right) \cdot 4$

Pyramidenstumpf $V = \frac{1}{3} h \cdot \left(G + g + \sqrt[2]{G \cdot g}\right)$

$O = G + g + \left(\frac{a+g}{2} \cdot h_1\right) \cdot 4$

Zylinder $V = r^2 \cdot \pi \cdot h$ $O = r^2 \cdot \pi \cdot 2 + 2r \cdot \pi \cdot h$

$M = 2r \cdot \pi \cdot h$

elliptischer Zylinder $V = R \cdot r \cdot \pi \cdot h$ $O = R \cdot r \cdot \pi \cdot 2 + M$

$M = (R + r)\pi \cdot h$

schiefer Zylinder $V = r^2 \cdot \pi \cdot h$

schief abgeschnittene r

Zylinder $V = r^2 \cdot \pi \cdot h$

Zylinderhuf $V = \frac{h}{3a} \cdot \left[b \cdot \left(3r^2 - b^2\right) + 3r^2 \cdot (a - r)\varphi_1\right]$

Kegel $V = \frac{1}{3} \cdot r^2 \cdot \pi \cdot h$ $M = r \cdot \pi \cdot S$

Kegelstumpf $V = \frac{1}{3} \cdot \pi \cdot h_3 \cdot \left(R^2 + r^2 + R \cdot r\right)$

$M = M$ großer Kegel-M kleiner Kegel

Kugel $V = \frac{4}{3} \cdot \pi \cdot r^3$ $O = 4 \cdot \pi \cdot r^2$

Kugelabschnitt, Kugelsegment $V = \frac{1}{6} \cdot \pi \cdot h \cdot \left(3S^2 + h^2\right)$ $O = \pi \cdot \left(2r \cdot h \cdot S^2\right)$ $O_k = 2 \cdot \pi \cdot r \cdot h$

Kugelzone, Kugelschicht $V = \frac{1}{6} \cdot \pi \cdot h \cdot \left(3S_1^2 + 3S_2^2 + h^2\right)$

Nachtrag, Kreisring Torus (Ring mit kreisförmigem Querschnitt).

$V = r^2 \cdot \pi \cdot 2R \cdot \pi = 2 \cdot \pi^2 \cdot r^2 \cdot R$

$O = 2r \cdot \pi \cdot 2R \cdot \pi = 4 \cdot \pi^2 \cdot r \cdot R$

Arithmetische Reihen

Eine arithmetische Reihe ist eine Zahlenfolge, bei der die Differenz der aufeinanderfolgenden Glieder konstant ist.
Sie entsteht, indem man zum Anfangsglied die konstante Differenz zum nächsten Glied addiert.
Sie heißt arithmetische Reihe, weil jedes Glied das arithmetische Mittel seiner beiden Nachbarglieder ist. Ein Glied minus dem vorhergehenden Glied ist die Differenz.
Das Anfangsglied a sei 2. Die Differenz d zum jeweils nächsten Glied sei 3. Dann ergibt sich folgende arithmetische Reihe.

$$2 \underset{3}{\underline{\quad}} 5 \underset{3}{\underline{\quad}} 8 \underset{3}{\underline{\quad}} 11 \underset{3}{\underline{\quad}} 14 \underset{3}{\underline{\quad}} 17$$

Das Anfangsglied ist 2, die weiteren Glieder sind 5, 8, 11,14, 17. Das Endglied z oder auch t genannt, ist in diesem Falle 17. Die Anzahl der Glieder n ist in diesem Falle 6. Die Summe der Glieder wird mit s bezeichnet. Die Glieder sind:

a	$(a+d)$	$(a+2d)$	$(a+3d)$	---------- u.s.w.
1.	2.	3.	4.	Glied

Das n te Glied ist dann $a+(n-1)\cdot d$

Das Endglied z ist also $z = \underline{\underline{a+(n-1)\cdot d}}$

Rechenbeispiel mit den Zahlen der obigen Reihe:

$z = a+(n-1)\cdot d,\quad z = 2+(6-1)\cdot 3,\quad z = 2+15,\quad z = \underline{\underline{17}}$

Wenn man die Summe aller Glieder errechnen will, erhält man die Formel über die folgende Überlegung.

$s = a+(a+d)+(a+2d)+(a+3d)$ --------------

das letzte Glied wäre z, das vorletzte Glied wäre z-d. Wenn man jetzt 2 arithmetische Reihen, eine mit dem Anfangsglied und die andere mit dem Endglied, untereinander setzt, so daß das erste und das letzte und das 2 te und das vorletzte Glied untereinander stehen, entsteht durch Addition eine Summe mit n gleichen Summanden $(a+z)$, wofür man das Produkt $n\cdot(a+z)$ setzen kann.

$$\begin{array}{rl} s = & a + (a+d) + (a+2d) + (a+3d) ---------- + (z-d) + z \\ s = & z + (z-d) + (z-2d) + (z-3d) ---------- + (a+d) + a \\ \hline 2s = & (a+z) + (a+z) + (a+z) + (a+z) ------ + (a+z) + (a+z) \end{array}$$

Für diese Reihe kann man schreiben:

$2s = n \cdot (a+z)$, $s = \frac{n \cdot (a+z)}{2}$ oder $\underline{\underline{s = \frac{n}{2} \cdot (a+z)}}$

Reihe 2, 5, 8, 11, 14, 17.

$s = \frac{6 \cdot (2+17)}{2} = \frac{12+102}{2} = \frac{114}{2} = 57$, $s = \underline{\underline{57}}$

Wenn man das Endglied nicht hat und die Summe errechnen will, kann man die Formel des Endgliedes

$z = a + (n-1) \cdot d$ in die Formel der Summe $s = \frac{n}{2} \cdot (a+z)$ einsetzen. $s = \frac{n}{2} \cdot [a + a + (n-1) \cdot d]$, $\underline{\underline{s = \frac{n}{2} \cdot [2a + (n-1) \cdot d]}}$

Wenn man die Summe s, ohne das Anfangsglied a zu kennen, errechnen will, muß man die Formel des Endgliedes nach a auflösen und in die Formel der Summe einsetzen.

$z = a + (n-1) \cdot d$

$-a = -z + (n-1) \cdot d$, $a = z - (n-1) \cdot d$ wird eingesetzt

$s = \frac{n}{2} \cdot [z - (n-1) \cdot d + z]$, $\underline{\underline{s = \frac{n}{2} \cdot [2z - (n-1) \cdot d]}}$

Die wichtigsten Formeln:

$z = a + (n-1) \cdot d$

$s = \frac{n}{2} \cdot (a+z)$

$s = \frac{n}{2} \cdot [2a + (n-1) \cdot d]$

$s = \frac{n}{2} \cdot [2z - (n-1) \cdot d]$

$s = an + \frac{n \cdot (n-1) \cdot d}{2}$

$a = z - (n-1) \cdot d$

$n = \frac{z-a}{d} + 1$

$d = \frac{z-a}{n-1}$

a = Anfangsglied
d = Differenz
z oder t = Endglied
n = Anzahl der Glieder
s = Summe der Glieder

Weitere Formeln:

$$a=\frac{2s}{n}-z,\quad z=\frac{2s}{n}-a,\quad n=\frac{2s}{a+z},\quad a=\frac{s}{n}-\frac{(n-1)\cdot d}{2}$$

$$d=\frac{2\cdot(s-z)}{n\cdot(n-1)},\quad n^2+\left(\frac{2a-d}{d}\right)\cdot n=\frac{2s}{d}$$

Beispiele:

1.) Wie groß ist das 20ste Glied einer arithmetischen Reihe 1,3, 5, 7 ------- Endglied $z=a+(n-1)\cdot d$

$a=1,\ d=2,\ n=20$ $\qquad z=1+19\cdot 2$

Summe $\qquad z=\underline{\underline{39}}$

$s=\frac{n}{2}\cdot(a+z),\ s=10\cdot(1+39),\ s=10\cdot 40,\ s=\underline{\underline{\underline{400}}}$

2.) $a=1,\ z=49,\ d=2$, Wie groß ist n und s?

$$z=a+(n-1)\cdot d$$
$$49=1+(n-1)\cdot 2$$
$$49=1+2n-2$$
$$-2n=1-49-2$$
$$2n=-1+49+2$$
$$2n=50$$
$$n=\underline{\underline{\underline{25}}}$$

$$s=(a+z)\cdot\frac{n}{2}$$
$$s=\frac{(1+49)\cdot 25}{2}$$
$$s=\frac{\cancel{50}^{25}\cdot 25}{\cancel{2}_{1}}=625$$
$$s=\underline{\underline{\underline{625}}}$$

3.) $n=22,\ d=4,\ s=99$, gesucht a und z.

$$s=an+\frac{n\cdot(n-1)\cdot d}{2}$$
$$s=a\cdot 22+\frac{22\cdot(22-1)\cdot\cancel{4}^{2}}{\cancel{2}_{1}}$$
$$99=a\cdot 22+22\cdot 21\cdot 2$$
$$99=22a+462\cdot 2$$
$$-22a=-99+924$$
$$22a=99-924$$
$$22a=-825$$
$$a=\frac{\cancel{-825}^{75}}{\cancel{22}_{2}}=\frac{-75}{2}$$
$$a=\underline{\underline{\underline{-37{,}5}}}$$

$$z=a+(n-1)\cdot d$$
$$z=-37{,}5+(22-1)\cdot 4$$
$$z=-37{,}5+21\cdot 4$$
$$z=-37{,}5+84$$
$$z=\underline{\underline{\underline{46{,}5}}}$$

4.) Das 7. Glied einer arithmetischen Reihe ist 10, das 17. Glied ist 50. Wie heißt das 1. Glied und die Differenz der Reihe?
Das 7. Glied wird Anfangsglied a
Das 17. Glied wird Endglied z

$$z = a + (n-1) \cdot d$$
$$50 = 10 + (11-1) \cdot d$$
$$50 = 10 + 10d$$
$$-10d = -50 + 10$$
$$10d = 50 - 10$$

$$10d = 40$$
$$d = \frac{40}{10}$$
$$d = \underline{\underline{4}}$$

$z = 50,\ n = 17,\ d = 4$

$$z = a + (n-1) \cdot d$$
$$50 = a + (17-1) \cdot 4$$
$$50 = a + 64$$
$$-a = +64 - 50$$
$$-a = +14$$
$$a = \underline{\underline{-14}}$$

oder $z = 10,\ n = 7,\ d = 4$

$$z = a + (n-1) \cdot d$$
$$10 = a + (7-1) \cdot 4$$
$$10 = a + 6 \cdot 4$$
$$-a = -10 + 24$$
$$a = 10 - 24$$
$$a = \underline{\underline{-14}}$$

5.) Das 11. Glied einer arithmetischen Reihe ist 47, das 19. Glied ist 75. Wie heißt das 283. Glied?
Das 11. Glied wird Anfangsglied a, das 19. Glied wird Endglied z.

$$z = a + (n-1) \cdot d$$
$$75 = 47 + (9-1) \cdot d$$
$$75 = 47 + 8d$$
$$-8d = -75 + 47$$
$$8d = 28$$
$$d = \frac{28}{8} = \frac{7}{2} = 3{,}5$$
$$d = \underline{\underline{3{,}5}}$$

$$z = a + (n-1) \cdot d$$
$$75 = a + (19-1) \cdot \frac{7}{2}$$
$$-a = -75 + \overset{9}{\cancel{18}} \cdot \frac{7}{\cancel{2}_1}$$
$$-a = -75 + 63$$
$$a = 75 - 63$$
$$a = \underline{\underline{12}}$$

$$z = a + (n-1) \cdot d$$
$$z = 12 + \overset{141}{\cancel{282}} \cdot \frac{7}{\cancel{2}_1}$$
$$z = 12 + 987$$
$$z = \underline{\underline{999}}$$

6.) Die Summe der 37 ersten Glieder einer arithmetischen Reihe ist 888. Die Differenz zwischen dem 13. und 31. Glied ist 126. Wie heißt das erste Glied und die Differenz der Reihe?

s = 888. Vom 13. zum 31. Glied sind 18 Glieder,
126:18 = 7, $d = \underline{\underline{7}}$

$$s = an + \frac{n(n-1) \cdot d}{2}$$

$$888 = a \cdot 37 + \frac{37 \cdot (37-1) \cdot 7}{2}$$

$$888 = 37a + \frac{37 \cdot \overset{18}{\cancel{36}} \cdot 7}{\underset{1}{\cancel{2}}}$$

$$888 = 37a + 4662$$

$$-37a = 4662 - 888$$

$$37a = -4662 + 888$$

$$a = \frac{-3774}{37}$$

$$a = \underline{\underline{-102}}$$

7.) Wie groß ist die Anzahl der Glieder und das letzte Glied einer arithmetischen Reihe, deren 1. Glied -7, deren Differenz 3 und deren Summe 430 ist.

a = –7, d = 3, s = 430, gesucht wird n und z.

$$s = an + \frac{n(n-1) \cdot d}{2}$$

$$s = -7n + \frac{n(n-1) \cdot 3}{2}$$

$$430 = -7n + \frac{(n^2 - n) \cdot 3}{2}$$

$$430 = \frac{-14n + 3n^2 - 3n}{2}$$

$$860 = 3n^2 - 17n$$

$$-3n^2 = -17n - 860$$

$$3n^2 = 17n + 860$$

$$n^2 = \frac{17n}{3} + \frac{860}{3}$$

$$n = \frac{17}{6} \pm \sqrt[2]{\left(\frac{17}{6}\right)^2 + \frac{860}{3}}$$

$$n = \frac{17}{6} \pm \sqrt[2]{\frac{289}{36} + \frac{10320}{36}}$$

$$n = \frac{17}{6} \pm \sqrt[2]{\frac{10609}{36}}$$

$$n_1 = \frac{17}{6} + \frac{103}{6} = \frac{120}{6} = 20$$

$$n_1 = \underline{\underline{20}}$$

$$n_2 = \frac{17}{6} - \frac{103}{6}$$

$$n_2 = -\frac{86}{6} = -14{,}33$$

$$n_2 = \underline{\underline{-14{,}33}}$$

Textaufgaben:

1.) Wieviel Schläge macht eine Uhr in 12 Stunden, vorausgesetzt, daß sie nur ganze Stungen schlägt?

Reihe $1+2+3------$

$a=1,\ n=12,\ d=1,$

$z=a+(n-1)\cdot d$

$z=1+(12-1)\cdot 1$

$z=1+11\cdot 1$

$z=\underline{\underline{12}}$

$s=\frac{n}{2}\cdot(a+z)$

$s=\frac{12}{2}\cdot(1+12)$

$s=6\cdot(13)$

$s=\underline{\underline{78}}$

2.) Ein Beamter erhält 25500 DM Gehalt und soll nach Ablauf jedes Jahres 300 DM Zulage erhalten. Wie hoch ist sein Gehalt im 25. Jahre und wieviel wird er in 25 Jahren bekommen haben?

$a=25500,\ d=300,\ n=25$

$z=a+(n-1)\cdot d$

$z=25500+24\cdot 300$

$z=25500+7200$

$z=\underline{\underline{32700\text{ DM}}}$

$s=\frac{n}{2}\cdot(a+z)$

$s=\frac{25}{2}\cdot(25500+32700)$

$s=12{,}5\cdot 58200$

$s=\underline{\underline{727500\text{ DM}}}$

Probe:

$d=\frac{z-a}{n-1}$

$d=\frac{32700-25500}{24}$

$d=300$

3.) Jemand hat ein kleines Kapital, das sich durch Zinsen jährlich um 120 DM vermehrt. Nach 18 Jahren war das Kapital auf 3000 DM angewachsen. Mit welchem Kapital hat er angefangen?

$d=120,\ z=3000,\ n=18$

$z=a+(n-1)\cdot d$

$3000=a+17\cdot 120$

$3000=a+2040$

$3000-2040=a$

$a=\underline{\underline{960\text{ DM}}}$

4.) Jemand hat sich dadurch, daß er in jedem Jahre 6 DM mehr als im vorhergehenden zurücklegt, im ganzen 4050 DM erspart. 'Wie lange hat er schon gespart, wenn er im letzten Jahre 234 DM zurücklegte, und mit welchem Kapital hat er angefangen?

$a,\ a+6,\ a+2\cdot 6,\ a+3\cdot 6\ ------\ 234$

$s = 4050,\ z = 234,\ d = 6$

$$s = \frac{n}{2}\cdot\left[2z-(n-1)\cdot d\right]$$
$$2s = n\cdot\left[2z-(n-1)\cdot d\right]$$
$$2s = n\cdot\left[2z-(dn-d)\right]$$
$$2s = n\cdot\left[2z-dn+d\right]$$
$$2s = 2zn-dn^2+dn$$
$$8100 = 468n-6n^2+6n$$
$$6n^2 = 468n+6n-8100$$
$$6n^2 = 474n-8100$$
$$n^2 = \frac{474n}{6}-\frac{8100}{6} = \frac{79n}{1}-\frac{1350}{1}$$
$$n = \frac{79}{2}\pm\sqrt[2]{\left(\frac{79}{2}\right)^2-1350}$$
$$n = \frac{79}{2}\pm\sqrt[2]{\frac{6241}{4}-\frac{5400}{4}}$$
$$n = 39{,}5\pm\sqrt[2]{\frac{841}{4}}$$
$$n = 39{,}5\pm\frac{29}{2}$$
$$n_1 = 39{,}5+14{,}5 = \underline{\underline{54}}$$
$$n_2 = 39{,}5-14{,}5 = \underline{\underline{25}}$$

$$z = a+(n-1)\cdot d$$
$$-a = -z+(n-1)\cdot d$$
$$a = z-(n-1)\cdot d$$
$$a = 234-(24\cdot 6)$$
$$a = 234-144$$
$$a = \underline{\underline{90}}$$

Probe:

$$d = \frac{z-a}{n-1}$$
$$d = \frac{234-90}{25-1}$$
$$d = \frac{144}{24}$$
$$d = \underline{\underline{6}}$$

$$n = \frac{z-a}{d}+1$$
$$n = \frac{234-90}{6}+1$$
$$n = \frac{144}{6}+1$$
$$n = 24+1$$
$$n = \underline{\underline{25}}$$

5.) Jemand setzt beim Spiel erst 1 DM und verliert, dann 2 DM, 3 DM, 4 DM u.s.w., immer 1 DM mehr.

Beim wievielten Spiele erhielt er im Gewinnfall sein eingesetztes Geld wieder, wenn die Bank den 10 fachen Einsatz auszahlt?

Reihe 1, 2, 3, 4, – – – – – –

$a = 1,\ d = 1,\ s = 10 \cdot z,\ n = z$

$$n = \frac{z-a}{d} + 1$$

$$n = \frac{z-1}{1} + 1$$

$$n = \frac{z-1}{1} + \frac{1 \cdot 1}{1}$$

$$n = \frac{z-1+1 \cdot 1}{1}$$

$$1n = z,\ n = \underline{\underline{z}}$$

$$s = \frac{n}{2} \cdot (a+z)$$

$$s = \frac{19}{2} \cdot (1+19)$$

$$2s = 19 \cdot 20$$

$$2s = 380$$

$$s = \frac{380}{2}$$

$$s = \underline{\underline{190}}$$

$$s = \frac{n}{2} \cdot (a+z)$$

n für z eingesetzt

$$s = \frac{n}{2} \cdot (1+n)$$

$$s = \frac{n+n^2}{2}$$

$$s = 10z$$

$$s = 10n$$

$$10n = \frac{n+n^2}{2}$$

$$20n = n + n^2$$

$$20n - 1n = n^2$$

$$19n = n^2$$

$$19 = \frac{n^2}{n}$$

$$n = \underline{\underline{19}}$$

6.) 1000 DM sollen unter 16 Personen verteilt werden, daß die folgende Person immer 5 DM mehr erhält als die vorhergehende Person erhält. Wieviel erhält die erste und wieviel erhält die letzte Person?

Reihe $a,\ a+5,\ a+2 \cdot 5,\ a+3 \cdot 5$ – – – – – –

$d = 5,\ n = 16,\ s = 1000$

$$s = an + \frac{n \cdot (n-1) \cdot d}{2}$$

$$1000 = a \cdot 16 + \frac{\overset{8}{\cancel{16}} \cdot (15 \cdot 5)}{\underset{1}{\cancel{2}}}$$

$$1000 = 16a + 8 \cdot 75$$

$$-16a = -1000 + 600$$

$$16a = 1000 - 600$$

$$a = \frac{400}{16}$$

$$a = \underline{\underline{25}}$$

$$z = a + (n-1) \cdot d$$
$$z = 25 + 15 \cdot 5$$
$$z = 25 + 75$$
$$z = \underline{\underline{100}}$$

7.) Ein Vater hat 11 Kinder, jedes folgende ist 2 Jahre jünger als das vorhergehende Kind. Das Alter aller Kinder zusammen ist 20 Jahre mehr als das doppelte Alter des Vaters. Wie alt sind die Kinder und wie alt ist der Vater, wenn das vierte Kind und das achte Kind zusammen 22 Jahre alt sind?

$n = 11, \; d = 2, \; z_4 + z_8 = 22$

$s - 20 = 2$ mal Alter des Vaters

$$z = a + (n-1) \cdot d$$
$$z_4 = a + (4-1) \cdot 2, \; z_4 = a + 6$$
$$z_8 = a + (8-1) \cdot 2, \; z_8 = a + 14$$
$$a + 6 + a + 14 = 22$$
$$2a = -6 - 14 + 22$$
$$2a = 2, \; a = \underline{\underline{1}}$$

a eingesetzt

$$z_4 = 1 + (4-1) \cdot 2 \qquad = 7$$
$$z_8 = 1 + (8-1) \cdot 2 \qquad = \underline{15}$$
$$22$$

$$z_{11} = 1 + (11-1) \cdot 2$$
$$z_{11} = 1 + 20$$
$$z_{11} = \underline{\underline{21}}$$

$$s = \frac{n}{2} \cdot (a + z)$$
$$s = \frac{11}{2} \cdot (1 + 21)$$
$$s = \frac{11 \cdot \cancel{22}^{11}}{\cancel{2}_1}$$
$s = \underline{\underline{121}}$ Alter d. Kinder $\underline{1, 3, 5, 7, 9, 11, 13, 15, 17}$

$\underline{19, 21 \text{ Jahre}}$

$s - 20 = 2$ mal Alter des Vaters

$121 - 20 = 101 = 2$ mal Alter des Vaters

$$\frac{101}{2} = \text{Alter des Vaters}$$

<u>Der Vater ist 50,5 Jahre</u>

8.) A macht mit B eine Wette. A will nach einem Ort, der 12000 m entfernt ist, hin- und zurückgehen, bevor B 200 Äpfel in einen Korb gesammelt hat. Die Äpfel sollen aber alle in einer Reihe liegen, jeder von dem anderen 2 m entfernt, und sollen einzeln herangetragen und einzeln in den Korb gelegt werden. Der Korb steht beim ersten Apfel. Wer gewinnt die Wette? $a = 0, \ d = 2, \ n = 200$

Reihe $0, \ 0+2, \ 0+2\cdot 2, \ 0+3\cdot 2, \ 0+4\cdot 2$ – – – – – – –

$z = a + (n-1)\cdot d \quad s = \frac{n}{2}\cdot(a+z)$ A gewinnt die Wette weil

$z = 0 + 199\cdot 2 \quad s = 100\cdot 398$ er nur $2\cdot 12000$ also

$z = \underline{\underline{398}} \quad s = \underline{\underline{39800 \text{ m}}}$ 24000 m, laufen muß

9.) Der Freie Fall als arithmetische Reihe.

Wenn ein Körper ohne Bewegungshindernisse fällt, bezeichnet man das als freien Fall. Er fällt in der ersten sekunde ca 5 m genau $\frac{g}{2} = \frac{9{,}81}{2}\text{m} = 4{,}9 \text{ m}$

$g = 9{,}81 \text{ m}/\text{s}^2$ = Erdbeschleunigung

Wenn

v = Geschwindigkeit $\qquad s$ = Weg

t = Zeit $\qquad g$ = Erdbeschleunigung

gelten für den freien Fall folgende physikalischen Formeln.

$$s = \frac{g}{2}\cdot t^2, \quad v = g\cdot t, \quad v = \sqrt[2]{2g\cdot s}, \quad t = \sqrt[2]{\frac{2s}{g}}$$

Aufgabe: Wieviel m fällt ein Körper im freien Fall in 10 sec. und wieviel in der 10 ten Sekunde?

$a = 4{,}9 \text{ m}, \ d = g = 9{,}8, \ t = 10\text{s}$

s=Gesamtfallhöhe, z=Fallhöhe in der letzten Sekunde

Reihe, $a, \ a+d, \ a+2d, \ a+3d$ – – – – – – –

$s = 4{,}9 + (4{,}9+9{,}8) + (4{,}9+2\cdot 9{,}8) + (4{,}9+3\cdot 9{,}8)$ – – –

$z = a + (n-1)\cdot d$

$z = a + (t-1)\cdot g \qquad s = \frac{t}{2}\cdot(a+z)$

$z = 4{,}9 + (10-1)\cdot 9{,}8 \qquad s = \frac{10}{2}\cdot(4{,}9+93{,}1)$

$z = 4{,}9 + 9\cdot 9{,}8 \qquad s = 5\cdot 98$

$z = 4{,}9 + 88{,}2 \qquad s = \underline{\underline{490 \text{ m}}}$

$z = \underline{\underline{93{,}1 \text{ m}}}$

Die Geschwindigkeit v kann mittels einer arithmetischen Reihe nicht errechnet werden, die kann man nur mit der Formel v=g·t oder der anderen oben genannten Formel bekommen. Auf der anderen Seite kann man

mit den Formeln den Fallweg der letzten Sekunde nur durch die Differenz zweier Gesamtwege erhalten.
Beispiel: Weg nach der 3 ten minus Weg nach der 2 ten Sekunde. $s = \frac{g}{2} \cdot t^2$

$s = 4{,}9 \cdot 3^2 = 4{,}9 \cdot 9 \;=\; 44{,}1\,m$

$s = 4{,}9 \cdot 2^2 = 4{,}9 \cdot 4 \;=\; -19{,}6\,m$

24,5 m nach der 3 ten Sekunde

Der Weg s in der 10 ten Sekunde ist nicht die Geschwindigkeit nach 10 Sekunden, die ist
$v = g \cdot t = 9{,}8 \cdot 10 = 98\ m/s$

Weg s in m		Geschwindigk. v in m/s	
nach 1 sec.	$= 4{,}9 + (1-1) \cdot 9{,}8 = 4{,}9\ m$	nach 1 sec.	9,8 m
nach 2 sec.	$= 4{,}9 + (2-1) \cdot 9{,}8 = 14{,}9\ m$	nach 2 sec.	19,6 m
nach 3 sec.	$= 4{,}9 + (3-1) \cdot 9{,}8 = 24{,}5\ m$	nach 3 sec.	29,4 m

Die Geschwindigkeit im freien Fall kann mit den Methoden der Differentialrechnung leicht gelöst werden (Band II).

Geometrische Reihen

Eine geometrische Reihe ist eine Zahlenfolge, deren Quotient zweier aufeinander folgender Glieder konstant ist. Sie entsteht, indem man das vorhergehende Glied mit dem konstanten Quotienten multipliziert. Ein Glied dividiert durch das vorhergehende Glied ist der Quotient q. Sie heißt geometrische Reihe, weil jedes Glied das geometrische Mittel seiner Nachbarglieder ist.

Reihe 2, 4, 8, 16, 32 ------- $\sqrt[2]{4 \cdot 16} = 8$

8 ist das geometrische Mittel von $4 \cdot 16$

Beispiel:

Reihe 2, 4, 8, 16, 32, 64 -------

Wir bezeichnen

a als Anfangsglied

q als Quotient

z als Endglied

n als Anzahl der Glieder

s als Summe der Glieder

Die oben gewählte Reihe als Potenz geschrieben.

$2,\ 2^2,\ 2^3,\ 2^4,\ 2^5$ -------

$a = 2,\ q = 2$, dann wird die Reihe wie folgt

$2,\ 2 \cdot 2,\ 2 \cdot 2^2,\ 2 \cdot 2^3,\ 2 \cdot 2^4$ ------- $2 \cdot 2^{n-1}$

allgemeine Formel

$a,\ aq,\ aq^2,\ aq^3,\ aq^4$ -------aq^{n-1}, $z = \underline{\underline{a \cdot q^{n-1}}}$

$q = \dfrac{aq^3}{aq^2}$ Ein Glied dividiert durch das vorherige Glied ist der Quotient q.

Das 14. Glied ist z.B $a \cdot q^{n-1} = a \cdot q^{14-1} = a \cdot q^{13}$

Eine steigende Reihe ist eine Reihe deren Quotient q größer als 1 ist. $q > 1$

$q = 2,\ a = 2$, also 2, 4, 8, 16, 32 -------

Das geometrische Mittel ist $\sqrt[2]{2 \cdot 8} = \sqrt[2]{16} = 4$

Wenn q minus ist, wird die Reihe wie folgt.

$q = -2$

Reihe 2, -4, $+8$, -16, $+32$, -64 -------

$2 \cdot -2 = -4 \cdot -2 = +8$

Eine fallende geometrische Reihe, ist eine Reihe, deren Quotient q kleiner als 1 ist. $q < 1$

$q = \frac{1}{2}$, $a = 2$, Reihe, 2, 1, $\frac{1}{2}$, $\frac{1}{4}$, $\frac{1}{8}$, $\frac{1}{16}$ - - - - - - - $\frac{1}{\infty}$

Wenn die fallende geometrische Reihe bis $\frac{1}{\infty} = 0$ geht, ist es eine unendliche geometrische Reihe. Der erhaltene Zahlenwert ist dann ein *Grenzwert*.

Wenn bei der fallenden Reihe q minus ist,wird die Reihe wie folgt

$q = -\frac{1}{2}$ Reihe, 2, $-1, +\frac{1}{2}$ $-\frac{1}{4}$, $+\frac{1}{8}$, $-\frac{1}{16}$ - - - - - - -

Die Summenformel, Ableitung

Reihe,$s = a + aq + aq^2 + aq^3 + - - - + aq^{n-1}$steigende Reihe q>1

mit q multipliziert erhält man

(1) $sq = aq + aq^2 + aq^3 + - - - - + aq^{n-1} + aq^n$ Erläuterung

$aq^{n-1}\ q = aq^{n-1+1} = aq^n$

wenn s von Reihe (1) subtrahiert wird

(2) also $\underline{sa = -a - aq + aq^2 + aq^3 - - - - - - - + aq^{n-1} + aq^n}$

(3) erhält man $sq - s = -a$

$sq - s = a - aq^n$

links s und rechts a ausgeklammert erhält man

$s \cdot (q-1) = a \cdot (q^n - 1)$, $s = \frac{a \cdot (q^n - 1)}{(q-1)}$ wenn $q > 1$

Wenn wir die Reihe (1) von der Reihe (2) abziehen, so erhalten wir die Formel für s in einer fallenden Reihe, wenn $q < 1$

$$\begin{array}{l} s = a \\ \underline{-sq = -aq^n} \\ s - sq = a - aq^n \end{array}$$

s ausgeklammert ist $s \cdot (1-q) = a - aq^n$

a ausgeklammert ist $s \cdot (1-q) = a \cdot (1-q^n)$

$s \cdot (1-q) = a \cdot (1-q^n)$, $\quad s = \dfrac{a \cdot (1-q^n)}{(1-q)}$ wenn q kleiner als 1 $q<1$

Wenn n unbekannt, wird die Summenformel wie folgt.

$z = a \cdot q^{n-1}$ mit q multipliziert ergibt.

$qz = a \cdot q^{n-1} \cdot q$ wir können für aq^n, qz einsetzen

$qz = a \cdot q^{n-1+1}$ Die Summenformel Seite 223 ausmultipliziert.

$qz = a \cdot q^n$ $\quad s = \dfrac{a \cdot (q^n - 1)}{(q-1)}$, $\quad s = \dfrac{aq^n - a}{q-1}$

Für aq^n wird qz eingesetzt.

$s = \dfrac{aq^n - a}{q-1}$ wird $s = \dfrac{qz - a}{q-1}$ $\quad q =$ größer als 1, $\quad q => 1$

Sie Summenformel einer fallenden unendlichen Reihe.

In einer fallenden unendlichen Reihe wird das Endglied z zu 0, $z = \dfrac{1}{\infty} = 0$. Wenn wir in die Summenformel einer fallenden Reihe für $z = 0$ einsetzen, erhalten wir die Summenformel für eine fallende unendliche geometrische Reihe.

$$s = \frac{a - qz}{1-q}, \quad s = \frac{a - q \cdot 0}{1-q}, \quad s = \frac{a}{1-q}$$

Die wichtigsten Formeln:

$z = a \cdot q^{n-1}$ wenn wir das Endglied suchen.

$s = \dfrac{a \cdot (q^n - 1)}{(q-1)}$ wenn wir die Summe einer **steigenden** Reihe mit $q > 1$ suchen.

$s = \dfrac{a \cdot (1-q^n)}{1-q}$ wenn wir die Summe einer **fallenden** Reihe mit $q < 1$ suchen.

$s = \dfrac{qz - a}{q-1}$ wenn wir die Summe einer **steigenden** Reihe ohne n mit $q > 1$ suchen.

$s = \dfrac{a - qz}{1-q}$ wenn wir die Summe einer **fallenden** Reihe ohne n mit $q < 1$ suchen.

$s = \dfrac{a}{1-q}$ wenn wir die Summe einer **fallenden** unendlichen Reihe mit $q < 1$ suchen.

Rechenbeispiele, geometrische Reihe:

1.) gegeben: $a = 2,\ q = 3,\ n = 15$, gesucht z und s

$z = a \cdot q^{n-1}$

$z = 2 \cdot 3^{14}$

$z = 2 \cdot 14 \cdot \lg 3$

$14 \cdot 0{,}47712 = 6{,}67968$

$+\lg 2 \qquad = 0{,}30103$

$6{,}98071$

$N = 9565551$

$z = \underline{\underline{9565551}}$

$s = \dfrac{a \cdot (q^n - 1)}{q - 1}$

$s = \dfrac{2 \cdot (3^{15} - 1)}{2}$

$s = 3^{15} - 1$

$15 \cdot \lg 3 = 15 \cdot 0{,}47712$

$\lg 3^{15} = 7{,}15680$

$N = 14348284$

$s = \underline{\underline{14348284}}$

2.) gegeben, $a = 1,\ q = 7, z = 5764801$ gesucht $= n$

$z = a \cdot q^{n-1}$

$\dfrac{z}{a} = q^{n-1}$

$\dfrac{5764801}{1} = 7^{n-1}$

$7^{n-1} = 5764801$

$x^n = n \cdot \lg x$

$(n-1) \cdot \lg 7 = \lg 5764801$

$=$ Exponentialgleichung

$n - 1 = \dfrac{\lg 5764801}{\lg 7}$

$n - 1 = \dfrac{6{,}76076}{0{,}84510} = 8$

$n - 1 = 8,\ \ n = 8 + 1$

$n = \underline{\underline{\ 9\ }}$

Fallende unendliche Reihen:

3.) Reihe, $1, \dfrac{1}{2}, \dfrac{1}{4}, \dfrac{1}{8}, --- \dfrac{1}{\infty} = 0$ gegeben: $a = 1,\ z = 0$ gesucht: q, s

$q =$ Ein Glied durch das vorhergehende Glied

$q = \dfrac{1}{4} : \dfrac{1}{2} = \dfrac{1}{4} \cdot \dfrac{2}{1} = \dfrac{2}{4} = \dfrac{1}{2},\quad q = \underline{\underline{\dfrac{1}{2}}}$

$s = \dfrac{a - qz}{1 - q},\quad s = \dfrac{1 - 0}{1 - \dfrac{1}{2}} = \dfrac{1}{\dfrac{1}{2}} = \underline{\underline{\ 2\ }}$ ist ein Grenzwert

4.) Reihe, $5, \dfrac{5}{3}, \dfrac{5}{3^2}, \dfrac{5}{3^3}, ------- \dfrac{5}{\infty} = 0$

gegeben: $a = 5,\ z = 0$, gesucht: q,s

$$q = \frac{5}{3^2} : \frac{5}{3} = \frac{5}{9} \cdot \frac{3}{5} = \frac{15}{45} = \frac{1}{3}, \quad q = \underline{\underline{\frac{1}{3}}}$$

$$s = \frac{a - q \cdot z}{1 - q}, \quad s = \frac{a}{1 - q}, \quad s = \frac{5}{\frac{2}{3}} = \frac{15}{2} = \underline{\underline{7\frac{1}{2}}}$$

5.) Reihe, $x,\ x^2,\ x^3,\ x^4$ ------- x^n, wenn $x = \frac{1}{2}$

$$\frac{1}{2},\ \frac{1}{4},\ \frac{1}{8},\ \frac{1}{16}\ \text{-------}\ \frac{1}{\infty} = 0$$

gegeben: $a = \frac{1}{2}$, $z = 0$ gesucht: q,s

$$q = \frac{1}{4} : \frac{1}{2} = \frac{1}{4} \cdot \frac{2}{1} = \frac{2}{4} = \frac{1}{2}, \quad q = \underline{\underline{\frac{1}{2}}}$$

$$s = \frac{a}{1-q} = \frac{1}{2} : \frac{1}{2} = 1, \quad s = \underline{\underline{1}}$$

6.) Reihe, $x + 3x^2 + x^3 + 3x^4 + x^5 + 3x^6$ -------

$$\left(x + 3x^2\right) + \left(x^3 + 3x^4\right) + \left(x^5 + 3x^6\right) \text{-------}$$

$\left(x + 3x^2\right)$ ausgeklammert, $\left(x + 3x^2\right) = a$

$\left(x + 3x^2\right) + x^2 \cdot \left(x + 3x^2\right) + x^4 \cdot \left(x + 3x^2\right)$ ------- Summe

$a = \left(x + 3x^2\right)$ gegeben: $x = 1/3$

wenn wir für $x = \frac{1}{3}$ setzten, wird

$$a = \frac{1}{3} + 3 \cdot \left(\frac{1}{3}\right)^2 = \frac{1}{3} + \frac{3}{9} = \frac{3}{9} + \frac{3}{9} = \frac{6}{9} = \frac{2}{3}, \quad a = \frac{2}{3}$$

$$x^4 \cdot \left(x + 3x^2\right) : x^2 \cdot \left(x + 3x^2\right) = q = x^2,$$

$q = x^2 = \left(\frac{1}{3}\right)^2 = \frac{1}{9}$, $z = 0$, unendliche fallende Reihe

$$s = \frac{a}{1-q}, \quad s = \frac{\frac{2}{3}}{1 - \frac{1}{9}} = \frac{2}{3} : \frac{8}{9} = \frac{2}{3} \cdot \frac{9}{8} = \frac{18}{24} = \underline{\underline{\frac{3}{4}}}$$

7.) Man kann irrationale Zahlen als eine geometrische Reihe auffassen.
Reihe, 0,33333, oder $\frac{3}{10} + \frac{3}{100} + \frac{3}{1000} + \frac{3}{10000}$ oder

$$\frac{3}{10}+\frac{3}{10^2}+\frac{3}{10^3}+\frac{3}{10^4}------\frac{3}{\infty}$$

$$a=\frac{3}{10},\quad q=\frac{3}{100}:\frac{3}{10}=\frac{1}{10},\quad z=0$$

$$s=\frac{a}{1-q}=\frac{\frac{3}{10}}{1-\frac{1}{10}}=\frac{3}{10}:\frac{9}{10}=\frac{3}{9}=\underline{\underline{\frac{1}{3}}}$$

8.) Aufgabe: Zwischen 1 und 7 sollen 6 Zahlen eingeschoben werden, daß eine geometrische Reihe von 8 Gliedern entsteht. Wie heißt der Quotient der Reihe? $a = 1, \quad n = 8, \quad z = 7$

$z = a \cdot q^{n-1}$

$7 = 1 \cdot q^{8-1}$

$7 = 1 \cdot q^7$

$\frac{7}{1} = q^7$

$q^7 = 7$

$q = \sqrt[7]{7} \Rightarrow q = \frac{1}{7} \cdot \lg 7$

$q = 0,84510 : 7 = 0,12073$

$q = \underline{\underline{1,3205}}$

Probe: $z = a \cdot q^{n-1}$

$z = 1 \cdot 1,3205^7, \quad z = 7 \cdot \lg 1,3205 = 0,84511$

$z = \underline{\underline{7}}$

9.) Aufgabe: 20 große Holzblöcke sollen kleingeschlagen werden. Jemand will für den ersten Block 1 Pfennig, für den zweiten 2 Pfennig, für den dritten 4 Pfennig u.s.w. immer für den folgenden Block doppelt so viel als für den vorhergehenden Block.
Was bekommt er im ganzen und wieviel durchschnittlich für jeden Block?

$a = 1\,\text{Pf.}, \quad n = 20, \quad$ Reihe $1, 2, 4, 8, ------\text{Pf.}, \quad q = 4:2 = 2$

$z = a \cdot q^{n-1}$ z und s gesucht

$z = 1 \cdot 2^{19}$

$\lg 2^{19} = 19 \cdot \lg 2$

$19 \cdot 0,30103 = 5,71957 = 524288\,\text{Pf.}$

$z = \underline{\underline{5242,88\,\text{DM}}}$

$$s = \frac{a \cdot (q^n - 1)}{q - 1}$$

$$s = \frac{1 \cdot (2^{20} - 1)}{2 - 1}$$

$$s = \frac{2^{20} - 1}{1}$$

$\lg s = 20 \cdot \lg 2 = 20 \cdot 0,30103 = 6,02060$

$s = 1048576,20 - 1$ Pf.

$s = \underline{\underline{10485,752 \text{ DM}}}$

durchschnittlich $:20 = \underline{\underline{524,28 \text{ DM}}}$

10.) Aufgabe: Jemand beteiligt sich an einem Hazardspiel. Er setzt bei Verlust jedes folgende Mal um die Hälfte mehr als das vorhergehende Mal, bis er gewinnt. Er fängt mit 10 Pf. an. Beim 16. Spiel gewann er. Wieviel setzte er bei diesem Spiel und wieviel hatte er jetzt im ganzen gewonnen, wenn der Einsatz dreifach zurückgezahlt wurde?

Reihe $a, aq, aq^2, aq^3, ------$

$1, 1 \cdot 1,5, 1 \cdot (1,5)^2, 1 \cdot (1,5)^3, ------$

$a = 10$ Pf., $n = 16$, $q = 1,5$

$z = a \cdot q^{n-1}$

$z = 10 \cdot 1,5^{n-1}$

$z = 10 \cdot 1,5^{15}$

$0,17609 \cdot 15 = 2,64137 + 1,0$

$= 3,64137 = 4378,95$ Pf.

$z = \underline{\underline{43,79 \text{ DM}}}$

$\lg z = \lg 10 + 15 \cdot \lg 1,5$

$$s = \frac{a \cdot (q^n - 1)}{q - 1}, \quad s = \frac{10 \cdot (1,5^{16} - 1)}{1,5 - 1} = \frac{10 \cdot (1,5^{16} - 1)}{0,5}$$

$0,17609 \cdot 16 = 2,81744 = 656,81 - 1 = 655,81$ Pf.

$655,81$ Pf. $\cdot 10 = 6558,1 : 0,5 = 13116,2$ Pf.

$s = \underline{\underline{131,16 \text{ DM}}}$

$z = 43,79 \cdot 3 = 131,37$ DM

$131,37 - 131,16 = 0,21$ Gewinn $= \underline{\underline{21 \text{ Pf.}}}$

11.) Aufgabe: London hatte im Jahre 1871 3125000 Einwohner. Wieviel hatte es vor 80 Jahren, wenn sich die Einwohnerzahl seit der Zeit jährlich um 2,5 % vermehrt hat?

Reihe $a, aq, aq^2, ------$

$z = 3125000,\ n = 80,\ q = 2{,}5\% = 1 + \frac{2{,}5}{100},\ q = 1{,}025$

$z = a \cdot q^{n-1},\ a = \frac{z}{q^{n-1}}$ $\quad \lg 3125000 = 6{,}49485$

$-\lg 1{,}025 \cdot 79 = \underline{0{,}84718}$

$q^{n-1} = 79 \cdot \lg 1{,}025$ $\quad 5{,}64767$

$= 0{,}84718$ $\quad a = \underline{\underline{444300 \text{ Einwohner}}}$

Probe:

$a = 444300,\ n = 80,\ q = 1{,}025$

$z = a \cdot q^{n-1}$

$z = 444300 \cdot 1{,}025^{79} = 79 \cdot \lg 1{,}025 = 0{,}01072 \cdot 79$

$= 0{,}84718$

$+\lg 444300 = \underline{5{,}64767}$

$z = \underline{\underline{3125000 \text{ Einwohner}}}$ $\quad 6{,}49485$

12.) Aufgabe: In ein Gefäß gehen 20 l Wein. Jemand füllt 1 Liter Wein heraus und gießt dafür 1 Liter Wasser hinzu, füllt wieder 1 Liter der Mischung heraus und gießt dafür 1 Liter Wasser hinzu u.s.w.. Wieviel Liter des ursprünglichen Weins sind noch im Gefäß, nach dem man den Vorgang 10 mal gemacht hat?

Reihe $a, aq, aq^2, aq^3, ------$

$20, 19, 19 - 19 \cdot \frac{1}{20}, 18{,}05 \cdot \frac{1}{20} ------$

$20, 20 \cdot \frac{19}{20}, 20 \cdot \left(\frac{19}{20}\right)^2, 20 \cdot \left(\frac{19}{20}\right)^3, ------$

$q = 20 \cdot \left(\frac{19}{20}\right)^2 : 20 \cdot \left(\frac{19}{20}\right) = \frac{19}{20} = 0{,}95$

$q = 0{,}95 < 1$ es ist eine fallende Reihe

$a = 20,\ n = 10,\ q = 0{,}95$

$z = a \cdot q^{n-1},\ z = 20 \cdot 0{,}95^9,\ 9 \cdot \lg 0{,}95 = (0{,}97772 - 1) \cdot 9$

$= 8{,}79948 - 9$

$N = 0{,}6302$ $\quad = 0{,}79948 - 1$

$z = 20 \cdot 0{,}6302 = 12{,}604,\ z = \underline{\underline{12{,}604 \text{ Liter Wein}}}$

13.) Aufgabe: Ein Förster geht mit seinem Hund nach Hause. Als er 400 m von seinem Haus entfernt ist, läuft sein Hund immer zum Haus und wieder zu ihm zurück. Wie groß ist die Summe aller Wege des Hundes, wenn der Hund 3 mal so schnell läuft als sein Herr?

Reihe

Förster	133	66	66	33	33	16,5	m
Hund	400	200	200	100	100	50	m
	600		300		150		m

Während der Förster 200 m läuft, läuft der Hund 400 m zum Haus und 200 m zurück.

a erstes Glied = 600 m, $q = \frac{300}{600} = 0,5$

Es ist eine fallende unendliche Reihe, z wird 0.

$$s = \frac{a}{1-q}, \quad s = \frac{600}{1-0,5} = \frac{600}{0,5} = \frac{600}{\frac{1}{2}} = \frac{600 \cdot 2}{1} = 1200$$

s = 1200 m, der Hund läuft $\underline{\underline{1200\ \text{m}}}$

Die Summe aller Wege des Hundes ist ein Grenzwert, weil das Endglied z gegen 0 geht.

$$s = \lim_{z \to 0}(600 + 300 + 150 + - - - - - - -) = \frac{a - qz}{1-q} = 1200$$

Zinseszins und Rentenrechnung

Mit der Zinseszinsrechnung verfolgen wir das Ziel, auf möglichst einfache Weise und mit einfachen Formeln komplizierte Sachverhalte zu klären, die auf dem Gebiete der Zinseszins- und Rentenrechnung anstehen. Die Zinseszinsrechnung baut sich auf den geometrischen Reihen auf.

a = Anfangskapital
p = % Zinssatz
b = Endkapital
n = Zeit in Jahren, Monaten oder Tagen

D = Darlehen
Tf = Tilgungsfaktor
Tr = Tilgungsrate

$\frac{p}{100}$ = Zinsen , $q = 1 + \frac{p}{100}$ = Zinsfaktor

Beispiel: a = 100 DM, p = 5%

Zinsen nach 1 Jahr, $a \cdot \frac{p}{100}$, $100 \cdot \frac{5}{100} = 5$ DM Zinsen.

Endkapital nach 1 Jahr

$$a + a \cdot \frac{p}{100} = 100 + 100 \cdot \frac{5}{100} = 105 \text{ DM}$$

Um den Zinsfaktor zu erhalten muß man a ausklammern.

$$a + a \cdot \frac{p}{100} = a \cdot \left(1 + \frac{p}{100}\right), \quad q = 1 + \frac{p}{100}$$

Endkapital nach 1 Jahr

$$a + q, \quad 100 \cdot \left(1 + \frac{5}{100}\right) = 100 \cdot (1 + 0{,}05) = 105 \text{ DM}$$

Wir erhalten folgende Reihe

$$a + a \cdot \left(1 + \frac{p}{100}\right) + a \cdot \left(1 + \frac{p}{100}\right)^2 + a \cdot \left(1 + \frac{p}{100}\right)^3 + - - + a \cdot \left(1 + \frac{p}{100}\right)^n$$

Endkapital b nach 1 Jahr

$$100 \cdot \left(1 + \frac{5}{100}\right) = 100 + 100 \cdot \frac{5}{100} = 105 \text{ DM}$$

Endkapital nach 2 Jahren

$$100 \cdot \left(1 + \frac{5}{100}\right)^2, \left(1 + \frac{5}{100}\right)^2 = \left(1 + \frac{5}{100}\right) \cdot \left(1 + \frac{5}{100}\right) =$$

$$1 + \frac{5}{100} + \frac{5}{100} + \frac{25}{10000} = 1 + \frac{10}{100} + \frac{25}{10000}$$

$$100\cdot\left(1+\frac{10}{100}+\frac{25}{10000}\right)=100+\frac{1000}{100}+\frac{2500}{10000}=100+10+\frac{25}{100}$$

$$=100+10+0{,}25=\underline{\underline{110{,}25\ \text{DM}}}$$

Wir können die Reihe vereinfachen, indem wir für den Zinsfaktor $\left(1+\frac{p}{100}\right)$, q einsetzen und erhalten dann die folgende Reihe.

$a, aq, aq^2, aq^3, aq^4, ---- aq^n$ Das Endglied also das Endkapital b ist dann $b = a\cdot q^n$

Erläuterte Formeln für Endkapital nach 1-4 Jahren

Anfangskap.	Zeit in Jahren	Zinsen	Endkapital
a	nach 1 J.	$a\cdot\frac{p}{100}$	$= a\cdot\left(1+\frac{p}{100}\right)=aq$
aq	nach 2 J.	$aq\cdot\frac{p}{100}$	$=aq\cdot\left(1+\frac{p}{100}\right)=aq^2$
aq^2	nach 3 J.	$aq^2\cdot\frac{p}{100}$	$=aq^2\cdot\left(1+\frac{p}{100}\right)=aq^3$
aq^3	nach 4 J.	$aq^3\cdot\frac{p}{100}$	$=aq^3\cdot\left(1+\frac{p}{100}\right)=aq^4$
	nach n J.	----------------	$=aq^n$

b = nach n Jahren aq^n $\qquad$ $b=\underline{\underline{aq^n}}$

Beispiel:

Anfangskapital a = 500 DM, Zinssatz p = 4%, Zeit n = 10 Jahre, Endkaptial b ?

$$p = 4\%,\quad q = 1+\frac{p}{100},\quad q = 1+\frac{4}{100}=1{,}04$$

$$b = a\cdot q^n,\quad b = 500\cdot 1{,}04^{10}$$

$$\begin{aligned} 10\cdot\lg 1{,}04 &= 0{,}017030\cdot 10\\ &= 0{,}17030\\ +\lg 500 &= \underline{2{,}69897}\\ \lg b &= 2{,}86927 \end{aligned}$$

$$b = \underline{\underline{740{,}07\ \text{DM}}}$$

Bei monatlicher Zinszuschreibung

$a = 500$ DM, $p = 0,33\%$, $q = 1,0033$, $n = 120$

$b = 500 \cdot 1,0033^{120}$

$$\begin{aligned} 120 \cdot \lg 1,0033 &= 0,001431 \cdot 120 \\ &= 0,171720 \\ +\lg 500 &= \underline{2,69897} \\ & 2,87069 \end{aligned}$$

$b = \underline{\underline{742,50 \text{ DM}}}$ *Siehe konformer Zinssatz Seite 243.*

Wenn wir uns den Zinsfaktor q errechnen wollen, können wir die Formel aus $b = a \cdot q^n$ bilden.

$$a \cdot q^n = b,\ q^n = \frac{b}{a},\ q = \underline{\underline{\sqrt[n]{\frac{b}{a}}}}$$

$a = 500$, $b = 740,07$ DM, $n = 10$, $q = ?$

$$q = \sqrt[n]{\frac{b}{a}},\ q = \sqrt[10]{\frac{740,07}{500}}$$

$$\begin{aligned} \lg 740,07 &= 2,86927 \\ -\lg 500 &= \underline{2,69897} \\ & 0,17030 : 10 \end{aligned}$$

$= 0,017030$, $q = \underline{\underline{1,04}}$

Rentenrechnung

Bei der Rentenrechnung muß man die Summe der Renten nach n Jahren zu der Grundformel $b = a \cdot q^n$ addieren oder subtrahieren, je nachdem, ob die Rente (r), zugeschrieben oder abgeschrieben wird. Die Rente am Ende des Jahres zugeschrieben, ergibt sich aus der folgenden Formel.

$$r = \frac{(q^n - 1)}{q - 1} \quad \text{wir bekommen} \quad b = a \cdot q^n \pm \frac{r \cdot (q^n - 1)}{q - 1},\ r = \text{Rente}$$

Mit dieser Formel erhalten wir das Endkapital b, das aus dem Anfangskapital a bei p Prozent nach Verlauf von n Jahren entsteht, wenn das Kapital außer den Zinsen am *Ende* jeden Jahres um die Rente r vermehrt oder vermindert wird.

Wenn die Rente r am *Anfang* jedes Jahres ohne ein Anfangskapital a auf Zinsen gelegt wird, ergibt sich folgende Formel.

$$b = \frac{r \cdot q \cdot (q^n - 1)}{q - 1}$$

Besteht aber ein Anfangskapital a, so wird nach folgender Formel gerechnet.

$$b = a \cdot q^n \pm \frac{r \cdot q \cdot (q^n - 1)}{q - 1}$$

Ist aber kein Kapital a vorhanden nur eine Rente, die am Ende des Jahres zugeschrieben wird, dann ermittelt man das Endkapital b nach der folgenden Formel.

$$b = \frac{r \cdot (q^n - 1)}{(q - 1)}$$

Wenn aber als Anfangskapital a ein Betrag gesucht wird, den man einzahlen muß, um eine gewisse Zeit eine bestimmte Rente zu bekommen, wendet man folgende Formel an (Barwertformel):

$$a = \frac{r \cdot (q^n - 1)}{(q - 1) \cdot q^n},$$ Barwertformel ohne Rente $$a = \frac{b}{q^n}$$

Zusammenfassung der Formeln mit Erläuterungen:

$b = a \cdot q^n$	Endkapital mit Zinsen und Zinseszinsen.
$b = a \cdot q^n + \frac{r \cdot (q^n - 1)}{q - 1}$	Endkapital mit Zinsen und Zinseszinsen bei *Zuschreibung* einer gleichbleibenden Rente am *Ende* des Jahres.
$b = a \cdot q^n - \frac{r \cdot (q^n - 1)}{q - 1}$	Endkapital mit Zinsen und Zinseszinsen bei *Abschreibung* einer gleichbleibenden Rente am *Ende* des Jahres.
$b = \frac{r \cdot q \cdot (q^n - 1)}{(q - 1)}$	Endkapital mit Zinsen und Zinseszinsen, wenn eine gleichbleibende Rente am *Anfang* jedes Jahres ohne Anfangskapital auf Zinsen gelegt wird.

$$b = \frac{r \cdot (q^n - 1)}{q - 1}$$

Endkapital mit Zinsen und Zinseszinsen, wenn eine gleichbleibende Rente am *Ende* jedes Jahres ohne Anfangskapital auf Zinsen gelegt wird.

$$b = a \cdot q^n + \frac{r \cdot q \cdot (q^n - 1)}{q - 1}$$

Endkapital mit Zinsen und Zinseszinsen, wenn eine gleichbleibende Rente am *Anfang* jedes Jahres *zugeschrieben* wird und ein Anfangskapital vorhanden ist.

$$b = a \cdot q^n - \frac{r \cdot q \cdot (q^n - 1)}{q - 1}$$

Endkapital mit Zinsen und Zinseszinsen, wenn eine gleichbleibende Rente am *Anfang* abgeschrieben wird und ein Anfangskapital vorhanden ist.

Tilgungsrechnung

Tilgungsformeln mit Rechenbeispielen:

D = Darlehen	gegeben:	80000 DM
q = Zinsfaktor		1,065 bei 6,5%
n = Tilgungszeit		32 Jahre
Tf = Tilgungsfaktor		0,075 = 1% Tilgung
Tr = Tilgungsrate		6000 DM /Jahr
r_n = % Tilgung bei n Jahren		

Wenn ein Darlehen D von 80000 DM mit p = 6,5 % verzinst wird, Zinsfaktor q = 1,065 und mit 1% getilgt wird Tilgungsfaktor 0,075, ergibt sich bei n = 32 Jahren eine Tilgungsrate Tr von 6000 DM.

$$Tf = \frac{q^n \cdot (q - 1)}{q^n - 1} = \frac{7{,}5 \cdot (1{,}065 - 1)}{7{,}5 - 1} = \frac{7{,}5 \cdot 0{,}065}{6{,}5} = \underline{\underline{0{,}075}}$$

$$Tf = \frac{q^n}{r_n} = \frac{7{,}5}{100} = \underline{\underline{0{,}075}}$$

$$r_n = \frac{q^n - 1}{q - 1} = \frac{7{,}5 - 1}{0{,}065} = \frac{6{,}5}{0{,}065} = 100\%$$

$$Tr = D \cdot Tf = 80000 \cdot 0{,}075 = 6000 \text{ DM / Jahr}$$

$$Tr = D \cdot \frac{q^n}{r_n} = 80000 \cdot \frac{7{,}5}{100} = 6000 \text{ DM / Jahr}$$

$r_n = \%$ Tilgung in n Jahren

$n = 1,$	$r_n = 1{,}00\%$	$= 800$	DM
$n = 10,$	$r_n = 13{,}49\%$	$= 10792$	DM
$n = 20,$	$r_n = 38{,}81\%$	$= 31048$	DM
$n = 25,$	$r_n = 58{,}88\%$	$= 47104$	DM
$n = 30,$	$r_n = 86{,}37\%$	$= 69096$	DM
$n = 32,$	$r_n = 100{,}0\%$	$= 80000$	DM

Beispiele für die Zinseszinsrechnung:

1.) Auf welches Endkapital b wächst ein Anfangskapital von 1500 DM bei 4 % nach 30 Jahren?

$a = 1500,\ p = 4\%,\ q = 1{,}04,\ n = 30$

$b = a \cdot q^n, \qquad \lg 1{,}04 \cdot 30 = \underline{0{,}01703 \cdot 30} = 0{,}51090$

$+\lg 1500 = \underline{3{,}17609}$

$3{,}68699$

$b = \underline{\underline{4864 \text{ DM}}}$

2.) Zu welcher Summe waren 17091 DM, die am 22.10.1959 auf Zinsen gegeben wurden, bis zum 07.03.1973, an dem sie ausgezahlt wurden, bei 4,67 % angewachsen.

$a = 17091,\ n = 13,\ p = 4{,}67\%,\ q = 1{,}0467$

Vom 22.10.1959 bis 21.10.1972 mit Zinseszinsen.

Vom 22.10.1972 bis 07.03.1973 136 Tage einfache Zinsen.

$b = a \cdot q^n$

$b = 17091 \cdot 1{,}0467^{13} \qquad \lg 1{,}0467^{13} = \underline{0{,}01982 \cdot 13}$

$= 0{,}25768$

$+\lg 17091 = \underline{4{,}23276}$

$4{,}49044$

$b = \underline{\underline{30934 \text{ DM}}}$

Einfache Zinsen:

z = Zinsen, $p = \% = 4{,}67 = \frac{14}{3}$

K = Kapital, t = Zeit in Tagen $= \frac{136}{365}$

Zinsformel für einfache Zinsen $z = \frac{K \cdot p \cdot t}{100}$

$$z = \frac{30934 \cdot 14 \cdot \cancel{136}}{3 \cdot \cancel{100} \cdot 365} \quad |:4, \quad z = \frac{30934 \cdot 476}{27375}$$

$$\begin{array}{lrl|lr} & \lg 30934 = & 4{,}49043 & \lg & 7{,}16803 \\ + & \lg 476 = & \underline{2{,}67760} & -\lg 27357 = & \underline{4{,}43706} \\ & & 7{,}16803 & & 2{,}73097 \end{array}$$

$z = \underline{\underline{538{,}23\ \text{DM}}}$

Gesamtzinsen $30934 + 538{,}23 = \underline{\underline{31472{,}23\ \text{DM}}}$

3.) Auf welches Endkapital wäre ein bei Christi Geburt zu 4 % auf Zinseszins gegebener Pfennig am Ende des Jahres 1970 angewachsen?

$a = 0{,}01\ \text{DM}, \quad p = 4\%, \quad q = 1{,}04, \quad n = 1970$

$b = a \cdot q^n, \quad b = 0{,}01 \cdot 1{,}04^{1970}$

$$\begin{array}{ll} \lg 1{,}04^{1970} = & \underline{0{,}01703 \cdot 1970} \approx 33{,}55567 \\ & 33{,}55567 \\ +\lg 0{,}01 & \underline{0{,}00000 - 2} \\ & 33{,}55567 - 2 = 31{,}55567 \end{array}$$

zerlegt in $31{,}00000$ und $0{,}55567$

$= 10^{31} \qquad = 3{,}55567 \qquad b = \underline{\underline{3{,}55567 \cdot 10^{31}\ \text{DM}}}$

Dieser Betrag in Erdkugeln aus Gold ergibt wieviel Erdkugeln?

gegeben: Erdradius $r = 6370$ km, Kugelinhalt $= \frac{4}{3} \cdot \pi \cdot r^3$

spez. Gewicht von Gold = 19,25

Goldpreis 1970 = 6000 DM / kg

Erdvolumen $= \frac{4}{3} \cdot \pi \cdot r^3$

$$\begin{array}{ll} \lg 6370 \cdot 3 & = \underline{3{,}80414 \cdot 3} \\ & \ 11{,}41242 \\ +\lg 4/3 & = 0{,}12494 \\ +\lg 3{,}14 & = \underline{0{,}49715} \\ & \ 12{,}03451\ \text{km}^3 = \text{Erdvolumen} \end{array}$$

$1 m^3 = 10^3 l$ in $km^3 = 10^{9+3} = 10^{12} l$ = 1 Billion lg 12,0000

lg Summe km^3	= 12,03451
+ $\lg 10^{12}$	= 12,00000
	24,03451 = lg Erdvolumen in l

1l Gold wiegt 19,25 kg, 1 kg kostet 6000 DM
19,25 kg Gold kosten dann 115500 DM

lg	Erde in l	= 24,03451
+ lg l	Goldpreis	= 5,06258
= lg	Goldpreis des Erdvolumens	29,09709

lg	Endkapital wie oben	= 31,55567
− lg	Goldpreis des Erdvolumens	= 29,09709
lg	Anzahl Erdkugeln aus Gold	2,45858

= 287,46 Erdkugeln aus Gold

4.) Unterschied zwischen jährlicher und monatlicher Zinszuschreibung.

gegeben: a = 1000 DM, n = 10 Jahre, p = 6%, q = 1,06

$b = a \cdot q^n$ $\lg 1{,}06^{10}$ = $0{,}02531 \cdot 10$

0,25310

lg1000 = 3,00000

3,25310 b = 1791 DM

gegeben: a = 1000 DM, n = 120, p = 0,5%, q = 1,005

$\lg 1{,}005^{120}$ = $0{,}00217 \cdot 120$

0,26000

lg1000 = 3,00000

3,26000 b = 1819,70 DM

Diese Differenz wird mit den Formeln des konformen Zinssatzes im Sinne der jährlichen Verzinsung ausgeglichen. Der konforme Zinssatz wird in diesem Kapitel noch behandelt.

5.) Welches Kapital wächst bei 4,5 % in 10 Jahren zu der selben Summe an, wie 8549 DM bei 5 % in 7 Jahren anwachsen?

gegeben: $a_1 = ?$, $p = 4{,}5\%$, $n = 10$ Jahre,
$a_2 = 8549$ DM, $p = 5\%$, $n = 7$ Jahre

$b = a \cdot q^n$, $a \cdot 1{,}045^{10} = 8549 \cdot 1{,}05^7$ $a_1 = \dfrac{8549 \cdot 1{,}05^7}{1{,}045^{10}}$

$$\begin{aligned}
\lg 1{,}05^7 &= \underline{0{,}02119 \cdot 7} \\
& 0{,}14833 \\
+\lg 8549 &= \underline{3{,}93192} \\
& 4{,}08025 \\
-\lg 1{,}045^{10} &= \underline{0{,}19120} \\
& 3{,}88905 \qquad a_1 = \underline{\underline{7745{,}60 \text{ DM}}}
\end{aligned}$$

6.) Zu wieviel % steht ein Kapital, das sich in 20 Jahren verdreifacht?

gegeben: $a = ?$, $n = 20$ Jahre, $b = 3a$, $p = ?$

$b = a \cdot q^n$,

$3a = a \cdot q^n$, $\qquad q = \sqrt[20]{\dfrac{3\not{a}}{\not{a}}}$, $q = \sqrt[20]{3}$

$\dfrac{3a}{a} = q^{20}$

$q = \lg \sqrt[20]{3} \qquad = 0{,}47712 : 20 = 0{,}02385$

$q = 1{,}0564$, $p = \underline{\underline{5{,}64\%}}$

7.) In wieviel Jahren wachsen 31720 DM bei 4,75 % zu 50000 DM an?

gegeben: $a = 31720$, $p = 4{,}75$, $b = 50000$, $n = ?$
$q = 1{,}0475$

$a \cdot q^n = b$, $q^n = \dfrac{b}{a}$ Das ist für n als Unbekannte eine Exponentialgleichung, die später behandelt werden.

$$\begin{aligned}
n \cdot \lg 1{,}0475 &= \lg 50000 : 31720 \qquad n \cdot \lg q = \lg \frac{b}{a} \\
\lg 50000 &= 4{,}69897 \qquad n = \frac{0{,}19764}{\lg 1{,}0475} = \frac{0{,}19764}{0{,}02015} \\
:\lg 31720 &= \underline{-4{,}50133} \\
& 0{,}19764 \qquad n = \underline{\underline{9{,}8085 \text{ Jahre}}}
\end{aligned}$$

Die Logarithmen, die in der Exponentialgleichung als Zahl gelten, können auch logarithmisch gerechnet werden.

$$\lg 0{,}19764 \quad = {}^{1}\!\!\not{0}{,}29588 - {}^{2}\!\!\not{1}$$
$$\lg 0{,}02015 \quad = \underline{0{,}30428 - 2}$$
$$0{,}99169 \qquad n = \underline{\underline{9{,}810 \text{ Jahre}}}$$

Probe:

gegeben: $a = 31720$, $q = 1{,}0475$, $n = 9{,}81$

$$b = 31720 \cdot 1{,}0475^{9{,}81}$$
$$\lg 1{,}0475^{9{,}81} \quad = \underline{0{,}0215 \cdot 9{,}81}$$
$$0{,}197470$$
$$\lg 31720 \quad = \underline{4{,}501330}$$
$$4{,}698800 \qquad b = \underline{\underline{49980 \text{ DM}}}$$

8.) Wie hoch ist das Endkapital nach 12 Jahren, wenn 4500 DM mit 4,5 % verzinst werden und jeweils am Jahresende 150 DM zugezahlt werden?

$$b = a \cdot q^n + \frac{r \cdot \left(q^n - 1\right)}{q - 1}$$
$$b = 4500 \cdot 1{,}045^{12} + \frac{150 \cdot \left(1{,}045^{12} - 1\right)}{1{,}045 - 1}$$
$$\lg 1{,}045^{12} \quad = \underline{0{,}01912 \cdot 12}$$
$$0{,}22944$$
$$+\lg 4500 \quad = \underline{3{,}65321}$$
$$3{,}88265 \qquad = 7632 \text{ DM}$$
$$\lg 1{,}045^{12} \quad = \underline{0{,}1912 \cdot 12}$$
$$0{,}22944 \qquad = 1{,}696 - 1 = 0{,}696$$
$$\lg 0{,}696 \quad = 0{,}84261 - 1$$
$$+\lg 150 \quad = \underline{2{,}17609}$$
$$3{,}01870 - 1$$
$$2{,}01870$$
$$-\lg 0{,}045 \quad = \underline{0{,}65321 - 2} \qquad -(-2) = +2$$
$$1{,}36549 + 2 \qquad = 3{,}36549 = 2320 \text{ DM}$$

$$\begin{array}{r} 7632 \text{ DM} \\ \underline{+2320 \text{ DM}} \\ 9952 \text{ DM} \end{array} \qquad b = \underline{\underline{9952 \text{ DM}}}$$

9.) Ein 30-jähriger versichert sich für den Todesfall mit 40000 DM und zahlt 900 DM jeweils am Jahresanfang. Das Geld wird mit 4,5 % verzinst. Er stirbt mit 56 Jahren. Wie hoch war seine Leistung und hat die Versicherung Gewinn gemacht?

r = am Anfang des Jahres 900 DM, n = 26 Jahre

$p = 4{,}5\%, \quad q = 1{,}045$

$$b = \frac{r \cdot q(q^n - 1)}{q - 1}, \quad b = \frac{900 \cdot 1{,}045 \cdot (1{,}045^n - 1)}{1{,}045 - 1}$$

$$\lg 1{,}045^{26} = \underline{0{,}01912 \cdot 26}$$
$$0{,}49712 \qquad = 3{,}1414 - 1 = 2{,}1414$$

$$\lg 2{,}1414 = {}^{1}\!\not{0}{,}33070 - \not{1}$$
$$-\lg 0{,}045 = \underline{0{,}65321 \pm 2}$$
$$0{,}67749 + 1$$
$$1{,}67749$$
$$+\lg 900 = 2{,}95424$$
$$+\lg 1{,}045 = \underline{0{,}01912}$$
$$4{,}65085$$
$$= \underline{\underline{44756\ \text{DM}}}$$

Die Versicherung hat einen Gewinn von 4765 DM gemacht.

10.) Von einem Guthaben von 16000 DM, das zu 4 % verzinst wird, werden am Ende des Jahres jeweils 1000 DM abgehoben. Nach wieviel Jahren ist das Guthaben aufgebraucht?

$a = 16000\ \text{DM}, \quad q = 1{,}04, \quad r = -1000\ \text{DM}, \quad n = ?, \quad b = 0$

$$b = a \cdot q^n - \frac{r(q^n - 1)}{q - 1}, \quad 0 = 16000 \cdot 1{,}04^n - \frac{1000 \cdot (1{,}04^n - 1)}{1{,}04 - 1}$$

$$0 = 16000 \cdot 1{,}04^n - \frac{\overset{25000}{\cancel{1000}} \cdot (1{,}04^n - 1)}{\underset{1}{\cancel{0{,}04}}} \quad \text{gekürzt}$$

$$0 = 1{,}04^n \cdot 16000 - (25000 \cdot 1{,}04^n - 25000)$$

$$0 = (1{,}04^n \cdot 16000) - (25000 \cdot 1{,}04^n) + 2500$$

$$-25000 = (1{,}04^n \cdot 16000) - (25000 \cdot 1{,}04^n), \quad 1{,}04^n \text{ ausklammern}$$

$$-25000 = 1{,}04^n \cdot -90000$$

$$\frac{-25000}{-9000} = 1{,}04^n$$

Ist Exponentialgleichung, die Logarithmen gelten als Zahlen.

$$1{,}04^n = 2{,}777$$

$$n \cdot \lg 1{,}04 = \lg 2{,}777$$

$$n = \frac{\lg 2{,}777}{\lg 1{,}04} = \frac{0{,}44358}{0{,}01703} = 26{,}0$$

$n = \underline{\underline{26 \text{ Jahre}}}$

11.) Wie hoch ist die monatliche Rente, die zu Anfang des Monats ausgezahlt wird, wenn das vorhandene Guthaben 16000 DM beträgt und mit 4,0- % verzinst wird und 36 Monate später ausgezahlt werden soll?

$a = 16000$ DM, p monatlich $= 0{,}4\%$, $q = 1{,}004$, $n = 36$

$$b = a \cdot q^n - \frac{r \cdot q \cdot (q^n - 1)}{q - 1}$$

$$0 = 16000 \cdot 1{,}004^{36} - \frac{r \cdot \overset{251}{\cancel{1{,}004}} \cdot (1{,}004^{36} - 1)}{{}_{1}\cancel{0{,}004} - 1}$$

$$0 = 16000 \cdot 1{,}004^{36} - r \cdot 251 \cdot (1{,}004^{36} - 1)$$

$$r \cdot 251 \cdot (1{,}004^{36} - 1) = 16000 \cdot 1{,}004^{36}$$

$$r = \frac{16000 \cdot 1{,}004^{36}}{251 \cdot (1{,}004^{36} - 1)} = \frac{16000 \cdot 1{,}004^{36}}{251 \cdot 1{,}004^{36} - 251}$$

$$\begin{aligned}
\lg 1{,}004^{36} &= \underline{0{,}001734 \cdot 36} \\
& 0{,}062413 \\
+\lg 16000 &= \underline{4{,}204120} \\
& 4{,}266533 \qquad\qquad 4{,}266533
\end{aligned}$$

$$\begin{aligned}
\lg 1{,}004^{36} &= 0{,}062413 \\
+\lg 251 &= \underline{2{,}399673} \\
& 2{,}462086 \\
&= 289{,}79 \\
& \underline{-251{,}00} \\
& 38{,}79, \quad -\lg 38{,}79 = \underline{1{,}588720} \\
r = \underline{\underline{476{,}22 \text{ DM}}} & \qquad\qquad\qquad\qquad 2{,}677813
\end{aligned}$$

Probe mit der Barwertformel:

$a = 16000$ DM, $q = 1{,}004$, $n = 36$ Monate

$$a = \frac{r \cdot (q^n - 1)}{(q-1) \cdot q^n}, \quad \frac{1}{r} = \frac{(q^n - 1)}{(q-1) \cdot q^n \cdot a}, \quad r = \frac{(q-1) \cdot q^n \cdot a}{q^n - 1}$$

$$r = \frac{(q-1) \cdot q^n \cdot a}{q^n - 1} = \frac{0{,}004 \cdot 1{,}004^{36} \cdot 16000}{0{,}15455}$$

$$\begin{array}{lll} \lg 0{,}004 & = 0{,}60206 - 3 & \\ + \lg 1{,}004^{36} & = \underline{0{,}062413} & \\ & \ 0{,}664473 - 3 & \\ + \lg 16000 & = \underline{4{,}204120} & \\ & \ \not{4}{,}868593 - \not{3} & \\ & \ \ 1{,}868593 & \\ - \lg 0{,}15455 & \ \underline{0{,}81093 \mp 1} & \\ & \ 2{,}679523 & = \underline{\underline{478{,}10 \text{ DM}}} \end{array}$$

Konformer Zinssatz

Gibt man bei der Zinseszinsrechnung die Laufzeit n in Monaten, zum anderen aber in Jahren, an, dann bekommen wir trotz gleicher Laufzeit wegen der höheren Potenz bei der Monatsangabe ein höheres Ergebnis.

Damit das Ergebnis bei n in Jahren und n in Monaten gleich wird, gibt es für alle Zeitangaben unter einem Jahr eine besondere Rechenformel.

Rechenbeispiel:

$b = a \cdot q^n$, $a = 500$, $p = 4\%$, $q = 1{,}04$

$b = 500 \cdot 1{,}04^{10}$ Laufzeit n in 10 Jahren

$b = 500 \cdot 1{,}00333^{120}$ Laufzeit n in 120 Monaten

$b = 500 \cdot 1{,}04^{10}$	$b = 500 \cdot 1{,}00333^{120}$
$b = 500 \cdot 1{,}480$	$b = 500 \cdot 1{,}490$
$b = \underline{\underline{740{,}12 \text{ DM}}}$	$b = \underline{\underline{745{,}12 \text{ DM}}}$

Formelableitung des konformen Zinssatzes pk

$$b = a \cdot q^n$$

$$b = a \cdot \left(1 + \frac{p}{100}\right)^n \quad \text{für q wurde } 1 + \frac{p}{100} \text{ eingesetzt}$$

$$b = a \cdot \left(1 + \frac{p}{m \cdot 100}\right)^{n \cdot m}$$

$$\left.\begin{aligned} b &= a \cdot \left(1 + \frac{pk}{100}\right)^m \\ b &= a \cdot \left(1 + \frac{p}{100}\right)^1 \end{aligned}\right\} \quad \text{wurden gleichgesetzt}$$

$$a \cdot \left(1 + \frac{pk}{100}\right)^m = a \cdot \left(1 + \frac{p}{100}\right)$$

$$\frac{a}{a} \cdot \left(1 + \frac{pk}{100}\right)^m = \left(1 + \frac{p}{100}\right)$$

$$1 \cdot \left(1 + \frac{pk}{100}\right)^m = q$$

$$1 + \frac{pk}{100} = \sqrt[m]{q}$$

$$\frac{pk}{100} = \sqrt[m]{q} - 1$$

$$pk = \underline{\underline{100 \cdot \left(\sqrt[m]{q} - 1\right)}}$$

b = Endkapital
a = Anfangskapital
n = Zeit in Jahren
m = Zeit 1/2, 1/4, 1/12 Jahren
pk = konformer, an jährlichen Zinssatz angepasst.
p = Zinssatz

$$q = 1 + \frac{p}{100}$$

Für die monatliche Verzinsung bei 4 % Jahreszins ergibt sich 0,33 %. Mit der obigen Formel für den konformen Zinssatz wird dieser Zinssatz nach pk korrigiert.
Obiges Rechenbeispiel mit konformem Zinssatz:

$$pk = 100 \cdot \sqrt[12]{1{,}04}^{\,1} - 1, \quad pk = 1{,}0032736 - 1 \cdot 100$$

$$pk = \underline{0{,}3273\%} \quad \text{statt} \quad 0{,}333\%$$

Probe:

$$b = 500 \cdot 1{,}00327374^{120}$$

$$b = 500 \cdot 1{,}480, \quad b = \underline{\underline{740{,}12 \text{ DM}}}$$

Exponentialgleichungen

Exponentialgleichungen sind Gleichungen, deren Unbekannte im Potenz oder Wurzelexponenten plaziert sind.

1. Regel
Sind die Basen auf beiden Seiten einer Exponentialgleichung gleich, können sie wegfallen.
Die Unbekannte x kann dabei als Potenzexponent oder als Teil eines Exponenten in Erscheinung treten.
Sind die Basen auf beiden Seiten der Gleichung beseitigt, bilden die verbliebenen Exponenten eine Gleichung mit einer Unbekannnten, die leicht gelöst werden kann.

Beispiel: $a^{x+7} = a^{10}$, $x + 7 = 10$, $x = 10 - 7$, $x = \underline{\underline{3}}$

Beweisführung: $10^{2x} = 10^4$, Basis weggelassen

$$2x = 4 \ , \ x = \frac{4}{2} = \underline{\underline{2}}$$

Probe: 2 als x eingesetzt ergibt, $10^{2\cdot 2} = 10^4$, $10^4 = 10^4$

Weitere Beispiele:

1.) $m^{3\cdot(x-5)} = m^{2\cdot(x-4)}$

$3\cdot(x-5) = 2\cdot(x-4)$

$3x - 15 = 2x - 8$

$3x - 2x = -8 + 15$

$x = \underline{\underline{7}}$

2.) $\sqrt[x-3]{a^7} = \sqrt[x-7]{a^3}$

Die Wurzeln werden in Potenzen mit gebrochenem Exponenten verwandelt.

$a^{\frac{7}{x-3}} = a^{\frac{3}{x-7}}$

$\frac{7}{x-3} = \frac{3}{x-7}$

$7\cdot(x-7) = 3\cdot(x-3)$

$7x - 49 = 3x - 9$

$7x - 3x = -9 + 49$

$4x = 40$

$x = \frac{40}{4}$

$x = \underline{\underline{10}}$

3.) $a^0 \cdot a^{2\cdot(3x-7)} = a \cdot a^{2x-3}$

$a^{0+2\cdot(3x-7)} = a^{1+(2x-3)}$

$a^{6x-14} = a^{2x-2}$

$6x - 14 = 2x - 2$

$6x - 2x = -2 + 14$

$4x = 12$

$x = \frac{12}{4}$, $\quad x = \underline{\underline{3}}$

4.) Wenn die Basis nicht gleich ist, kann man versuchen, sie gleich zu machen und dann wegzulassen.

$$\sqrt[3]{\left(\frac{a}{b}\right)^x} = \sqrt[3]{\left(\frac{b}{a}\right)^{11}} \quad , \quad \left(\frac{a}{b}\right)^{\frac{x}{3}} = \left(\frac{b}{a}\right)^{\frac{11}{3}}$$

Um die gleiche Basis zu bekommen, wurde die 2. Basis umgekehrt. Der Exponent wurde dabei negativ.

$$\left(\frac{a}{b}\right)^{\frac{x}{3}} = \left(\frac{a}{b}\right)^{-\frac{11}{3}} \; , \; \frac{x}{3} = -\frac{11}{3} \; , \; x = -\frac{11 \cdot \cancel{3}}{\cancel{3}} \; , \; x = \underline{\underline{-11}}$$

5.) $0{,}25^x = 2^{10}$, $0{,}25 = \frac{2}{8}$, $\left(\frac{2}{8}\right)^x = 2^{10}$

$\frac{2^x}{8^x} = 2^{10}$, $\frac{2^x}{2^{3x}} = 2^{10}$, $2^x = 2^{10} \cdot 2^{3x}$

8^x wurde in 2^{3x} zerlegt

$x = 10 + 3x$, Die multiplizierten Potenzen $2^{10} \cdot 2^{3x}$ werden bei den Exponenten addiert.

$x - 3x = 10$, $-2x = 10$, $x = \frac{10}{-2}$, $x = \underline{\underline{-5}}$

Probe: $0{,}25^x = 2^{10}$, -5 für x eingesetzt ist

$0{,}25^{-5} = 2^{10}$, $\frac{1}{0{,}25^5} = 2^{10}$ logarithmisch gerechnet

$$\begin{aligned} 5 \cdot \lg 0{,}25 &= \underline{5 \cdot 0{,}39794 - 1} \\ &\quad 1{,}98970 - 5 \\ &= 0{,}98970 - 4 \\ 10 \cdot \lg 2 &= 3{,}01030 \\ N &= 1024 \end{aligned}
\qquad
\begin{aligned} \lg 1 &= \overset{1}{\cancel{0}},00000 - 1 \\ &\underline{-\,0{,}98970 \pm 4} \\ &\quad 0{,}01030 + 3 \\ &\quad 3{,}01030 \\ N &= 1024 \end{aligned}$$

6.) $0{,}05^{2x-1} = 20^{3x-8}$

$\left(\frac{1}{20}\right)^{2x-1} = 20^{3x-8}$

$\left(\frac{20}{1}\right)^{-(2x-1)} = 20^{3x-8}$

$-(2x-1) = 3x-8$

$-2x+1 = 3x-8$

$-5x = -9$

$5x = 9$

$x = \underline{\underline{\frac{9}{5}}}$

7.) $8^{2x+1} = 0{,}125^{4-3x}$

$8^{2x+1} = \left(\frac{1}{8}\right)^{4-3x}$

$8^{2x+1} = \left(\frac{8}{1}\right)^{-(4-3x)}$

$2x+1 = -(4-3x)$

$2x+1 = -4+3x$

$2x-3x = -4-1$

$-x = -5$

$x = \underline{\underline{5}}$

8.) $\left(\frac{3}{7}\right)^{3x-7} = \left(\frac{7}{3}\right)^{7x-3}$

$\left(\frac{3}{7}\right)^{3x-7} = \left(\frac{3}{7}\right)^{-(7x-3)}$

$3x-7 = -(7x-3)$

$3x-7 = -7x+3$

$3x+7x = 7+3$

$10x = 10$

$x = \underline{\underline{1}}$

9.) $\left(\frac{3}{4}\right)^{x} = \left(\frac{4}{3}\right)^{7}$

$\left(\frac{3}{4}\right)^{x} = \left(\frac{3}{4}\right)^{-7}$

$x = \underline{\underline{-7}}$

10.) $32^{\frac{x+5}{x-7}} = 0{,}25 \cdot 128^{\frac{x+17}{x-3}}$ $\qquad 0{,}25 \cdot 128 = 32$

$32^{\frac{x+5}{x-7}} = 32^{\frac{x+17}{x-3}}$

$\frac{x+5}{x-7} = \frac{x+17}{x-3}$

$(x+5)\cdot(x-3) = (x+17)\cdot(x-7)$

$x^2-3x+5x-15 = x^2-7x+17x-119$

$x^2-x^2-3x+5x+7x-17x = -119+15$

$-8x = -104$

$8x = 104$

$x = \frac{\cancel{104}^{13}}{\cancel{8}_{1}},\ x = \underline{\underline{13}}$

2. Regel

Wenn wir die Aufgabe haben, $2^x = 4$ zu lösen, können wir x im Exponenten nur logarithmisch berechnen. Wir gehen dabei von den schon bekannten logarithmischen Regeln auf Seite 92 aus

$$\lg x^n = n \cdot \lg x \quad , \quad \lg \sqrt[n]{x} = \frac{1}{n} \cdot \lg x$$

Daraus folgt für die obige Gleichung

$$2^x = 4 \quad , \quad x \cdot \lg 2 = \lg 4 \quad , \quad x = \frac{\lg 4}{\lg 2} = \frac{0{,}60206}{0{,}30103} = \underline{\underline{2}}$$

Die Logarithmen gelten bei der Auflösung von Exponentialgleichungen nicht als Logarithmus, sondern als Zahl, von der gegebenenfalls wieder ein Logarithmus gesucht werden kann.
Man hätte natürlich die obige einfache Gleichung auch nach der 1. Regel lösen können, in dem man die 4 in 2^2 verwandelt hätte, dann hätte man die Basis wegfallen lassen können. Das Ergebnis wäre auch 2 gewesen. Wenn aber auf der rechten Seite nicht 4, sondern 3,7 steht, ist die 1. Regel nicht mehr anwendbar.

Rechenbeispiele:

1.) $\sqrt[x]{a} = m \cdot n \quad , \quad \frac{1}{x} \cdot \lg a = \lg m + \lg n \quad , \quad \frac{1}{x} = \frac{\lg m + \lg n}{\lg a}$

$$x = \frac{\lg a}{\lg m + \lg n} \qquad a = 36 \ , \ m = 3 \ , \ n = 2$$

$$x = \frac{\lg 36}{\lg 3 + \lg 2} = \frac{1{,}55630}{0{,}77815} = \underline{\underline{2}}$$

2.) $a^x \cdot b^{xm} = c \quad , \quad x \cdot \lg a + xm \cdot \lg b = \lg c$

$x \cdot \lg a + xm \cdot \lg b = \lg c$, x ausgeklammert

$$x \cdot (\lg a + m \cdot \lg b) = \lg c \quad , \quad x = \frac{\lg c}{\lg a + m \cdot \lg b}$$

$a = 10 \ , \ b = 2 \ , \ m = 3 \ , \ c = 6400$

$$x = \frac{\lg 6400}{\lg 10 + 3 \cdot \lg 2} \quad , \quad x = \frac{3{,}80618}{1 + 3 \cdot 0{,}30103} = \frac{3{,}80618}{1 + 0{,}90309}$$

$$x = \frac{3{,}80618}{1{,}90309} = \underline{\underline{2}}$$

3.) $a^{n-x} = n \cdot b^x$

$(n-x) \cdot \lg a = \lg n + x \cdot \lg b$

$n \cdot \lg a - x \cdot \lg a = \lg n + x \cdot \lg b$

$-x \cdot \lg a - x \cdot \lg b = -n \cdot \lg a + \lg n$

$-x$ ausgeklammert

$-x(\lg a + \lg b) = -n \cdot \lg a + \lg n$

$x(\lg a + \lg b) = n \cdot \lg a - \lg n$

$$x = \underline{\underline{\frac{n \cdot \lg a - \lg n}{\lg a + \lg b}}}$$

4.) $a^{3x-2} \cdot b^{2x-3} = c^{4x-5}$

$(3x-2) \cdot \lg a + (2x-3) \cdot \lg b = (4x-5) \cdot \lg c$

$3x \cdot \lg a - 2 \cdot \lg a + 2x \cdot \lg b - 3 \cdot \lg b = 4x \cdot \lg c - 5 \cdot \lg c$

$3x \cdot \lg a + 2x \cdot \lg b - 4x \cdot \lg c = 2 \cdot \lg a + 3 \cdot \lg b - 5 \cdot \lg c$

x ausgeklammert

$x \cdot (3 \cdot \lg a + 2 \cdot \lg b - 4 \cdot \lg c) = 2 \cdot \lg a + 3 \cdot \lg b - 5 \cdot \lg c$

$$x = \underline{\underline{\frac{2 \cdot \lg a + 3 \cdot \lg b - 5 \cdot \lg c}{3 \cdot \lg a + 2 \cdot \lg b - 4 \cdot \lg c}}}$$

5.) $2^x = 10$, $x \cdot \lg 2 = \lg 10$

$$x = \frac{\lg 10}{\lg 2} = \frac{1{,}00000}{0{,}30103} = 3{,}322 \quad , \quad x = \underline{\underline{3{,}322}}$$

6.) $2{,}506184^x = 10$, $x \cdot \lg 2{,}506184 = \lg 10$

$$x = \frac{1}{0{,}39901} = 2{,}5 \quad , \quad x = \underline{\underline{2{,}5}}$$

7.) $5{,}188^x = 88238$, $x \cdot \lg 5{,}188 = \lg 88238$

$$x = \frac{\lg 88238}{\lg 5{,}188} = \frac{4{,}94565}{0{,}71500} = 6{,}917 \quad , \quad x = \underline{\underline{6{,}917}}$$

8.) $\sqrt[x]{9977} = 2{,}511$, $\frac{1}{x} \cdot \lg 9977 = \lg 2{,}511$

$$\frac{1}{x} = \frac{\lg 2{,}511}{\lg 9977} = \frac{0{,}39990}{3{,}99900} \quad , \quad x = \frac{3{,}9990}{0{,}399} = 10 \quad , \quad x = \underline{\underline{10}}$$

9.) $1428{,}57^{x} = 0{,}0007 \quad , \quad x \cdot \lg 1428{,}57 = \lg 0{,}0007$

$$x = \frac{\lg 0{,}0007}{\lg 1428{,}57} = \frac{0{,}84510 - 4}{3{,}15491} = \frac{-4 + 0{,}84510}{3{,}15491}$$

$$= \frac{-3{,}1549}{3{,}15491} \quad , \quad x = \underline{\underline{-1}}$$

Probe:

$$1428{,}57^{-1} = \frac{1}{1428{,}57^{1}} = \frac{1}{1428{,}57} = 0{,}0007$$

oder logarithmisch

$$\lg 1 - \lg 1428{,}57 = 0 - 3{,}15490 = 4 - 3{,}15490 - 4$$

$$= 0{,}8451 - 4 \quad , \quad N = 0{,}00070$$

10.) $\left(1{,}04952^{x}\right)^{1{,}05} = \left(100^{1{,}05}\right)^{1{,}04952}$

$$1{,}04952^{1{,}05 \cdot x} = 100^{1{,}05 \cdot 1{,}04952}$$

$$\cancel{1{,}05} \cdot x \cdot \lg 1{,}04952 = \cancel{1{,}05} \cdot 1{,}04952 \cdot \lg 100$$

$$x = \frac{1{,}04952 \cdot \lg 100}{\lg 1{,}04952} = \frac{1{,}04952 \cdot 2}{0{,}02099} = \frac{2{,}09904}{0{,}02099} = 100$$

$$x = \underline{\underline{100}}$$

11.) $\sqrt[x]{1{,}7649} = \sqrt[5]{5} \quad , \quad \frac{1}{x} \cdot \lg 1{,}7649 = \frac{1}{5} \cdot \lg 5$

$$\frac{1}{x} = \frac{\frac{1}{5} \cdot \lg 5}{\lg 1{,}7649} \quad , \quad x = \frac{\lg 1{,}7649}{\frac{1}{5} \cdot \lg 5} = \frac{0{,}24672}{0{,}13979} = 1{,}76$$

$$x = \underline{\underline{1{,}76}}$$

12.) $\sqrt[7x]{7^{5x+7}} = \sqrt[5x]{5^{7x+5}} \quad , \quad 7^{\frac{5x+7}{7x}} = 5^{\frac{7x+5}{5x}}$

$$\frac{5x+7}{7x} \cdot \lg 7 = \frac{7x+5}{5x} \cdot \lg 5 \quad , \quad \frac{5x+7}{7x} : \frac{7x+5}{5x} = \frac{\lg 5}{\lg 7}$$

$$\frac{5x+7}{7x} \cdot \frac{5x}{7x+5} = \frac{\lg 5}{\lg 7} \quad , \quad \frac{(5x+7) \cdot 5\cancel{x}}{7\cancel{x} \cdot (7x+5)} = \frac{\lg 5}{\lg 7}$$

$$\frac{25x+35}{49x+35} = \frac{\lg 5}{\lg 7}$$

$$25x \cdot \lg 7 + 35 \cdot \lg 7 = 49x \cdot \lg 5 + 35 \cdot \lg 5$$

$$25x \cdot \lg 7 - 49x \cdot \lg 5 = 35 \cdot \lg 5 - 35 \cdot \lg 7$$

$$x \cdot (25 \cdot \lg 7 - 49 \cdot \lg 5) = 35 \cdot (\lg 5 - \lg 7)$$

$$x = \frac{35 \cdot (\lg 5 - \lg 7)}{25 \cdot \lg 7 - 49 \cdot \lg 5}$$

$$35 \cdot \lg 5 = 0{,}69897 \cdot 35 = \overset{30}{\not{2}\not{4}},46395 \quad -6 \qquad \text{lg erweitert}$$

$$-35 \cdot \lg 7 = 0{,}84510 \cdot 35 = \underline{29{,}57850}$$

$$0{,}88545 - 6$$

$$25 \cdot \lg 7 = 0{,}84510 \cdot 25 = \overset{35}{\not{2}\not{1}},12750 \quad -14 \qquad \text{lg erweitert}$$

$$-49 \cdot \lg 5 = 0{,}69897 \cdot 49 = \underline{34{,}24953}$$

$$0{,}87797 - 14$$

$$x = \frac{0{,}88545 - 6}{0{,}87797 - 14} = \frac{-5{,}11455}{-13{,}12203} = 0{,}39 \quad , \quad x = \underline{\underline{0{,}39}}$$

Probe:

$$7^{\frac{5x+7}{7x}} = 5^{\frac{7x+5}{5x}} \quad , \quad 7^{\frac{8{,}95}{2{,}73}} = 5^{\frac{7{,}73}{1{,}95}} \quad , \quad 7^{3{,}28} = 5^{3{,}96}$$

$$3{,}28 \cdot \lg 7 = 3{,}96 \cdot \lg 5$$

$$3{,}28 \cdot 0{,}84510 = 3{,}96 \cdot 0{,}69897$$

$$2{,}77 = 2{,}77$$

Funktionslehre

Eine Funktion besteht dann, wenn eine mathematische Größe von einer anderen Größe abhängig ist. Eine Größe, die von einer veränderlichen anderen Größe abhängig ist, ist eine Funktion dieser Größe.

Im allgemeinen werden die unabhängigen Veränderlichen, die wahlweise in die Funktionsgleichung eingesetzt werden können, mit x bezeichnet. Die abhängige Veränderliche wird mit y bezeichnet. Sie liefert jeweils das Rechenergebnis, wenn in die Funktionsgleichung die verschiedenen Werte für x eingegeben wurden.

Die allgemeine Formel dieser Funktionsgleichung ist $y = f(x)$ wobei x die unabhängige Veränderliche oder Variante und y die abhängige Veränderliche oder Variante bedeutet. In jeder Funktionsgleichung sind die Rechenbefehle, denen die unabhängige Größe x unterworfen wird, festgelegt. Nur die Größe x kann wahlweise verändert werden und wir bekommen dann bei Anwendung der in der Funktion vorgegebenen Rechenbefehle die entsprechenden y-Werte.

Die Funktionsgleichung $y = x^2$ legt fest, daß der jeweils eingesetzte x-Wert ins Quadrat erhoben, den y-Wert ergibt. Will man einen ganzen Abhängigkeitsbereich erfassen, fertigt man sich eine Wertetabelle wie folgt an.

$y = x^2$

y	x
0	0
1	1
4	2
9	3

x

$0^2 = 0$

$1^2 = 1$

$2^2 = 4$

$3^2 = 9$

Diese Tabelle liefert die Grundlage zu einer graphischen Darstellung auf dem Koordinatensystem.

Das rechtwinklige, auch kartesisches Koordinatensystem genannt, liefert dann nach Eintragung der x-Werte in der y-Stellung die entsprechenden graphischen Darstellungen oder Kurven. Das rechtwinklige Koordinatensystem wird auf den Seiten 135-150 behandelt.

Das Polarkoordinatensystem

Beim rechtwinkligen Koordinatensystem haben wir die Abszissenachse, auf der die x-Werte bestimmt werden, und die im rechten Winkel darauf stehende Odrdinatenachse, die die y-Werte bestimmt.
So erhält man mit bestimmten x- und y-Werten, die im Mittelpunkt bei 0 beginnen, einen bestimmten Punkt in der Fläche.
Beim Polarkoordinatensystem beginnt im Mittelpunkt bei 0 der Leitstrahl, ein Radiusvektor, auf dem die Differenz zum Nullpunkt angegeben wird. Damit ist die Entfernung des Punktes bestimmt. Die Richtung des Punktes wird durch den Mittelpunktswinkel, Polarwinkel φ bestimmt. φ Phi. Der Wert des Leitstrahls r und der Polarwinkel φ bilden zusammen die Polarkoordinaten eines Punktes. 0° φ beginnt mit der Polarachse, die mit der positiven x-Achse des rechtwinkligen Koordinatensystems übereinstimmt. Der Radius des Einheitskreises bei 0°, der auch sin 0°, cos 0°, tan 0° und Bogenmaß 0° bedeutet, fällt gleichfalls damit zusammen.

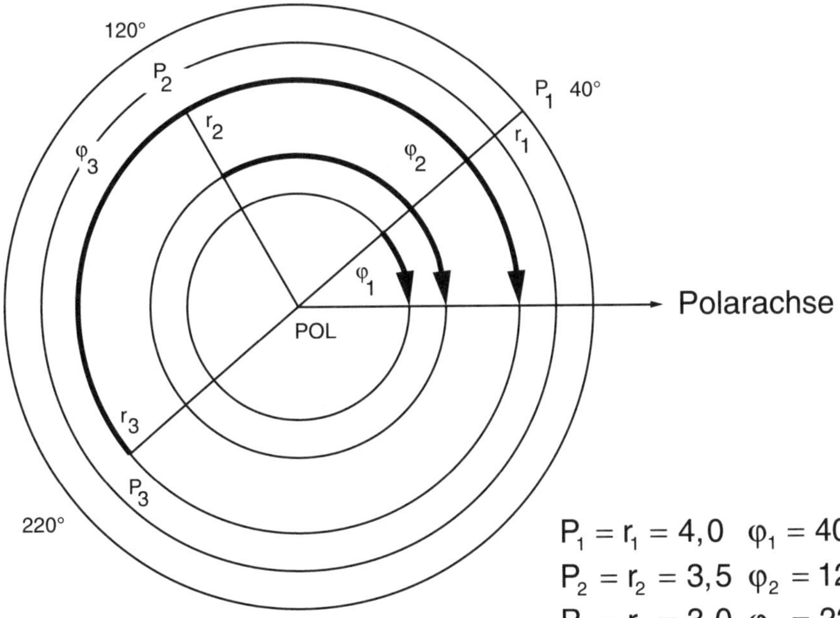

$P_1 = r_1 = 4{,}0 \quad \varphi_1 = 40°$
$P_2 = r_2 = 3{,}5 \quad \varphi_2 = 120°$
$P_3 = r_3 = 3{,}0 \quad \varphi_3 = 220°$

Abb. 102

Ein Punkt ist in der Ebene bestimmt durch eine Entfernung r vom 0-Punkt und durch den Mittelpunktswinkel φ, den der Radius r mit der 0-Achse (Polarachse) bildet.

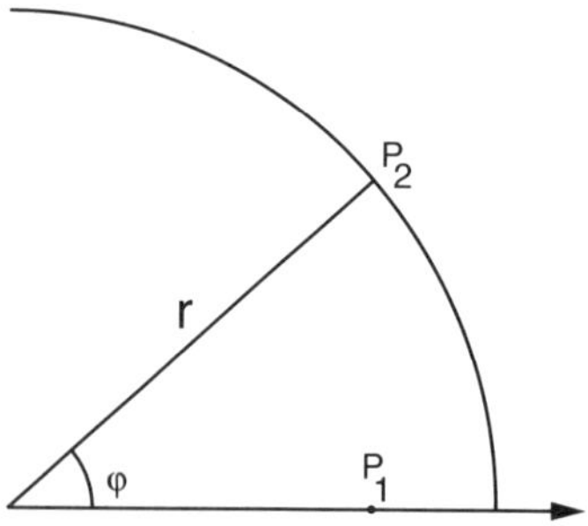

$P_1 = 3 / 0°$

$P_2 = 4 / 40°$

Polarachse

Abb. 103

Umrechnung von Polar in rechtwinklige Koordinaten

Beispiel:

gegeben: $r = 4{,}0$ cm $\varphi = 40°$ Abb. 103

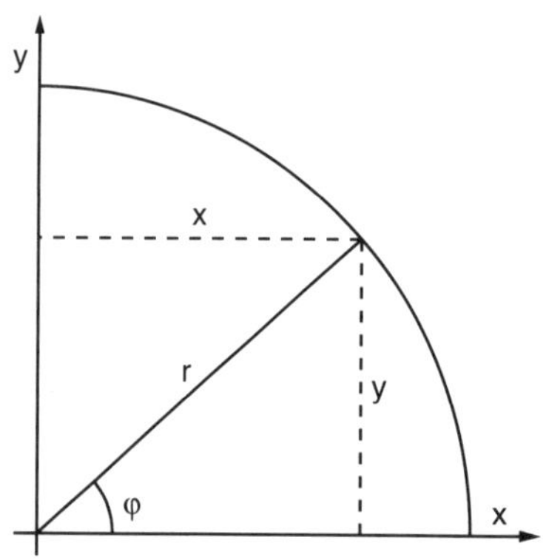

Abb. 104

$\sin 40° = \frac{y}{r}$

$y = \sin 40° \cdot r$

$y = 0{,}642 \cdot 4{,}0 = \underline{\underline{2{,}57 \text{ cm}}}$

$\cos 40° = \frac{x}{r}$

$x = \cos 40° \cdot r$

$x = 0{,}766 \cdot 4 = \underline{\underline{3{,}06 \text{ cm}}}$

Probe:

$\tan \varphi = \frac{y}{x}$, $\tan \varphi = 0{,}8398$

$\varphi = \underline{\underline{40°}}$

Umrechnung der kartesischen Koordinaten in Polarkoordinaten Abb. 104

1.) gegeben: $x = 3{,}06$ cm , $y = 2{,}57$ cm , $r = ?$, $\varphi = ?$

Pythagoras $x^2 + y^2 = r^2$

$r = \sqrt[2]{x^2 + y^2}$, $r = \sqrt[2]{3{,}06^2 + 2{,}57^2}$, $r = \sqrt[2]{9{,}364 + 6{,}60}$

$r = \underline{\underline{4{,}0}}$

$$\tan\varphi = \frac{y}{x}$$

$$\tan\varphi = \frac{2{,}57}{3{,}06}$$

$$\tan\varphi = 0{,}8398$$

$$\varphi = 40^\circ$$

2.) gegeben: $x = 2{,}5\ \text{cm}$, $y = 3{,}0\ \text{cm}$

$$x^2 + y^2 = r^2 \quad , \quad r = \sqrt[2]{x^2 + y^2}$$

$$2{,}5^2 + 3^2 = r^2 \quad , \quad r = \sqrt[2]{2{,}5^2 + 3^2}$$

$$r = \sqrt[2]{6{,}25 + 9} \quad , \quad r = \underline{\underline{3{,}90\ \text{cm}}}$$

$$\tan\varphi = \frac{y}{x} \quad , \quad \tan = \frac{3{,}0}{2{,}5} = 1{,}2 \quad , \quad \varphi = \underline{\underline{50{,}19^\circ}}$$

Funktionsbeispiele:

Funktionsbeispiele für das kartesische (rechtwinklige) Koordinatensystem sind auf den Seiten 138-150 im Kapitel Koordinatensystem graphisch dargestellt.

Explizite und implizite Funktionen
sind im Grunde die gleichen Funktionen, nur, daß die expliziten Funktionen nach der abhängigen Veränderlichen y aufgelöst sind.

Beispiel Kreisfunktion:

$x^2 + y^2 - a^2 = 0$ ist eine implizierte Funktion, die, nach y aufgelöst, dann zur expliziten Funktion wird.

$x^2 + y^2 - a^2 = 0$ $\qquad$ a = Kreisradius

$y^2 = a^2 - x^2$

$\underline{\underline{y = \pm\sqrt[2]{a^2 - x^2}}}$ ist eine explizite Funktion Abb. 19 , 148

Umwandlung einer expliziten Funktion in eine implizite Form.

$y = \pm\sqrt[2]{a^2 - x^2}$, $y^2 = a^2 - x^2$, $x^2 + y^2 = a^2$ ist implizit

Beispiel Ellipsenfunktion : Abb. 20 Seite 149

$\frac{x^2}{a^2} + \frac{y^2}{b^2} = 1$ a = großer , b kleiner Ellipsenradius

$\frac{y^2}{b^2} = -\frac{x^2}{a^2} + 1$

$\left(\frac{y}{b}\right)^2 = -\frac{x^2}{a^2} + 1$

$\frac{y}{b} = \pm\sqrt[2]{-\frac{x^2}{a^2} + 1}$

$y = \pm\left(\sqrt[2]{-\frac{x^2}{a^2} + 1}\right) \cdot b$

$y = \pm b \cdot \sqrt[2]{-\frac{x^2}{a^2} + 1}$

$y = \pm b \cdot \sqrt[2]{\frac{-x^2 + 1 \cdot a^2}{a^2}}$

$y = \pm b \cdot \frac{1}{a} \cdot \sqrt[2]{-x^2 + a^2}$

$y = \pm \frac{b}{a} \cdot \sqrt[2]{-x^2 + a^2}$

Stamm (Ausgangs) und Umkehrfunktionen

Eine Umkehrfunktion aus inverse Funktion erhält man, wenn man in der gegebenen Funktion die unabhängige Veränderliche x gegen die abhängige Veränderliche y austauscht und dann nach diesem y auflöst.

Beispiel:

$y = \frac{1}{2} \cdot x^2$, $x = \frac{1}{2} \cdot y^2$

x und y sind ausgetauscht

$\frac{x}{\frac{1}{2}} = y^2$, $2x = y^2$, $y^2 = 2x$

$y = \pm\sqrt[2]{2x}$ ist die Umkehrfunktion von $y = \frac{1}{2} \cdot x^2$

Die Parabelfunktion $y = \frac{1}{2} \cdot x^2$ ist nach +y offen, die Umkehrfunktion $y = \pm\sqrt[2]{2x}$, die sich aus der Stammfunktion ergibt, ist nach +x offen. Abb. 17 Seite 146
Die Kreisfunktion macht eine Ausnahme, sie kann nicht in eine Umkehrfunktion verwandelt werden.

$$y = \pm\sqrt[2]{a^2 - x^2}$$
$$x = \pm\sqrt[2]{a^2 - y^2}$$
$$x^2 = a^2 - y^2$$
$$y = \underline{\underline{\pm\sqrt[2]{a^2 - x^2}}}$$

Die Stammfunktion ist gleich Umkehrfunktion, das ist beim Kreis auch leicht zu verstehen. Abb. 19 Seite 148

Eine mehrgliedrige Funktion und ihre Umkehrfunktion.

$$y = \frac{1}{2} + \frac{1}{2} \cdot x^2$$
$$x = \frac{1}{2} + \frac{1}{2} \cdot y^2$$
$$\frac{x - \frac{1}{2}}{\frac{1}{2}} = y^2$$
$$\frac{x}{\frac{1}{2}} - \frac{\frac{1}{2}}{\frac{1}{2}} = y^2$$
$$2x - 1 = y^2$$
$$y = \underline{\underline{\pm\sqrt[2]{2x - 1}}}$$

y	x
0,5	0
1,0	1
2,5	2
5,0	3
1,0	-1
2,5	-2
5,0	-3

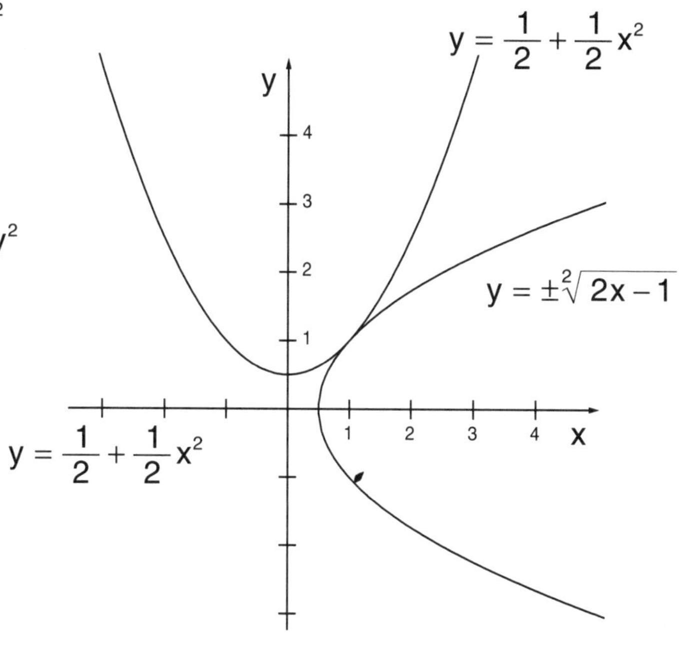

Abb. 105

Eine kubische Funktion und ihre Umkehrfunktion.

$y = \frac{1}{10} \cdot x^3$

$x = \frac{1}{10} \cdot y^3$

$10x = y^3$

$y = \pm\sqrt[3]{10x}$

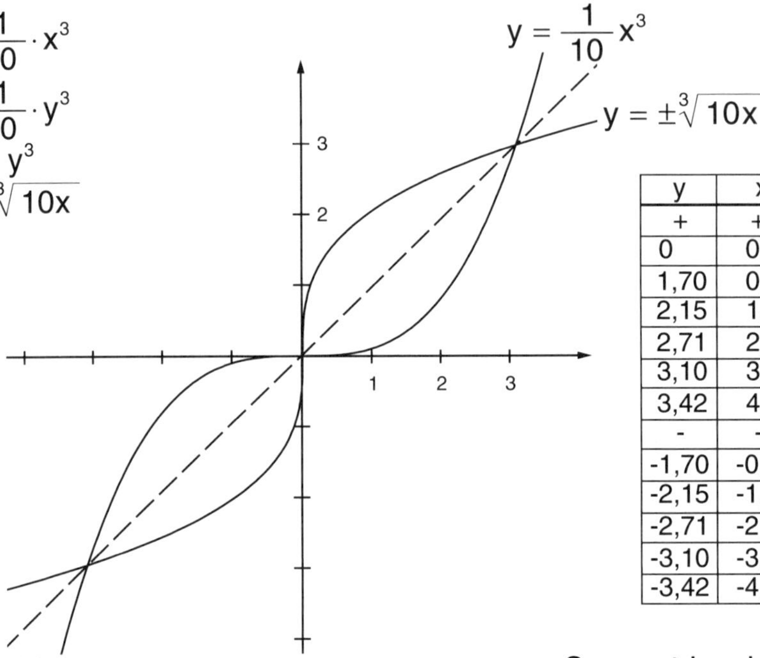

y	x
+	+
0	0
1,70	0,5
2,15	1,0
2,71	2,0
3,10	3,0
3,42	4,0
-	-
-1,70	-0,5
-2,15	-1,0
-2,71	-2,0
-3,10	-3,0
-3,42	-4,0

Abb. 106

– – – – $y = x$ Symmetrieachse

$y = \pm\sqrt[2]{2x-1}$

y	x
+	+
1i	0
0	0,5
1,0	1,0
1,73	2,0
2,23	3,0
2,64	4,0
3,0	5,0
-	-
-1,0	1,0
-1,73	2,0
-2,23	3,0
-2,64	4,0
-3,0	5,0

für Abb. 105

$y = \frac{1}{10} \cdot x^3$

y	x
0	0
0,1	1
0,8	2
2,7	3
6,4	4
-0,1	-1
-0,8	-2
-2,7	-3
-6,4	-4

Kartesische Funktionen in Polarkoordinatendarstellung

Allgemein schreibt man die Funktionen im kartesischen Koordinatensystem $y = f(x)$, wobei y die abhängige und x die unabhängige Veränderliche ist.
In Polarkoordinaten geschrieben, ist die Funktion $r = f(\varphi)$, wobei r die abhängige und φ die unabhängige Veränderliche ist.

$y = f(x)$ Funktion in kartesischen Koordinaten.
$r = f(\varphi)$ Funktion in Polarkoordinaten.

Für die Umrechnung gelten die Beziehungen
$x = r \cdot \cos\varphi$ und $y = r \cdot \sin\varphi$ siehe auch auf Seite 254

Die folgenden Funktionen werden in Polarkoordinatenschreibweise umgewandelt.

1.) gegeben: Gerade $y = 2x + 2$

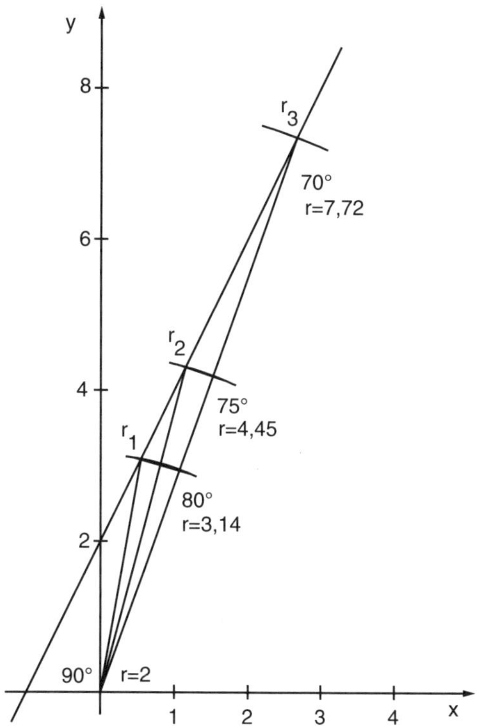

Abb. 107

$$y = 2x + 2$$
$$r \cdot \sin\varphi = 2 \cdot r \cdot \cos\varphi + 2$$
$$r \cdot \sin\varphi - 2r \cdot \cos\varphi = 2$$
r wird ausgeklammert
$$r \cdot (\sin\varphi - 2 \cdot \cos\varphi) = 2$$
$$r = \frac{2}{\sin\varphi - 2 \cdot \cos\varphi}$$

$y = 2x + 2$

y	x
2	0
4	1
6	2
8	3
10	4

y	φ
- 2,82	45°
- 59,17	63°
+32,78	65°
+ 7,72	70°
+ 4,45	75°
+ 3,14	80°
+ 2,00	90°

An der graphischen Darstellung Abb. 107 kann man sehen, daß die Gerade der in kartesischen Koordinaten gegebenen Funktion von den Polarkoordinaten erreicht wird. Zwischen 63,4° mit −1333 und 63,44° mit +10121 wird r unendlich groß. Wenn der Winkel φ die Gerade der Funktion nicht erreicht, ist der Wert negativ.
Die Gerade $y = 2x + 2$ wird im Bereich von 63,4° bis 90° von den Polarkoordinaten geschnitten.

2.) gegeben: Parabel $y = \frac{1}{5} x^2$

für x wird $r \cdot \cos\varphi$, für x^2 wird $r^2 \cdot \cos^2\varphi$ und für y wird $r \cdot \sin\varphi$ eingesetzt.

$$y = \frac{1}{5} x^2$$

$$r \cdot \sin\varphi = \frac{1}{5} r^2 \cdot \cos^2\varphi$$

$$\frac{r \cdot \sin\varphi}{r^2 \cdot \cos^2\varphi} = \frac{1}{5}$$

$$\frac{\sin\varphi}{r \cdot \cos^2\varphi} = \frac{1}{5}$$

$$\frac{\sin\varphi}{\frac{1}{5} \cdot \cos^2} = r$$

$$\underline{\underline{r = \frac{\sin\varphi}{\frac{1}{5} \cdot \cos^2\varphi}}}$$

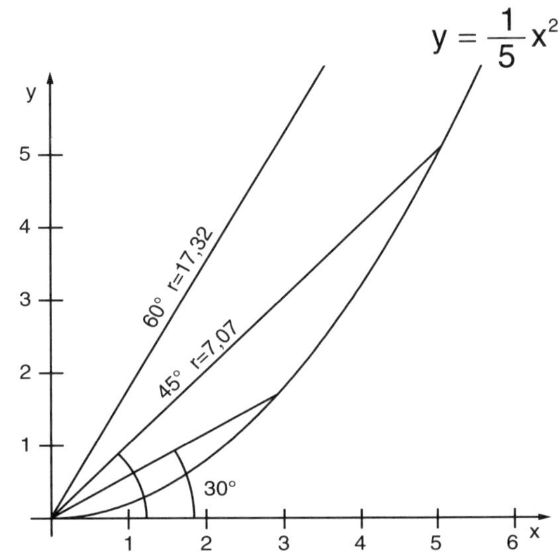

Abb. 108

Rechenbeispiel für 45°:

$$r = \frac{\sin 45^\circ}{\frac{1}{5} \cdot \cos^2 45^\circ}$$

$$r = \frac{0{,}707}{\frac{1}{5} \cdot 0{,}5} = \frac{0{,}707}{0{,}1}$$

$$r = \underline{\underline{7{,}07}}$$

r	φ
0	0°
3,33	30°
7,07	45°
17,32	60°
655	85°
∞	90°

y	x
0	0
0,2	1
0,8	2
1,8	3
3,2	4
5,0	5

3.) gegeben: Hyperbel $y = \frac{1}{x}$

Für y wird $r \cdot \sin\varphi$ und für x wird $r \cdot \cos\varphi$ eingesetzt.

$$y = \frac{1}{x}$$

$$r \cdot \sin\varphi = \frac{1}{r \cdot \cos\varphi}$$

$$r \cdot \sin\varphi \cdot r \cdot \cos\varphi = 1$$

$$r \cdot r \cdot \sin\varphi \cdot \cos\varphi = 1$$

$$r^2 = \frac{1}{\sin\varphi \cdot \cos\varphi}$$

$$r = \sqrt[2]{\frac{1}{\sin\varphi \cdot \cos\varphi}}$$

$$y = \frac{1}{x}$$

y	x
∞	0
2,0	0,5
1,0	1,0
0,66	1,5
0,5	2,0
0,33	3,0
1,33	0,75

$$r = \sqrt[2]{\frac{1}{\sin\varphi \cdot \cos\varphi}}$$

r	φ
∞	0°
1,76	20°
1,52	30°
1,41	45°
1,52	60°
2,41	80°

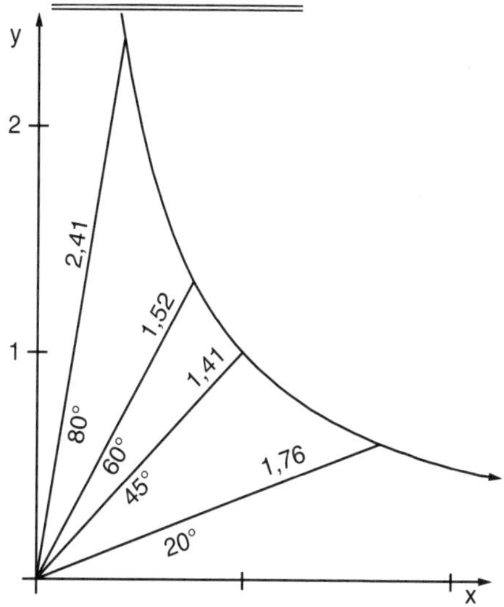

strebt asypmtotisch nach der x-Achse

Abb. 109

Rechenbeispiel für $\varphi = 60°$

$$r = \sqrt[2]{\frac{1}{0{,}866 \cdot 0{,}5} = \frac{1}{0{,}433}} \quad , \quad r = \sqrt[2]{2{,}3} = \underline{\underline{1{,}52}}$$

4.) gegeben: Kreis $x^2 + y^2 - a^2 = 0$, $a = 5$ cm

Für x wird $r \cdot \cos\varphi$, für x^2 wird $r^2 \cdot \cos^2\varphi$ für y wird $r \cdot \sin\varphi$ und für y^2 wird $r^2 \cdot \sin^2\varphi$ eingesetzt.

$$y = \pm\sqrt[2]{a^2 - x^2}$$

y	x
5,0	0
4,9	1
4,58	2
4,0	3
3,0	4
0	5

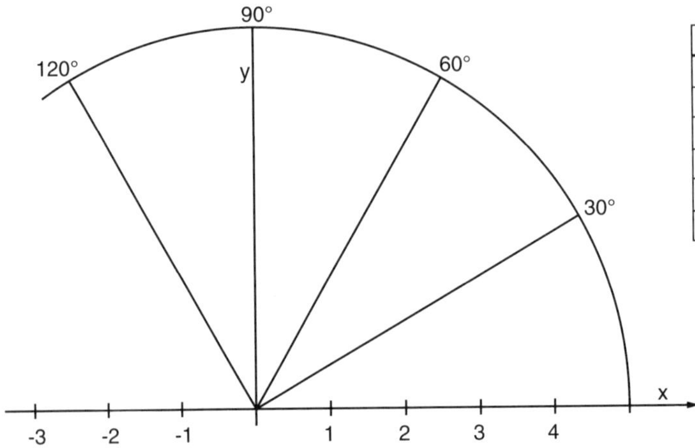

Abb. 110

$$r = \sqrt[2]{\frac{25}{(\cos^2\varphi + \sin^2\varphi)}}$$

$$x^2 + y^2 = a^2$$

r	φ
5	0°
5	30°
5	45°
5	60°
5	90°
5	120°

$$r^2 \cdot \cos^2\varphi + r^2 \cdot \sin^2\varphi = a^2$$

$$r^2 \cdot (\cos^2\varphi + \sin^2\varphi) = a^2$$

$$r^2 = \frac{a^2}{(\cos^2\varphi + \sin^2\varphi)}$$

$$r = \sqrt[2]{\frac{a^2}{\cos^2\varphi + \sin^2\varphi}}$$

r	φ
0,13	30°
0,196	45°
0,392	90°
0,59	135°
0,785	180°
0,98	225°
1,178	270°
1,37	315°
1,57	360°
1,76	405°
1,96	450°
2,15	495°
2,35	540°

5.) Archimedische Spirale

gegeben: $r = \frac{1}{4} \cdot \varphi$

Bei der Wertetabelle muß man r im Bogenmaß einsetzen.

$$r = \frac{30°}{4} = \frac{0,52}{4} = 0,13$$

Archimedische Spirale

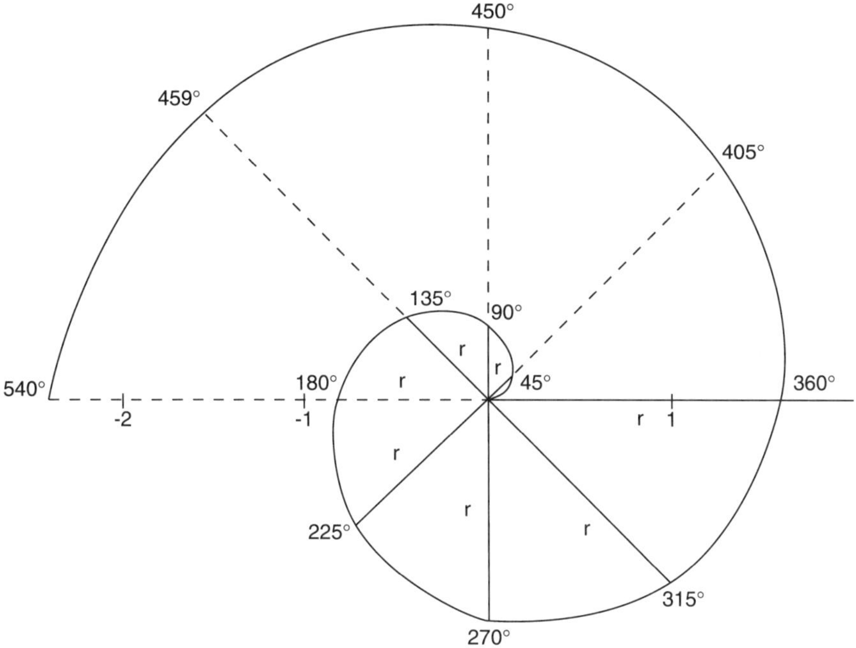

Abb. 111

Klassifizierung der Funktionen

1.) Rationale Funktionen, algebraische Funktionen
   a Ganze Funktionen
   Funktionen

1. Grades lineare Funktionen	$y = ax + b$
2. Grades quadratische Funkt.	$y = x^2$
	$y = 2x^2 + x + 1$
3. Grades, kubische Funkt.	$y = x^3$
	$y = 2x^3 - 2x^2 + 4$
4. Grades und höher	$y = x^4$
	$y = x^4 + x^3 + x^2$
	$y = x^5$

b Gebrochene Funktionen $y=\frac{1}{x}$, $y=\frac{a+x^2}{x^2+2}$

Die unabhängige Variable x kommt dabei nicht als Radikand vor, steht also nicht unter der Wurzel.

2.) Irrationale Funktionen

$y=\sqrt[2]{x}$, $y=\sqrt[2]{a^2-x}$, $y=\frac{1+x^2}{\sqrt[2]{x^2-1}}$

$y=a+x^{\frac{1}{3}}$, $y=\left(x^2+x\right)^{\frac{1}{2}}$

Hier steht die unabhängige Veränderliche x unter der Wurzel oder hat einen gebrochenen Exponenten, das auf dasselbe hinausläuft.

3.) Transzendente Funktionen

Bei diesen Funktionen ist die unabhängige Veränderliche (Variable) x im Potenz oder Wurzelexponent oder kommt als Argument in logarithmischen, trigonometrischen und ähnlichen Funktionen vor.

a.) Exponentialfunktionen

$y=b^x$, $y=e^x$, $y=\sqrt[x-1]{x^2-a}$, $y=2a^{2x}$

b.) Logarithmische Funktionen

$y={}^{b}\log x$, $y={}^{10}\log\left(2x^2\right)$, $y=\ln x$

c.) Trigonometrische Funktionen

$y=\sin x$, $y=\cos x$, $y=\tan x$, $y=\cot x$

d.) Zyklometrische Funktionen

$y=\text{arc sin } x$, $y=\text{arc cos } x$, $y=\text{arc tan } x$

e.) Hyperbelfunktionen

$y=\sin h\cdot x$, $y=\cos h\cdot x$, $y=\tan h\cdot x$

f.) Areafunktionen

$y=\text{ar sin } h\cdot x$, $y=\text{ar cos } h\cdot x$, $y=\text{ar tan } h\cdot x$

Die transzendenten Funktionen werden bei der Differentialrechnung im Band II behandelt.

Stichwortverzeichnis

H

I

K

T

U

V

Die neuen gesetzlichen Einheiten

Basiseinheiten des Internationalen Einheitssystems (SI)

Basisgröße	Basiseinheit Name	Zeichen	Definition	In der Definition enthaltene SI-Einheiten
Länge	das Meter	m	Wellenlänge einer Krypton-Strahlung	--
Masse	das Kilogramm	kg	Internationaler Prototyp	--
Stoffmenge	das Mol	mol	Molekülmasse	kg
Zeit	die Sekunde	s	Periodendauer einer Cäsium-Strahlung	--
elektrische Stromstärke	das Ampere	A	elektrodynamische Kraft zwischen zwei Leitern	kg,m,s
Temperatur thermodynamische Temperatur	das Kelvin	K	Tripelpunkt des Wassers $x°K = (x - 273{,}16)°C$	--

Abgeleitete SI-Einheiten mit besonderen Namen

Größe	Einheit Name	Definition Zeichen	ausgedrückt in Basis-Einheiten oder abgeleiteten Einheiten
Elektrizitätsmenge el. Ladung	Coulomb	C	$1\,C = 1\,As$
el. Spannung el. Potentialdifferenz	Volt	V	$1\,V = 1\,W / A$
elektr. Widerstand	Ohm	Ω	$1\,\Omega = 1\,V / A = 1\,S$
Leistung	Watt	W	$1\,W = 1\,J / s = 1\,kgm^2 / s^2 = 1\,Nm / s = 1\,VA$
elektr. Kapazität	Farad	F	$1\,F = 1\,As / V = 1\,C / V$
Induktivität, magnet. Leitwert	Henry	H	$1\,H = 1\,Vs / A$
Frequenz	Hertz	Hz	$1\,Hz = 1 / s$
elektrischer Leitwert	Siemens	S	$1\,S = 1 / \Omega = 1\,A / V$
Arbeit, Energie, Wärme-menge	Joule	J	$1\,J = 1\,Nm = 1\,kgm^2 / s^2 = Ws$
Kraft	Newton	N	$1\,N = 1\,kgm / s^2$
Druck	Pascal	Pa	$1\,Pa = 1\,N / m^2 = 1\,kg / (m \cdot s^2)$
ebener Winkel	Radiant	rad	$1\,rad = 1m / m$
räumlicher Winkel	Steradiant	sr	$1\,sr = 1\,m^2 / m^2$

Vorsätze zur Bezeichnung von dezimalen Vielfachen und dezimalen Teilen der Einheiten.

Vielfache	*Vorsatz*	*Vorsatzzeichen*
10^{1}	Deka	da
10^{2}	Hekto	h
10^{3}	Kilo	k
10^{6}	Mega	M
10^{9}	Giga	G
10^{12}	Tera	T
Teile	*Vorsatz*	*Vorsatzzeichen*
10^{-1}	Dezi	d
10^{-2}	Zenti	c
10^{-3}	Milli	m
10^{-6}	Mikro	μ
10^{-9}	Nano	n
10^{-12}	Piko	p
10^{-15}	Femto	f
10^{-18}	Atto	a